Technologie Konstruktionsmechaniker und Metallbauer	Datum:		F 1
Name:	Klasse:		1

1.1 Verbindungsarten im Metall- und Anlagenbau

Benennen Sie die skizzierten Verbindungsarten.
Formschluss-Verbindung, Stoffschluss-Verbindung, Kraftschluss-Verbindung.

Kleben

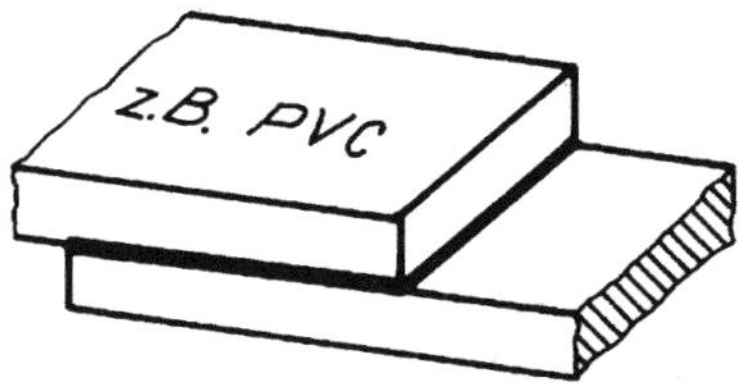

Schweißen

Löten

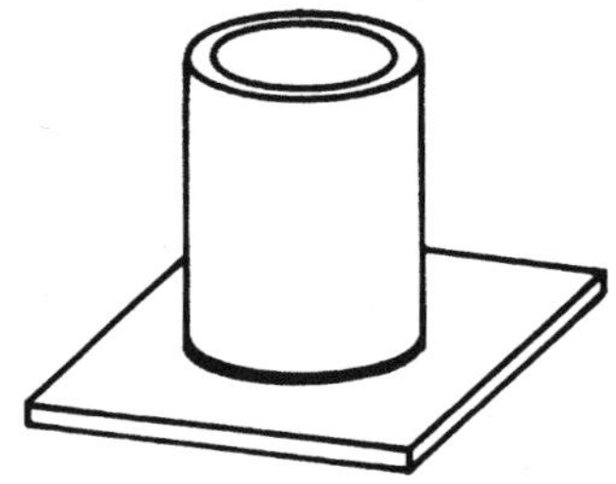

________________________-Verbindung

Bei dieser Verbindungsart wird der Werk- __________ der einzelnen Bauteile vereinigt.

Falzen

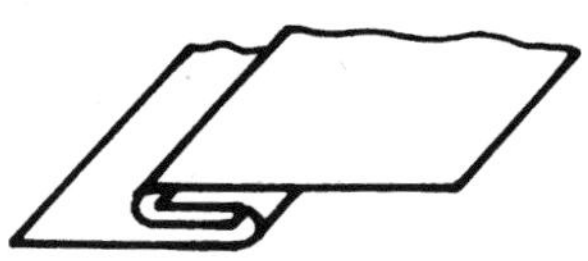

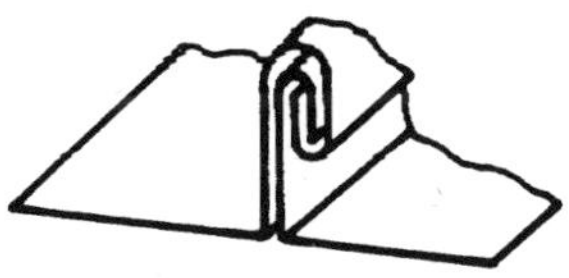

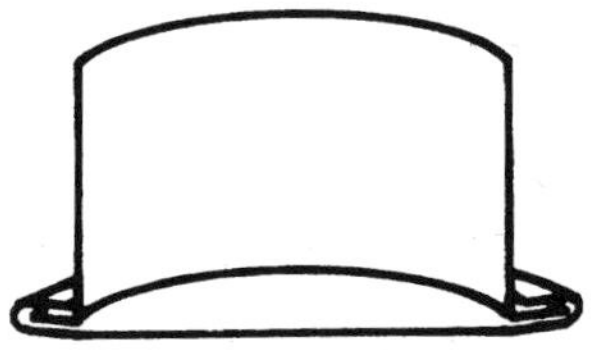

Schnappen

z.B. Schnappfalz

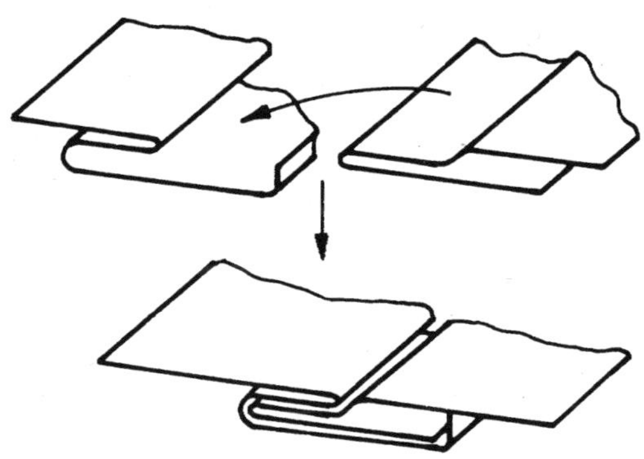

z.B. Klipsen

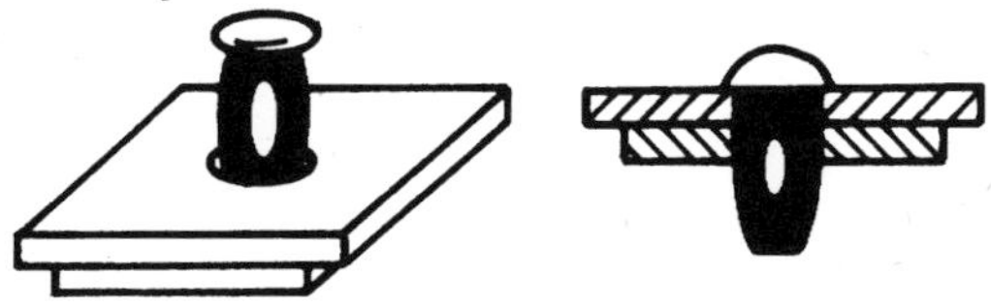

Stecken

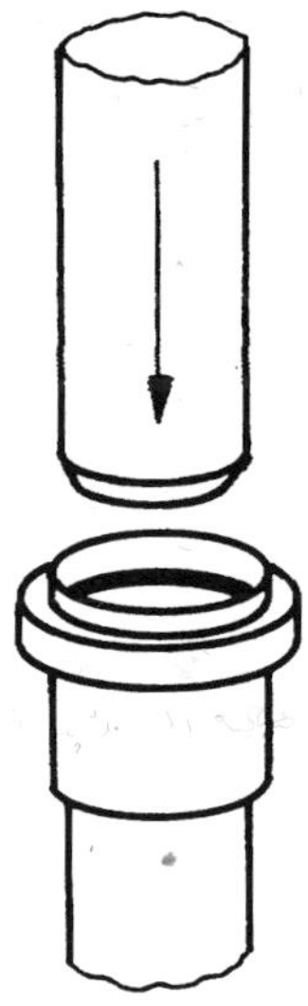

Stifte, Bolzen

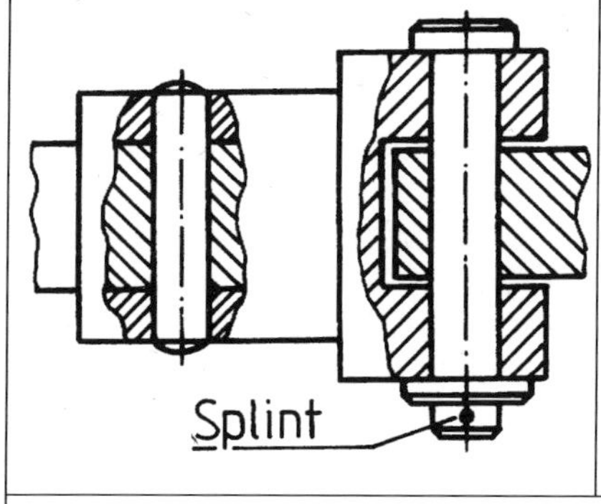

Kaltnieten

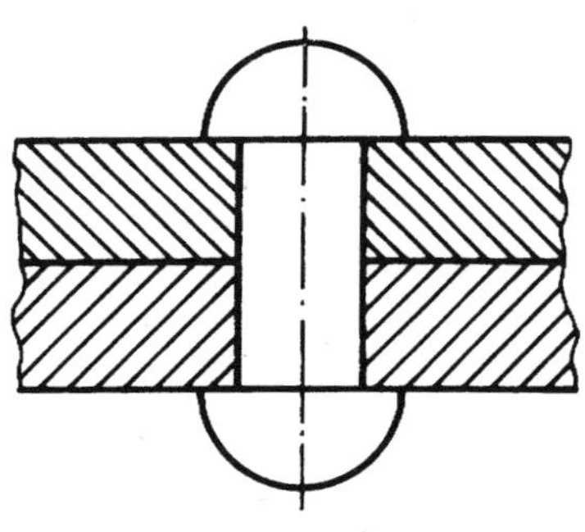

Keilwelle, Kerbverzahnung

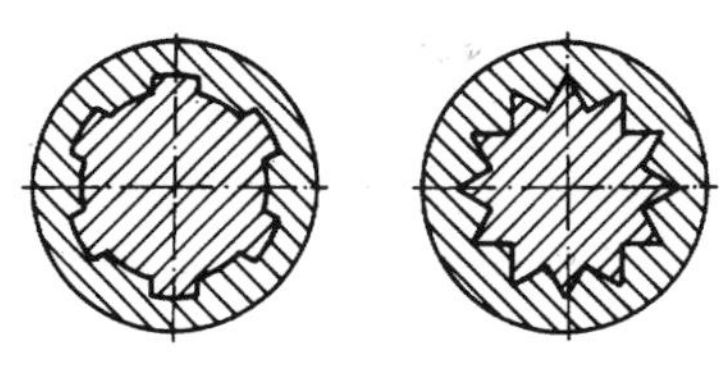

________________________-Verbindung (Scherverbindung)

Bei dieser Verbindungsart hält die __________ der einzelnen Werkstücke die Bauteile zusammen.

Verschrauben		Warmnieten
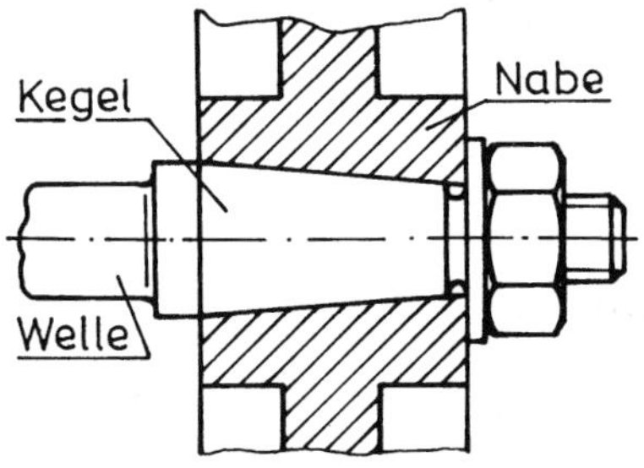	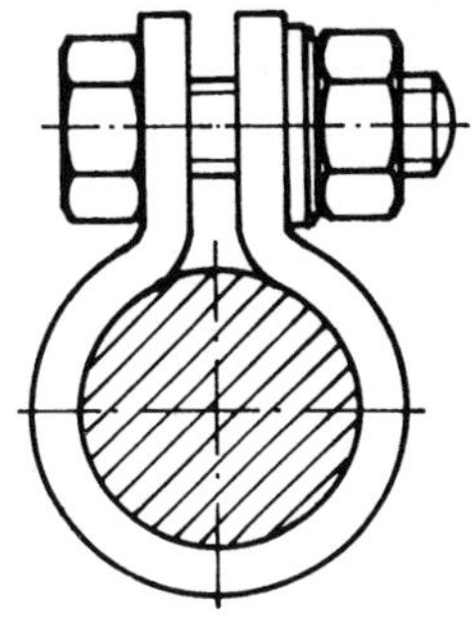	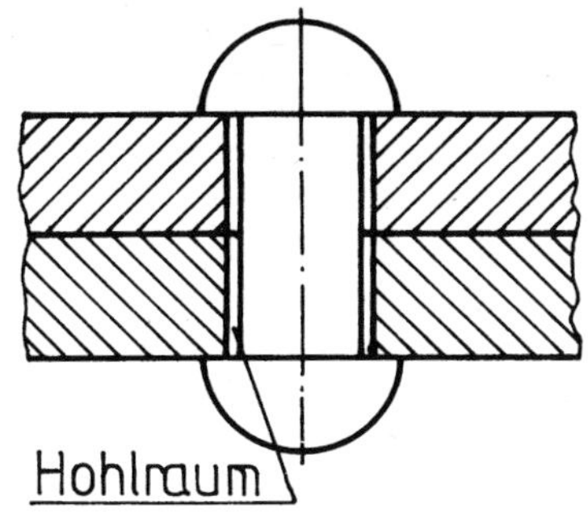
____________________ -Verbindung		
Bei dieser Verbindungsart wird die Reibungs- __________ zwischen den Bauteilen ausgenützt.		

Kraft- und Formschlussverbindung
(vorgespannte Formschlussverbindung)

Bauteile können auch durch Kraft- und Formschluss verbunden werden. Bei normaler Beanspruchung sind z.B. Keile __________-schlüssige Verbindungen. Durch eine sehr große Drehmomentübertragung der Bauteile kann die Reibungskraft überwunden werden. Der Keil stellt hier eine __________-schlüssige Verbindung der Bauteile her.

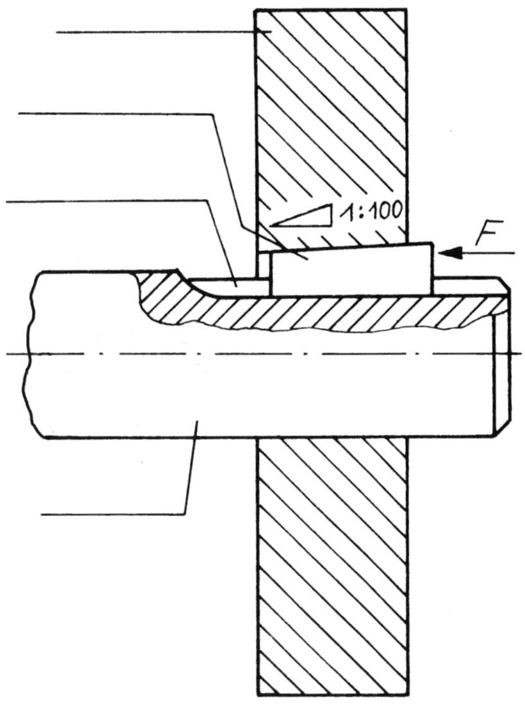

! Durch das gewaltsame Verspannen der Bauteile verschieben sich die Mittelachsen von Welle und Nabe; es entsteht daher bei der Drehbewegung eine ______________.

1.2 Schrauben und Schraubenverbindungen

Mit Schrauben werden ______________ Verbindungen hergestellt. Wir unterscheiden:

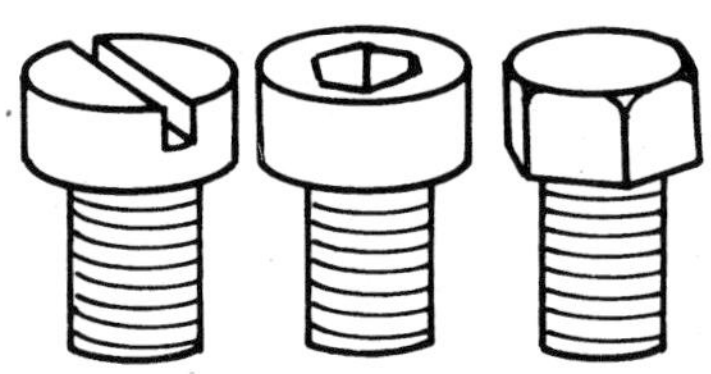	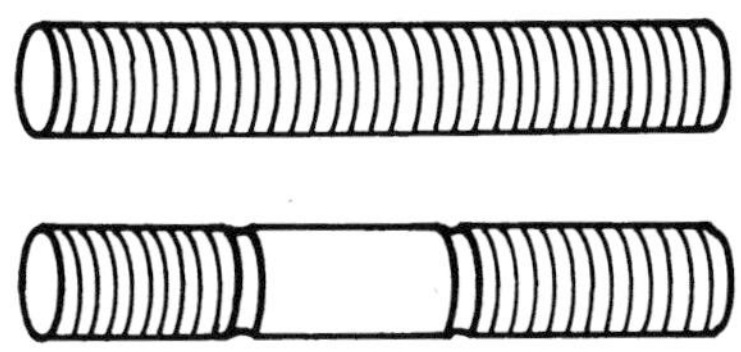	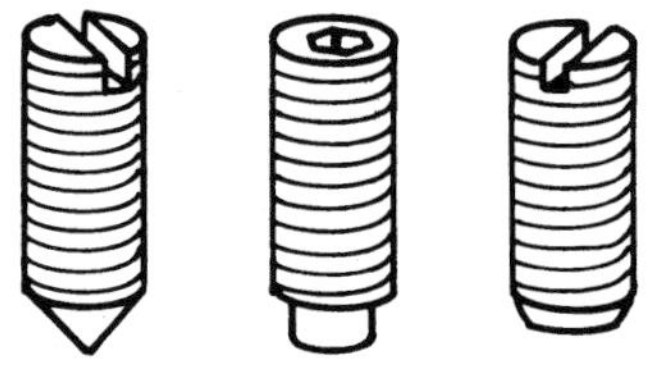
1. ______________ - Schrauben	2. ______________ - Schrauben	3. ______________
Für alle Schraubenverbindungen.	Für häufige Demontage und Montage Das ____________-Gewinde des Bauteils wird geschont.	Für die ____________ Sicherung von Bauteilen.

A. Kopfschrauben

Nach der Befestigungsart unterscheiden wir:

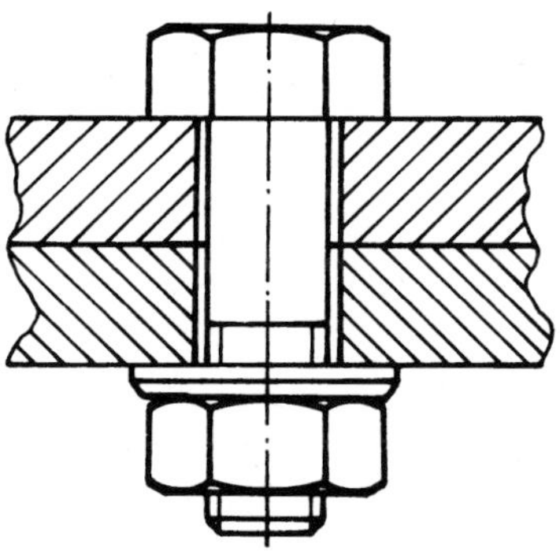	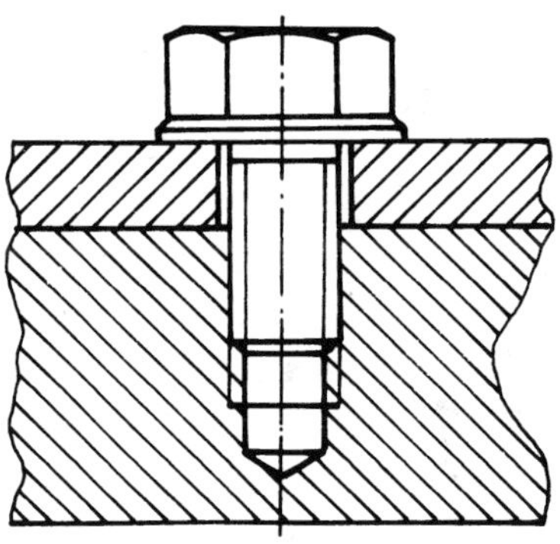
a) ______________ -Kopfschraube	b) ______________ -Kopfschraube

Welche Kopfformen kennen Sie?

____

____

____

____

1. Schaftlänge / der Kopfschrauben

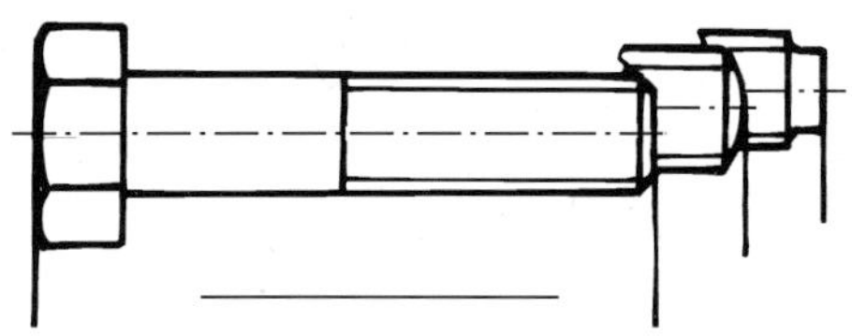

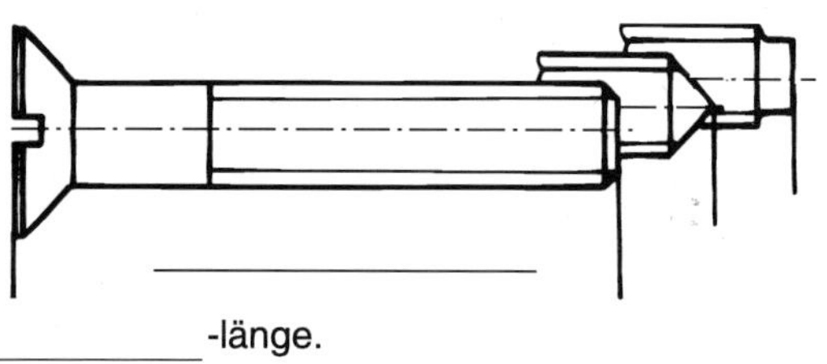

Merke: Bei allen Senkschrauben ist die Schaftlänge die ______________ -länge.

2. Werkstoffe
Nennen Sie gebräuchliche Schraubenwerkstoffe!

____

____

3. Korrosionsschutz

Welche Verfahren kennen Sie?

____

____

____

4. Einschraublänge L_E

Bestimmen Sie mit Hilfe des Tabellenbuches die Zugfestigkeitswerte R_m für die Werkstoffe S 235 JR und E 295.

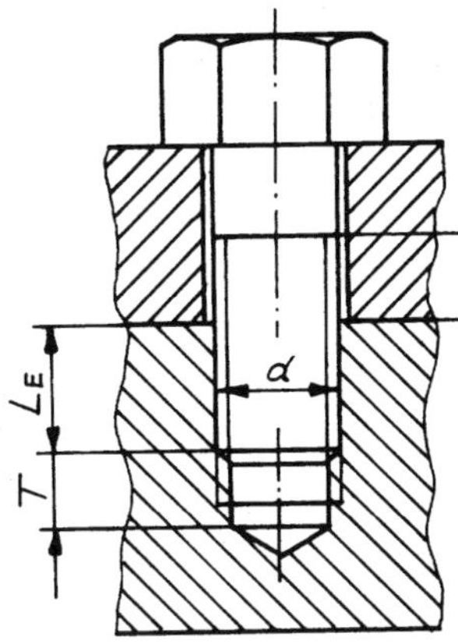

Werkstoff der Bauteile (Auswahl)	Einschraublänge L_E – Schrauben-Festigkeitsklasse (Auswahl) 8 · 8	10 · 9
S 235 JR : $R_m \approx$ ______ $\frac{N}{mm^2}$	1,0 · *d*	1,4 · *d*
E 295 : $R_m \approx$ ______ $\frac{N}{mm^2}$	0,9 · *d*	1,2 · *d*
Stahl mit $R_m > 800 \frac{N}{mm^2}$	0,8 · *d*	1,0 · *d*

Je größer die Mindestzugfestigkeit R_m der Bauteilwerkstoffe, desto ______________ ist die Einschraublänge L_E.

Je größer die Schrauben-Festigkeitsklasse, desto ______________ die Einschraublänge L_E.

5. Gewindeüberstand $L_ü$

Durch einen ausreichenden Gewindeüberstand $L_ü$ wird die ____________ -Gefahr in den Gewindegängen verringert. $L_ü$ muss mindestens 0,5 · *d* betragen.

6. Bohrtiefe *T*

Um ein einwandfrei tragendes Gewinde zu erhalten, muss bei Grundbohrungen (Sackbohrungen) die richtige Bohrtiefe beachtet werden.

Gewinde-Nenndurchmesser *d*	M4	M5	M6	M8	M10	M12	M16	M20	M24
Bohrtiefe *T*	3,8	4,2	5,1	6,2	7,3	8,3	9,3	11,0	13,0

7. Beanspruchung

Zum Anziehen einer Schraube oder einer Mutter ist ein Drehmoment (*M*) erforderlich.

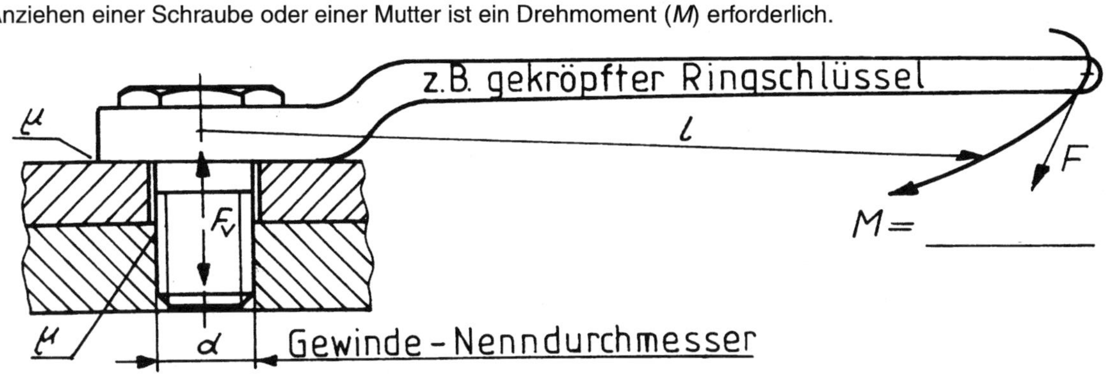

Dieses Anzieh-Drehmoment *M* ist von der Schrauben- oder Mutterngröße (______________________________),

der ____________________ *l* und der ____________________ *F* abhängig.

Die Größe der Anziehkraft hängt von der gewünschten Vorspannkraft F_V und der Reibungszahl μ im Gewinde und an der Auflagefläche der Schraube (Mutter) ab. Der Metallbauer beurteilt nach Gefühl, ob die Schraubenverbindung fest genug angezogen ist. Weil aber sehr kleine Schrauben erfahrungsgemäß zu fest und sehr große Schrauben nicht genügend fest angezogen werden, ist diese Methode nur für untergeordnete Schraubenverbindungen zulässig. Für das Arbeiten mit dem Drehmomentschlüssel können die maximalen Drehmomentwerte aus dem Tabellenbuch entnommen werden.

B. Sechskantschrauben

1. Sechskantschrauben mit Schaft (DIN EN 24014)		**2. Sechskantschrauben mit Gewinde bis zum Kopf** (DIN EN 24017)	
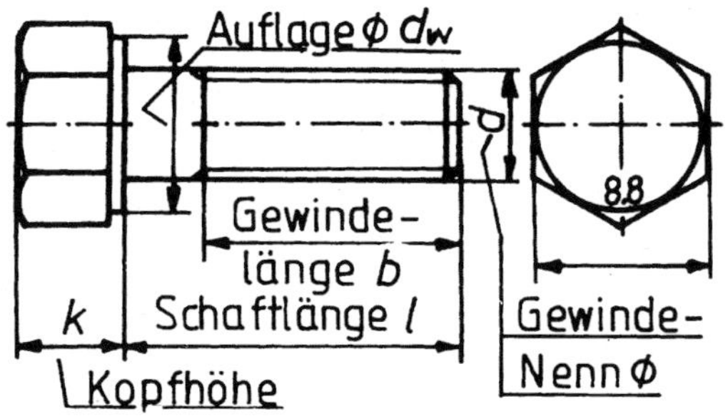		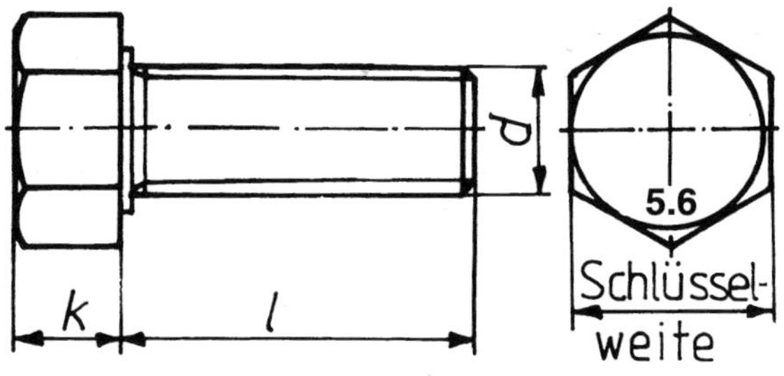	
Handelsüblich ab M1,6 bis M64			
Festigkeit	5.6	8.8	10.9
Mindest-Zugfestigkeit R_m in N/mm²	______	______	______
Mindest-Streckgrenze R_e in N/mm²	______	______	______
Normbeispiel: Sechskantschraube DIN EN 24014 –		Normbeispiel: Sechskantschraube DIN EN 24017 –	
Schraubengüte: mittel (___) – mittelgrob (___) – grob (___)			

3. Sechskant-Passschrauben in Stahlkonstruktionen (DIN 609)
Vergleichen Sie!

Sechskant-Passschraubenverbindung	Übliche Sechskant-Schraubenverbindung
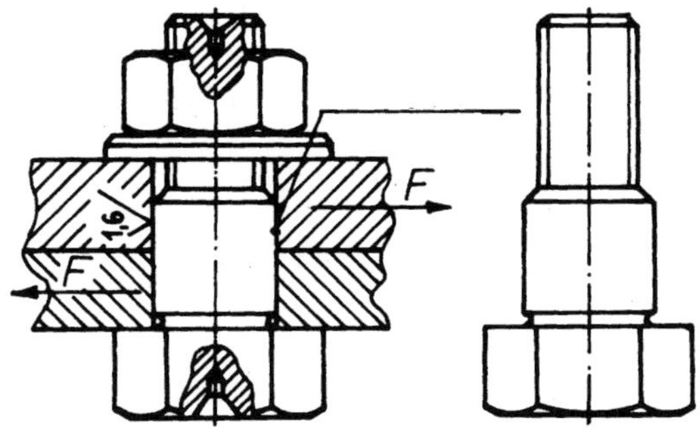	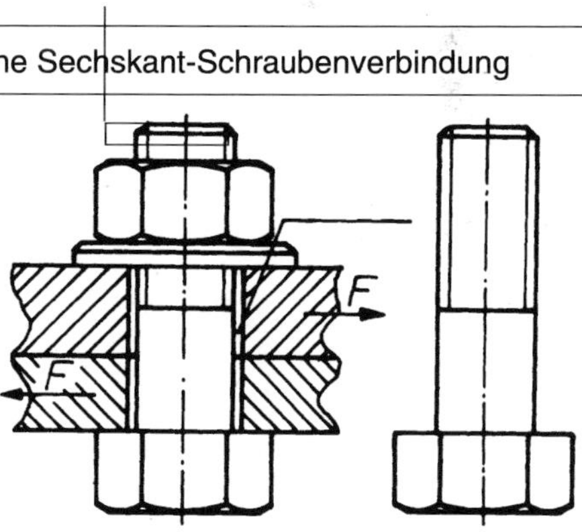
______ Einbauspiel (Passung)	______ Einbauspiel
______ Bauteilfixierung	______ Bauteilfixierung
______ Belastbarkeit	______ Belastbarkeit
______ -Schlussverbindung	______ -Schlussverbindung
______ Mindest-Zugfestigkeit (8.8)	______ Mindest-Zugfestigkeit (z. B 5.6)
Kleinster Nenndurchmesser: M ______ bis M ______	Kleinster Nenndurchmesser: M ______, M ______ bis M ______

Normbeispiel einer Sechskant-Passschraube mit einem Gewinde M24, Schaftlänge 65 mm:

Sechskant-Passschraube DIN 609- ______________________

C. Steinschrauben (Fundamentschrauben)

Steinschrauben dienen zum Befestigen von Bauteilen in ____________ oder ________________.

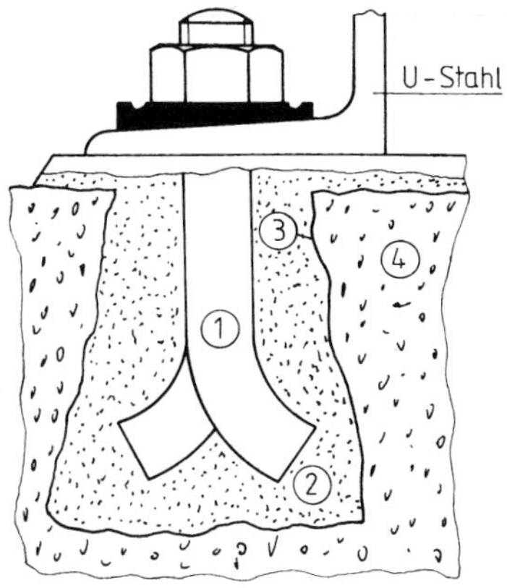

Ordnen Sie zu!

◯ = Vergussmasse, z.B. Montagezement

◯ = Betonfundament

◯ = Steinschraube (gespalten und gebogen)

◯ = Befestigungsloch

Beschreiben Sie die skizzierten Steinschraubenenden!

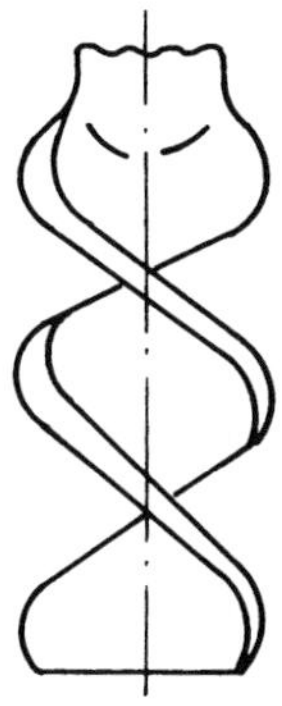	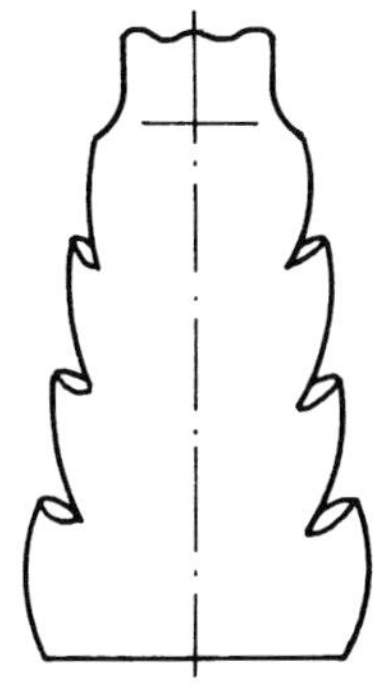	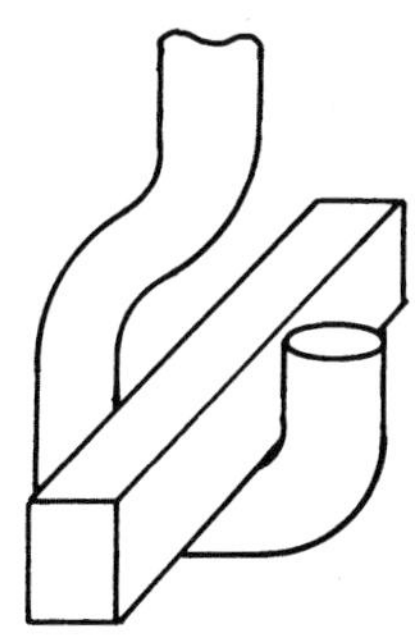	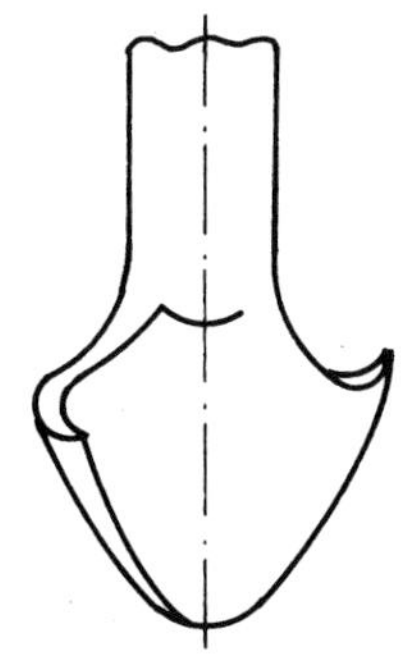

D. Muttern

1. Mutternarten (Auswahl)
Welche Mutternarten kennen Sie?

____

____

2. Festigkeitsklassen

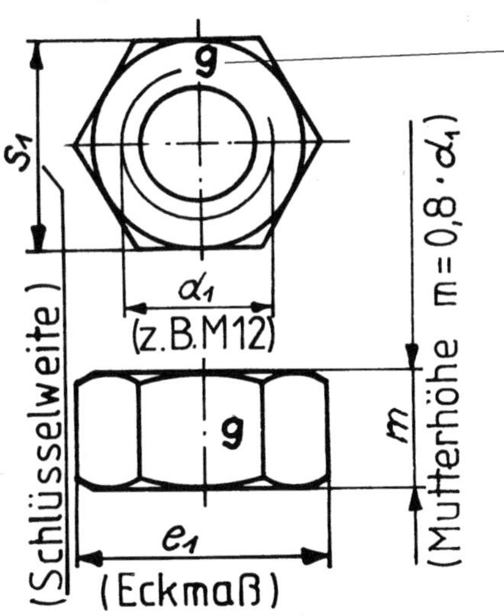

s_1 = Schlüsselweite
e_1 = Eckmaß

Festigkeitsklasse 9 bedeutet:

Die Mindestzugfestigkeit R_m beträgt 9 ______ = ____________.
Damit Mutter und Schraube dieselbe Belastung aufnehmen können, muss die Schraube ebenfalls eine Mindestzugfestigkeit von ____________ haben, z.B. __________.

3. Normung einer Sechskantmutter nach DIN EN 24033
Verwenden Sie als Normbeispiel die skizzierte Mutter.

____

Technologie Konstruktionsmechaniker und Metallbauer	Datum:	Fügen	F 1
Name:	Klasse:		1

E. Gebräuchliche Sicherungen

Durch den Einbau von Schraubensicherungen können sich Muttern und Schrauben durch ______________ ______________ oder wechselnde Beanspruchungen nicht mehr lockern.

1. Federringe (DIN 128)

Der Federring ist eine __________ -schlüssige Schraubensicherung, ist einfach und schnell herstellbar und billig. Bei der Demontage werden die Federringzähne beschädigt. Deshalb dürfen Federringe ______________ ______________.

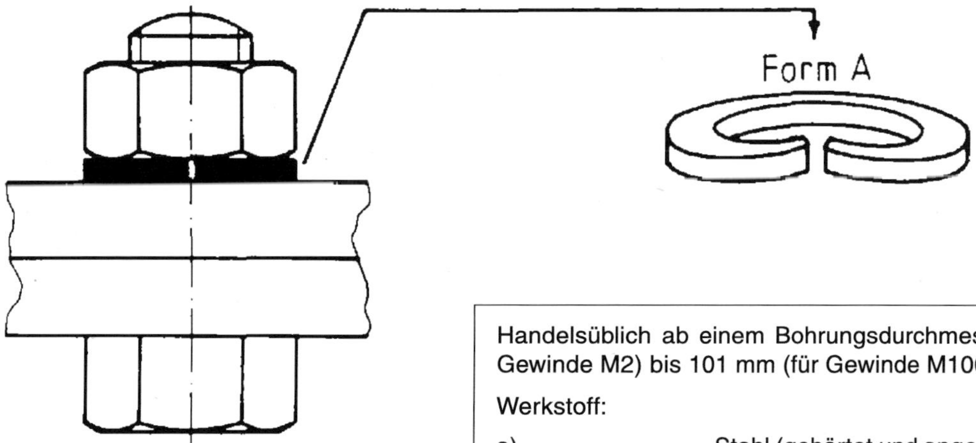

Handelsüblich ab einem Bohrungsdurchmesser von 2,1 mm (für Gewinde M2) bis 101 mm (für Gewinde M100).

Werkstoff:

a) ______________-Stahl (gehärtet und angelassen, mit oder ohne Korrosionsschutz, Kurzzeichen: FSt).

b) ______________ -Legierung (Bronze)

c) ______________ Stahl (Legierungsmetalle: Chrom und Nickel)

Normbeispiel für einen gewölbten Federring (Form A) aus Federstahl für eine Schraubenverbindung M20.

Federring ______________________________

2. Kronenmutter mit Splint (DIN 935 und DIN EN ISO 1234)

Der Splint verhindert ein Verdrehen der Schraube, er ist __________ -schlüssig. Kronenmuttern mit Splint zählen zu den „Verliersicherungen“. Splinte werden auch bei Bauteilen angewendet, die gegeneinander leicht beweglich sein müssen, z.B. ______________________________

____

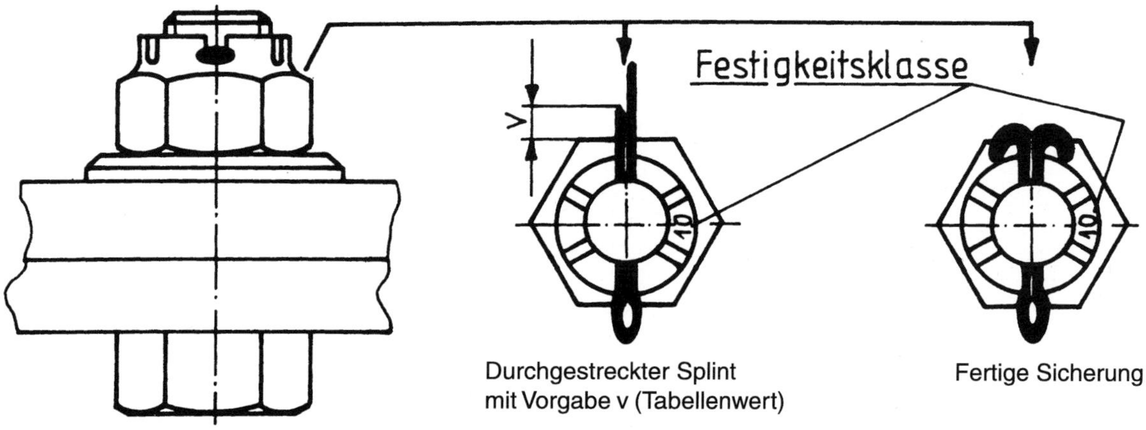

Durchgestreckter Splint mit Vorgabe v (Tabellenwert)

Fertige Sicherung

Kronenmutter (DIN 935)	Splint (DIN EN ISO 1234)
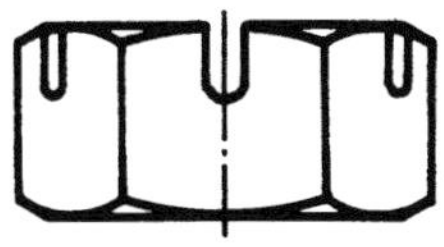 bis M 10 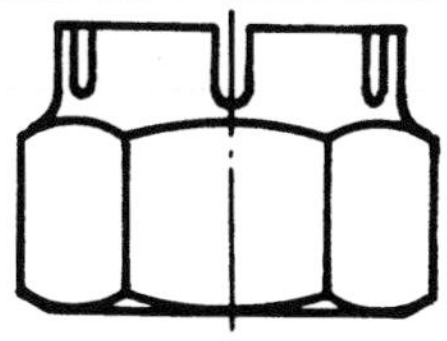 ab M 12	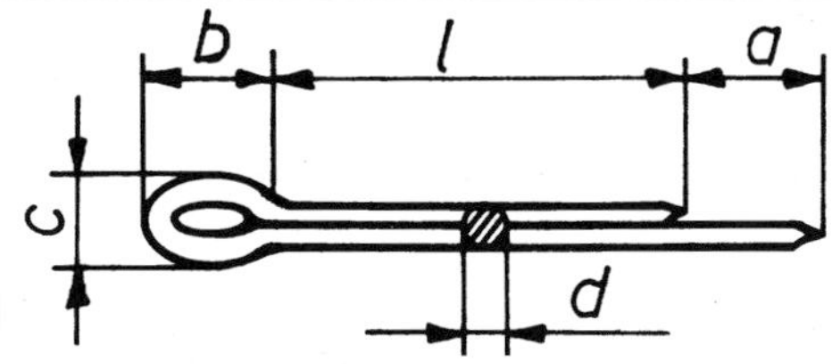

Festigkeitsklasse	5	6	8	10
Mindestzugfestigkeit in N/mm²	______	______	______	______
dazugehörige Schraube z.B.	______	______	______	______

Handelsüblich ab Splintdurchmesser d = 1 mm bis 20 mm.
Normale Längen (l) ab l = 6 mm bis 250 mm.
Werkstoff: St, Cu, Al-Leg., Cu-Zn-Leg.

Normbeispiel für eine Kronenmutter mit einem Innengewinde M12 und einer Mindestzugfestigkeit von 800 N/mm²:

Kronenmutter DIN 935 ____________________

Normbeispiel für einen Splint mit 4 mm Nenndurchmesser und 80 mm Länge aus Stahl:

Splint DIN EN ISO 1234 ____________________

3. Axial oder radial verformte Muttern

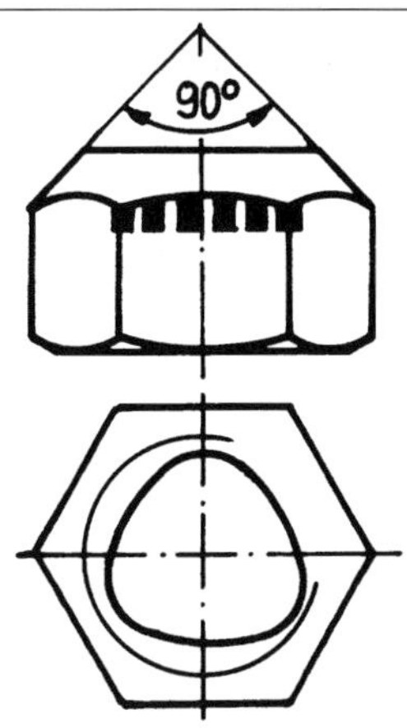

Diese Muttern haben künstliche ____________________ ____________- oder Gewindesteigungsfehler.
Diese selbstsichernden und korrosionsgeschützten Muttern sollten nur ______________ verwendet werden.
Handelsüblich ab M5 bis M24.
Werkstoff: ____________________

4. Selbstsichernde Mutter mit Kunststoffring

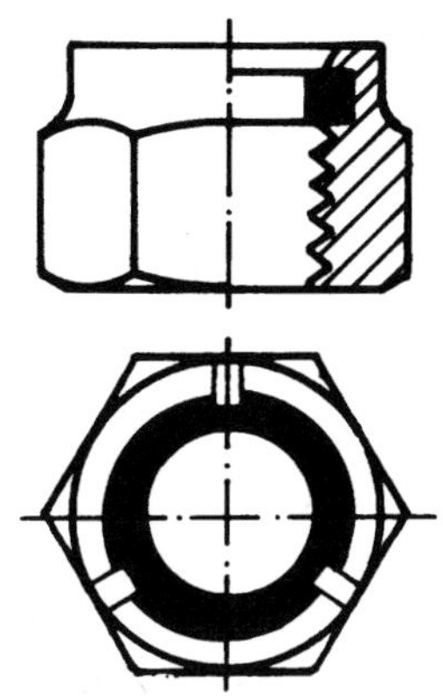

Der Kunststoffring verformt sich beim Anziehen der korrosionsgeschützten Mutter und ____________________ sich in die Gewindegänge der Schraube.
Handelsüblich ab M3 bis M36.
Werkstoff: ____________________

5. Weitere Sicherungen

____

____

____

____

____

<table>
<tr><td>Technologie Konstruktionsmechaniker und Metallbauer</td><td>Datum:</td><td rowspan="2">Fügen</td><td>F 1</td></tr>
<tr><td>Name:</td><td>Klasse:</td><td>1</td></tr>
</table>

F. Scheiben (Produktklasse A)

1. Scheiben für Sechskantschrauben und -muttern (DIN 125–1)

<table>
<tr><td>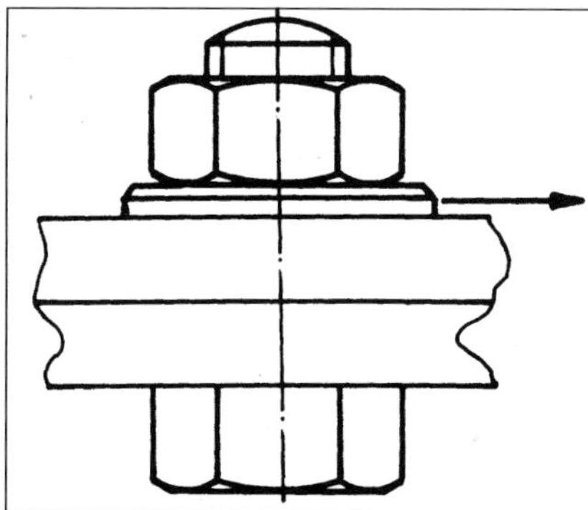</td><td>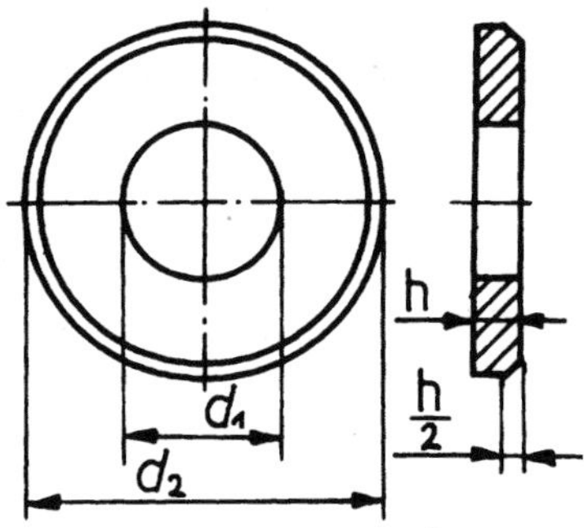
</td><td>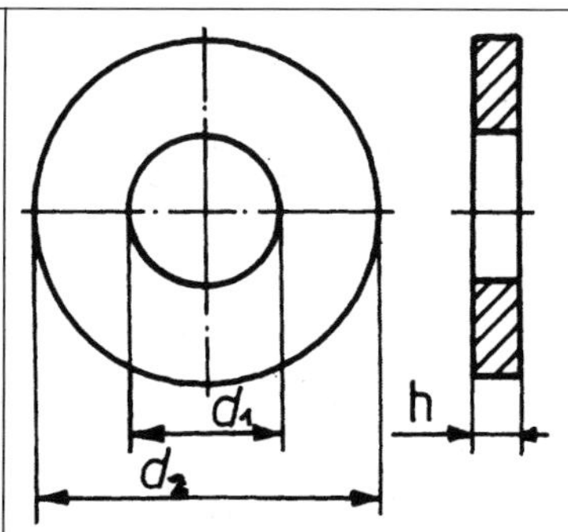
</td></tr>
<tr><td rowspan="3">Normbeispiel für eine nicht rostende Scheibe mit Fase, Härteklasse: 200 HV (Stahlverschraubung M16, Durchgangsloch d_1 = 17):
Scheibe DIN 125 – ____________</td><td>Form B (mit Fase)</td><td>Form A (ohne Fase)</td></tr>
<tr><td colspan="2">Handelsüblich ab Bohrungsdurchmesser d_1 = 1,7 mm (M1,6) bis d_1 = 1,7 (M1,6) bis d_1 = 82 (M 80)</td></tr>
<tr><td colspan="2">Häufig verwendete Scheibenwerkstoffe:
Stahl oder nicht rostender Stahl = A2, Aluminium-Legierung = Al-Leg.</td></tr>
</table>

Unterlegscheiben für Sechskantschrauben und -muttern verhindern bei häufiger Montage und Demontage eine ____ ____________ der Werkstückoberfläche und ____________ bei Langlöchern die Auflagefläche der Schraubverbindung.

2. Scheiben für U-Stähle und I-Träger (DIN 434 und DIN 435)

Vierkant-Unterlegscheiben verhindern an unebenen oder schiefen Auflageflächen (z.B. U-Stähle oder I-Träger) ____________ Belastungen.

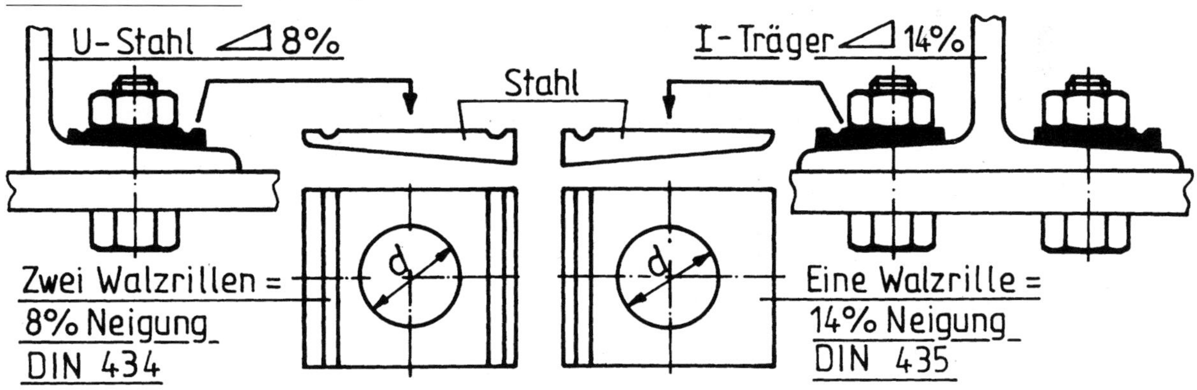

Handelsüblich ab Bohrungsdurchmesser d = 9 mm (M8) bis 30 mm (M27).

Normbeispiel für eine Stahlscheibe mit 14 % Neigung (I-Träger) mit einer Verschraubung M8, Durchgangsloch-Durchmesser = 9 mm: I-Scheibe DIN ____________

Merke: U- und I-Scheiben sind keine Schrauben- oder Muttern- ____________

Vierkant-U-Scheiben mit 5 % Neigung haben keine Rillen.

G. Rand- und Lochabstände von Schrauben im Stahlbau

Maßangaben

d_1 = Lochdurchmesser

e_1 = kleinster Randabstand in Kraftrichtung ($e_1 = 1{,}2 \cdot d_1$)
größter Randabstand in Kraftrichtung ($e_1 = 3 \cdot d_1$)

e_2 = kleinster Randabstand senkrecht zur Kraftrichtung ($e_2 = 1{,}2 \cdot d_1$)
größter Randabstand senkrecht zur Kraftrichtung ($e_2 = 3 \cdot d_1$)

a = kleinster Lochabstand in Kraftrichtung ($a = 2{,}2 \cdot d_1$)
größter Lochabstand ($a = 6 \cdot d_1$)
kleinster Lochabstand senkrecht zur Kraftrichtung ($a = 2{,}4 \cdot d_1$)

Aufgaben

Bestimmen Sie für die Schraubengröße M16 mit Hilfe des Tabellenbuches den Lochdurchmesser (Durchgangsloch – fein)!

Lochdurchmesser d_1 = ______ mm

Bestimmen Sie die kleinsten Rand- und Lochabstände!
Tragen Sie die ermittelten Werte in die Skizze ein!

e_1 = ______________________________

e_2 = ______________________________

a = ______________________________

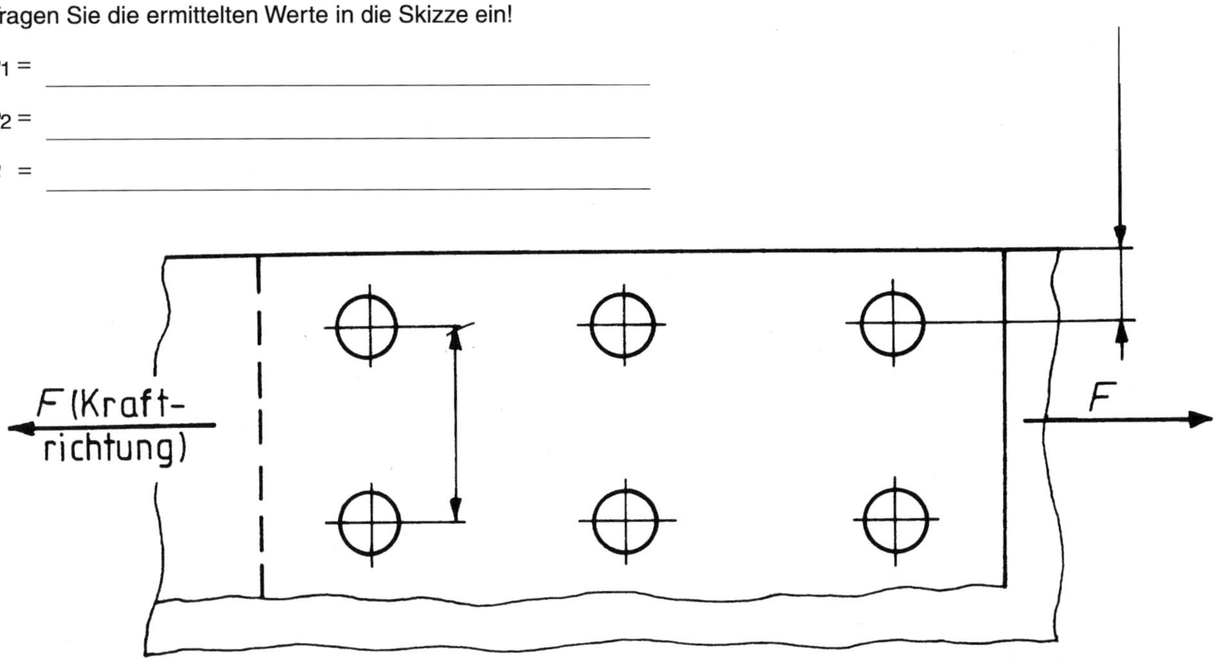

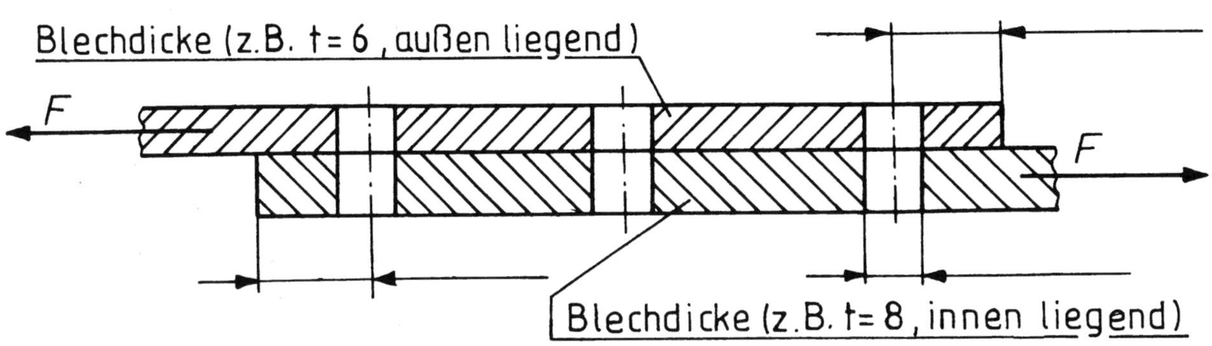

Die Rand- und Lochabstände können auch mit Hilfe der Blechdicke des dünnsten außen liegenden Bauteiles errechnet werden.

H. Anreißmaße (Wurzelmaße) von Profilen (DIN 997)

Werden Profile durch Schrauben verbunden, müssen Bohrungen hergestellt werden.

Als Wurzelmaß *W* bezeichnet man bei U-Stählen und Winkelstählen den Abstand von der ____________________ bis zur ____________________ .

I-Stähle und T-Stähle müssen beidseitig für Verschraubungen gebohrt werden.

Das Wurzelmaß *W* ist der ____________________ der Bohrungen.

Aufgaben

Bestimmen Sie mit Hilfe des Tabellenbuches die Wurzelmaße der U-Stahl-Eckverbindung mit Knotenblech und Verstärkungswinkel! Tragen Sie die Zahlenwerte in die Skizze ein!

Wie groß dürfen die Bohrungen der U-Stahl-Eckverbindung höchstens hergestellt werden?

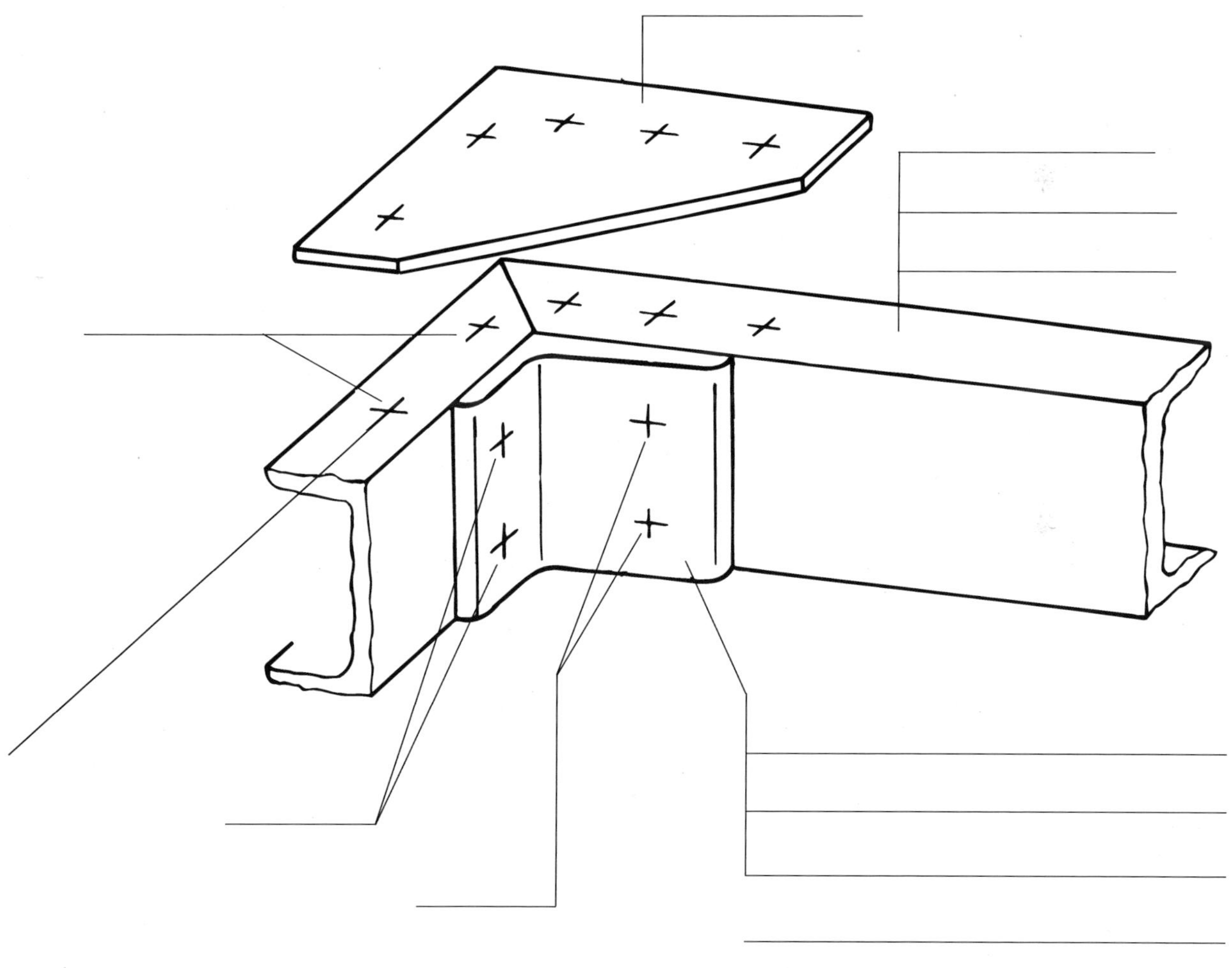

1.3 Falz- und Steckverbindungen

A. Falzverbindungen

Dünnbleche bis zu 1 mm Dicke werden durch ______________ verbunden.

1. Vorteile des Falzens

a) ____________ und ____________________ Blechverbindung.

b) Verarbeitung ohne ____________ -Zufuhr (keine Brandgefahr, kein Verziehen der Bleche).

c) Maschinelles ____________________ der Bleche in der Werkstatt.

d) ____________ von natürlichen Wärmespannungen.

e) Erhaltung des __________________ -Schutzes der Bleche.

2. Falzarten

Ordnen Sie die Stichwörter den Skizzen zu!

Mantelfalz, Schwedenfalz, Stehfalz, Schnappfalz, Rohrfalz, Liegefalz, Spezialfalz, Bodenfalz nach innen, Bodenfalz nach außen.

 Einfacher Falz	 Doppelter Falz	 Einfacher Falz	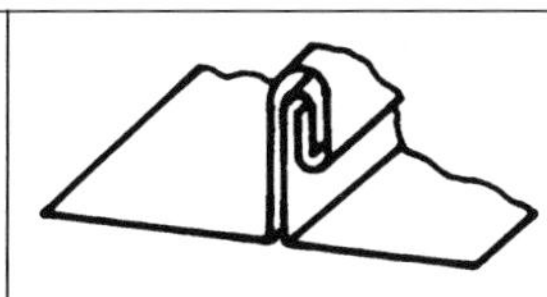 Doppelter Falz
____________________		____________________	

 außen durchgesetzt	 innen durchgesetzt	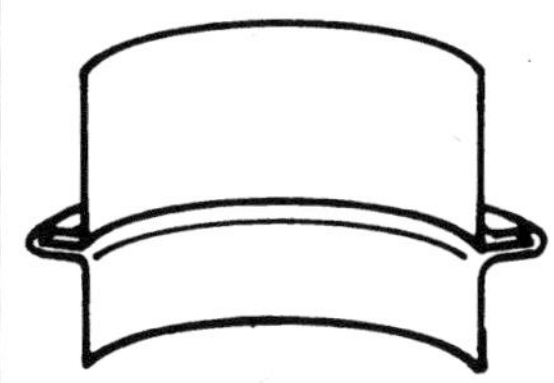 Einfacher Falz	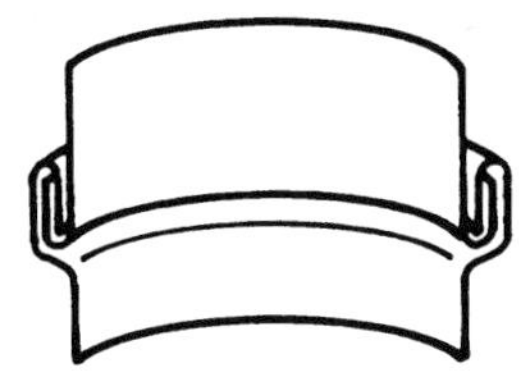 Doppelter Falz
____________________		____________________	

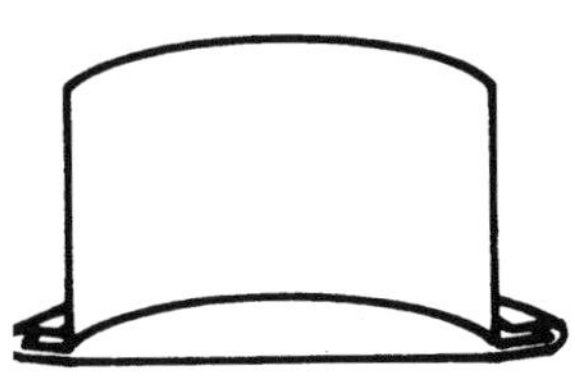 Einfacher Falz	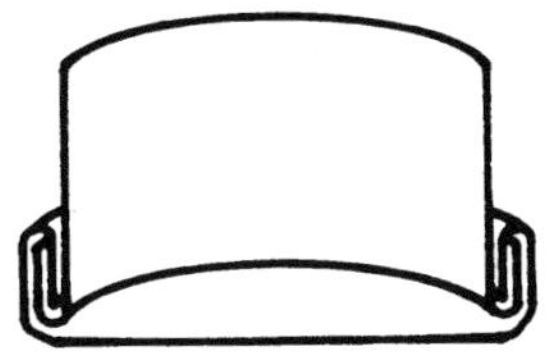 Doppelter Falz	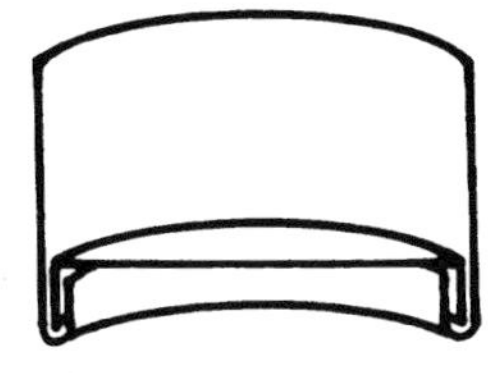 Einfacher Falz	 Doppelter Falz
____________________		____________________	

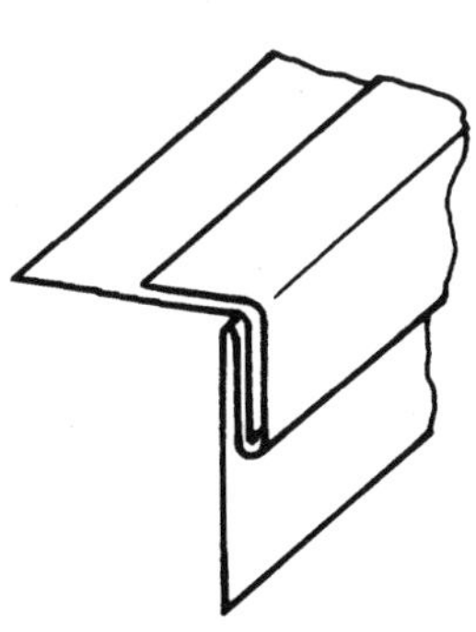 Amerikanische ____________	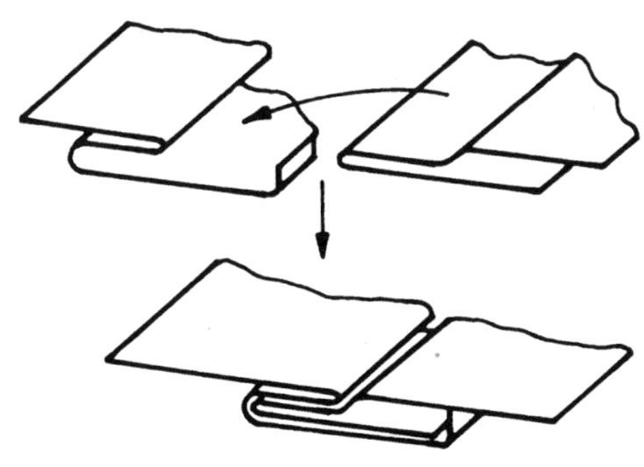 ____________________	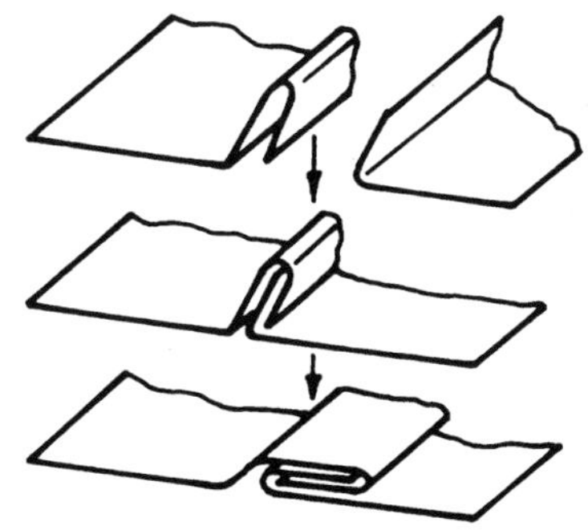 ____________________

Technologie Konstruktionsmechaniker und Metallbauer	Datum:	Fügen	F 1
Name:	Klasse:		1

3. Handwerkliches Herstellen eines durchgesetzten Liegefalzes

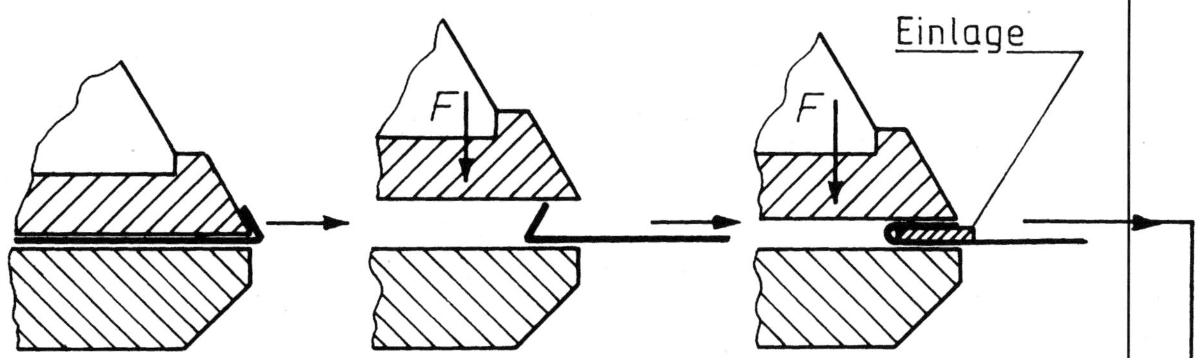

oder

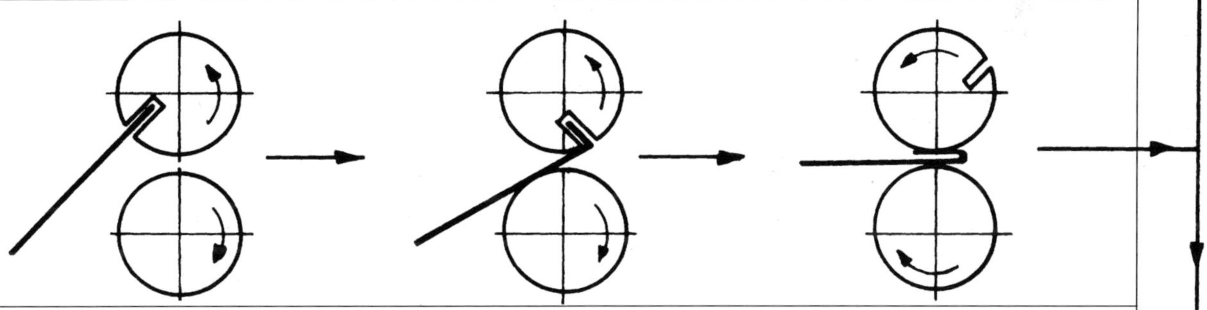

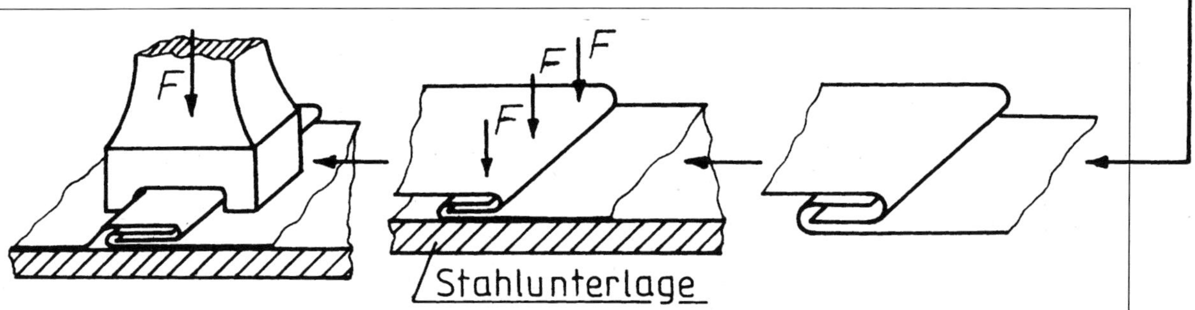

Merke:

Die Bleche einer Falzverbindung können durch ______________________ gegen Herausziehen gesichert werden.

B. Steckverbindung (z.B. Kunststoff-Dachrinne)

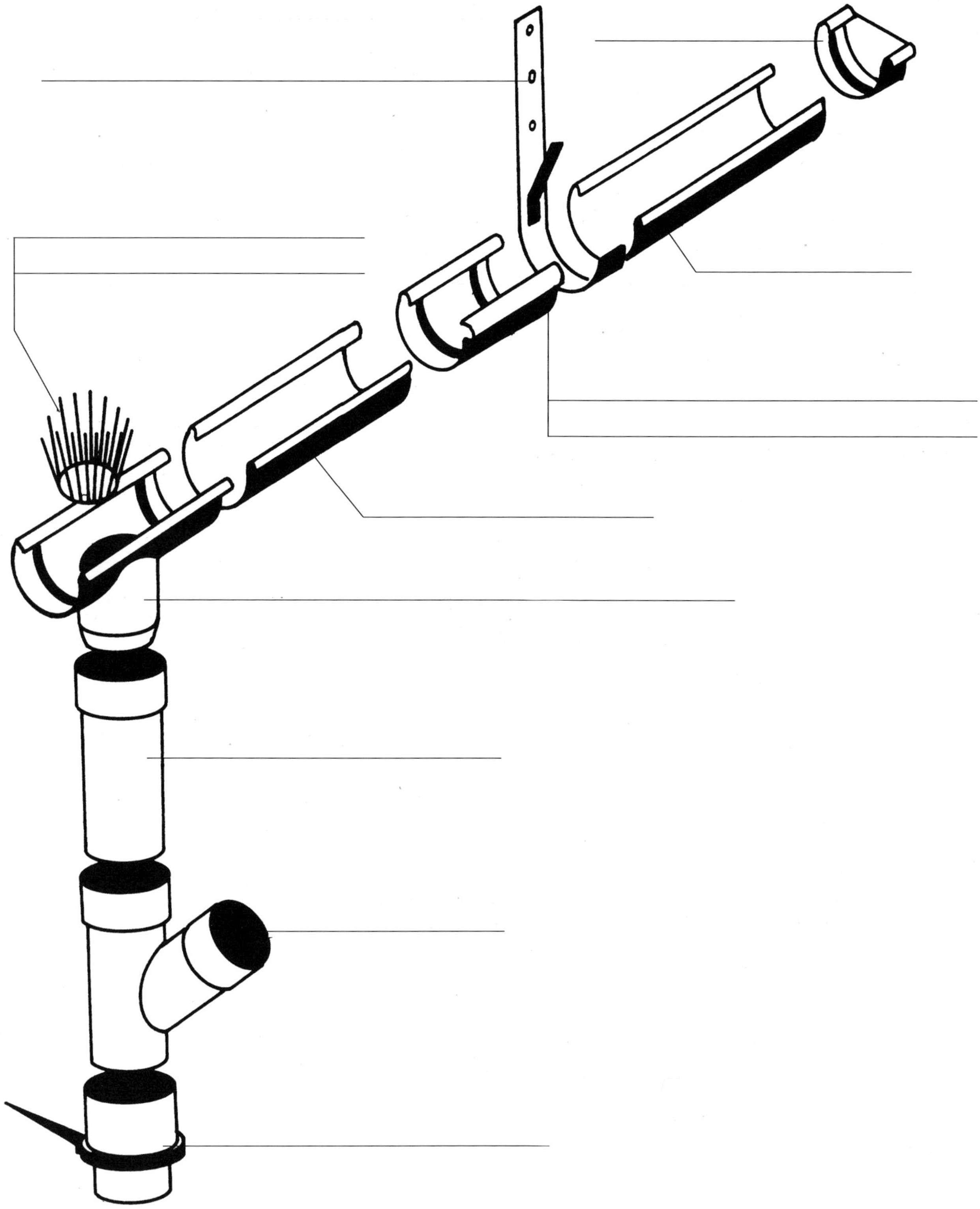

Merke: Dehnungsausgleicher müssen eingebaut werden, wenn die Dachrinne vom Festpunkt aus gemessen länger als ____ m ist. Dachrinnen müssen mit einem Gefälle von ____ mm/m verlegt werden. Die einzelnen Bauteile sind Fertigteilformteile und werden in der Regel nicht handwerklich hergestellt.

1.4 Lichtbogenschweißen

A. Beschreibung

Beim Metall-Lichtbogen-Schweißen, auch ______________-Schweißen genannt, wird die nötige Wärme durch den elektrischen ________________ zwischen Werkstück und Elektrode erzeugt. Die abschmelzende Elektrode bildet die Schweiß-______________. Zum Schweißen kann ______________-Strom (~) oder ___________-Strom (–) verwendet werden. Für den elektrischen Lichtbogen wird eine kleine Spannung von ______ bis ______ Volt, jedoch ein großer Strom von ______ bis ______ Ampere benötigt. Deshalb muss der uns zur Verfügung stehende Strom mit 230 V oder 400 V Spannung durch Schweißmaschinen umgeformt werden.

B. Schweißausrüstung

Ordnen Sie die richtigen Ziffern den Ausrüstungsgegenständen zu!

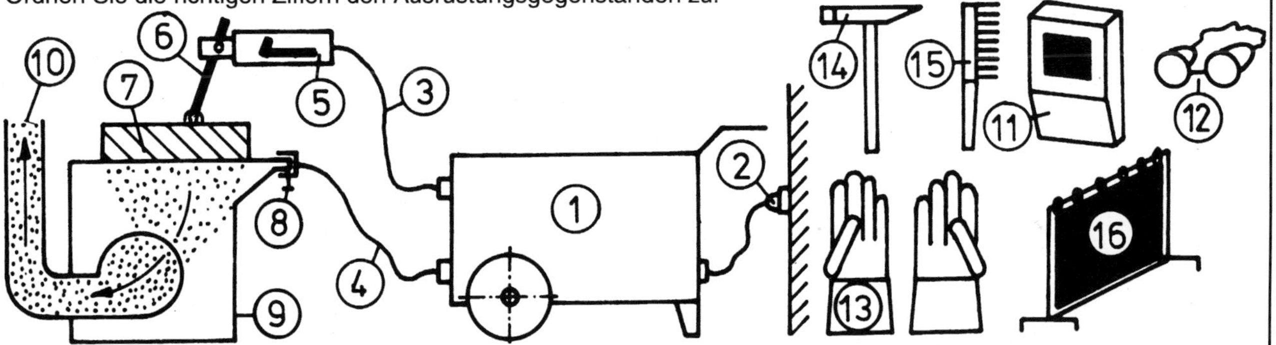

◯	Elektrodenhalter	◯	Schweißgas-Absaugung
◯	Werkstück	◯	Schweißstromkabel-Elektrode
◯	Schweißmaschine	◯	Schweißstromkabel-Werkstück
◯	Schweißtisch	◯	Drahtbürste
◯	Stulpenhandschuhe	◯	Schutzbrille (Schlackenentfernung)
◯	Netzanschluss	◯	Schlackenhammer
◯	Schweißerschirm	◯	Polklemme
◯	Stabelektrode	◯	Schutzwand

C. Schweißmaschinen

1. Schweißtransformator (Umspanner)

Ordnen Sie der Skizze zu!
Primärwicklung, Eisenkern, Sekundärwicklung, Streukern.

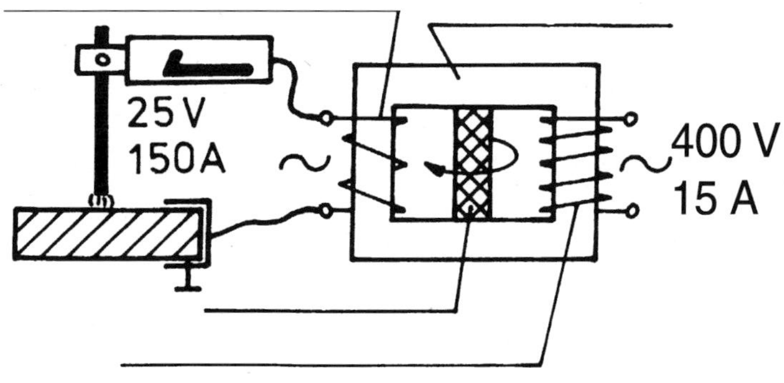

Schweißtransformatoren ändern die ________ ________ und die ______________, aber nicht die Stromart. Sie erzeugen ________ ________-Strom. Ein verstellbarer Streukern ermöglicht eine stufenlose Einstellung der ______________. Die zulässige Leerlaufspannung beträgt max. ________ Volt, für Kesselschweißungen max. ________ Volt.

2. Schweißgleichrichter

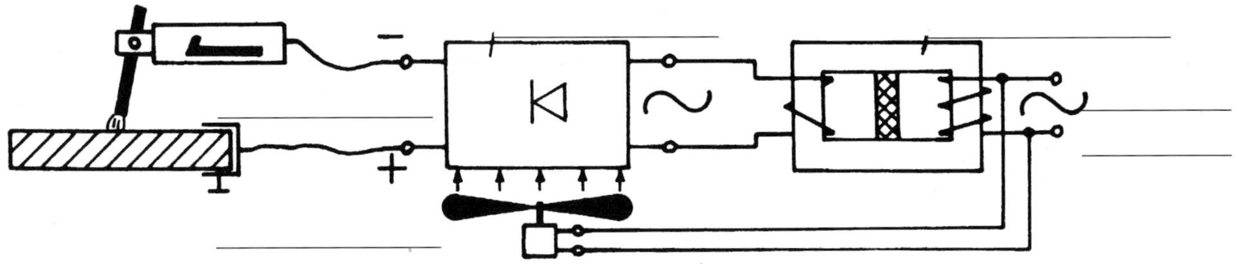

Der Schweißgleichrichter besteht aus einem Schweiß- ________________ und einem ________________, der erzeugt ________ -Strom. Der Schweißgleichrichter besitzt – außer einem Ventilator zur ________________ – keine beweglichen Bauteile. Es entstehen deshalb fast keine Verluste durch Leerlauf oder Abnutzung. Geräte, die für das Schweißen in engen Räumen zugelassen sind, tragen das Kennzeichen ___ . Die zulässige Leerlaufspannung beträgt max. ______ Volt.

3. Schweißumformer

Der Schweißumformer besteht aus einem ________________ und einem ________________, der ________________ -Strom liefert. Durch die drehenden Bauteile entstehen ________________ -Verluste, ________________ -Arbeiten und ________________ -Belästigungen.
Die zulässige Leerlaufspannung beträgt max. ______ Volt.

4. Schweißaggregat

Das Schweißaggregat besteht aus einem Generator und einem ________________ -Motor. Diese Schweißmaschine liefert ________________ -Strom und ist netzunabhängig.
Die zulässige Leerlaufspannung beträgt max. ______ Volt.

D. Polung an der Schweißmaschine

Schweißtemperatur am Pluspol ca. ________ °C, Schweißtemperatur am Minuspol ca. ________ °C.

E. Einschaltdauer von Schweißmaschinen (Auswahl)

	Genormte Einschaltdauer (ED)	Genormte Einschaltdauer in min	Lichtbogenbrennzeit in min	Pausenzeit, Kühlzeit in min
Handschweißbetrieb (HSB)	35 %	5 min	________	________
	60 %	5 min	3 min	2 min
	80 %	5 min	________	________

Merke: Die Einschaltdauer ist das prozentuale Verhältnis von Lichtbogenbrennzeit zu der auf 5 Minuten genormten Gesamtzeit.

Gegeben: HSB 60 % ED; gesucht: Lichtbogenbrennzeit, Pausenzeit

$100\,\% \mathrel{\hat{=}} 5 \text{ min}$

$1\,\% \mathrel{\hat{=}} \frac{5}{100} \text{ min}$

$60\,\% \mathrel{\hat{=}} \frac{5 \cdot 60}{100} \text{ min} = 3 \text{ min}$ Lichtbogenbrennzeit

Pausenzeit = 5 min – 3 min = 2 min

Bei Dauerbetrieb (DB) eines vollmechanischen Schweißgerätes gilt eine ED von 100 %. Billige Kleinschweißtrafos mit schlechter Kühlung haben eine ED von 20 %.

F. Schweißstromkreis

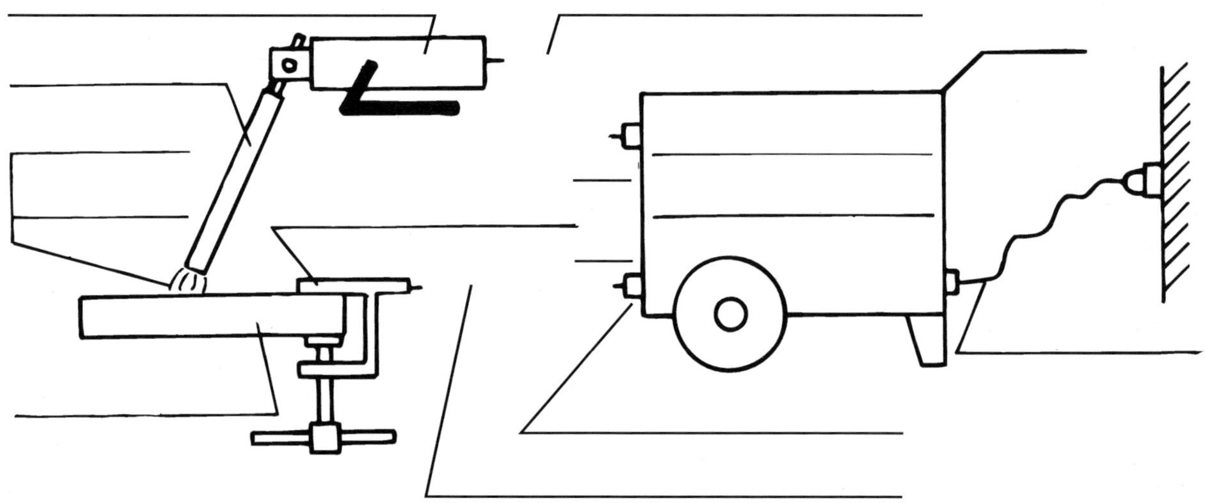

Aufgabe:

Zeichnen Sie den Schweißstromkreis farbig ein!
Benennen Sie die skizzierten Bauteile!

Schweiß- und Werkstückleitung sind einadrige isolierte ______________ -Kabel. Der Querschnitt des Cu-Leiters ist abhängig von der Leiterlänge, von der max. Schweißstromstärke, vom spezifischen Widerstand des Leitermaterials und von der Einschaltdauer des Gerätes.

G. Kennlinie eines Schweißgerätes

Jedes elektrische Schweißgerät hat einen einstellbaren Stromstärkenbereich und einen entsprechenden Schweißspannungsbereich. Diese Daten können durch Strom-Spannungs-Kennlinien gekennzeichnet werden.

Strom-Spannungs-Kennlinie eines Schweißgerätes mit einer eingestellten Stromstärke von 200 Ampere:

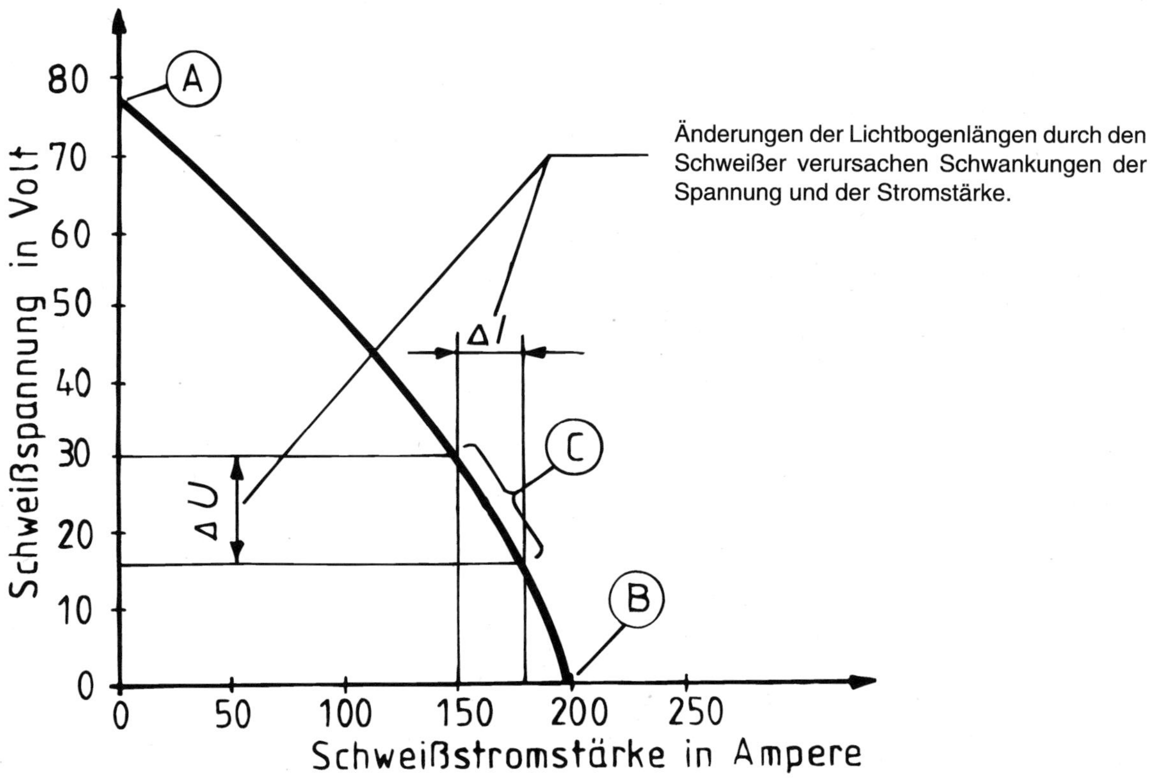

(A) = Vor dem Zünden des Lichtbogens ist die Spannung (__________-Spannung) __________,
die Stromstärke ___ A. Die hohe Spannung wird zum Zünden des Lichtbogens benötigt.

(B) = Beim Zünden des Lichtbogens (__________) ist die Stromstärke __________,
die Spannung ___ V.

(C) = Nach dem Zünden wird die Elektrode beim Schweißen angehoben. Die Spannung __________, die
Stromstärke __________. Die richtige Lichtbogenlänge entspricht dem __________
__________.

Aufgabe:

Zeichnen Sie den Mittelwert der Stromstärke und der Spannung während des Schweißvorganges in das Schaubild ein und bestimmen Sie den Arbeitspunkt (A) für eine eingestellte Stromstärke von 200 Ampere!

Merke:

Der Arbeitspunkt (A) legt die Nennschweißspannung und den Nennschweißstrom fest. Beide Werte sind auf dem Leistungsschild des Schweißgerätes angegeben.

H. Lichtbogen

Durch kurzzeitige Berührung der Elektrode mit dem Werkstück entsteht ein __________. An der Berührungsstelle tritt eine starke __________ ein. Beim Zurückziehen der Elektrode wird die Luft zwischen Werkstück und Elektrode durch austretende Elektronen elektrisch leitfähig gemacht. Es bildet sich der Lichtbogen. Er entsteht sowohl beim __________-Strom als auch beim __________-Strom.

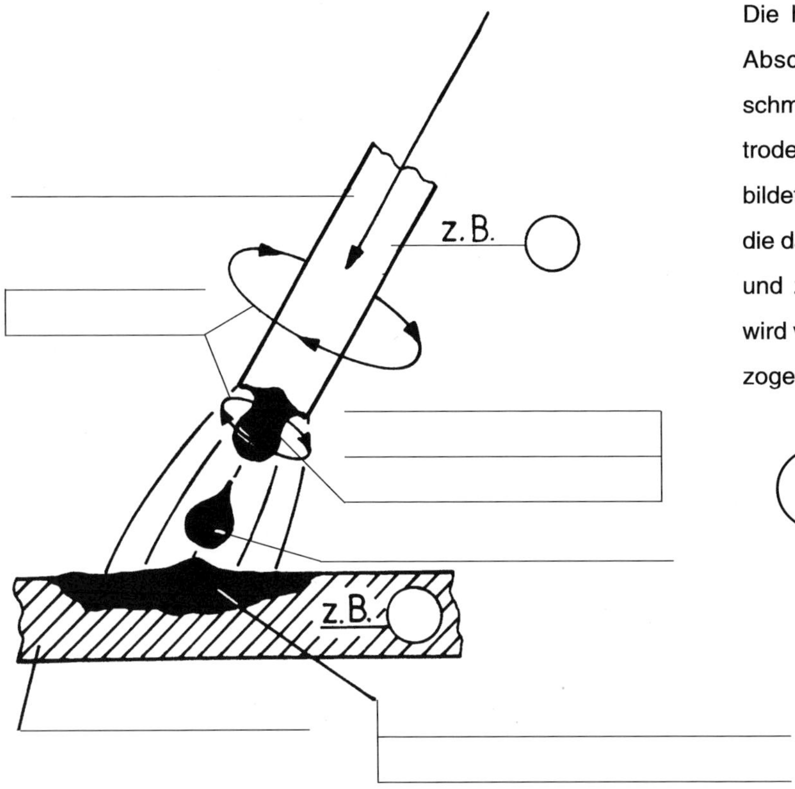

Die hohe Lichtbogentemperatur bewirkt das Abschmelzen der Elektrode und das Anschmelzen der Werkstückoberfläche. Die Elektrode ist ein stromdurchflossener Leiter. Sie bildet starke __________, die das flüssige Elektrodenmetall einschnüren und zu Tropfen formen. Der flüssige Tropfen wird vom Schmelzbad des Werkstückes angezogen.

1.5 Schweißelektroden

A. Beschreibung

Elektroden sind Strom führende, abschmelzende oder nicht abschmelzende Schweiß-____________________ .

B. Elektrodenarten

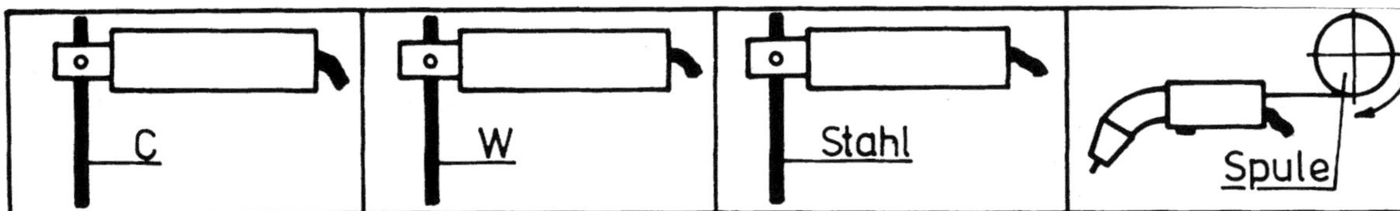

____________ -	____________ -	____________ -	____________ -
Elektrode	Elektrode	Elektrode	Elektrode
____________ -Elektroden		____________ -Elektroden	

Beim Metall-Lichtbogen-Handschweißen werden abschmelzende ____________ -Elektroden verwendet.
Wir unterscheiden:

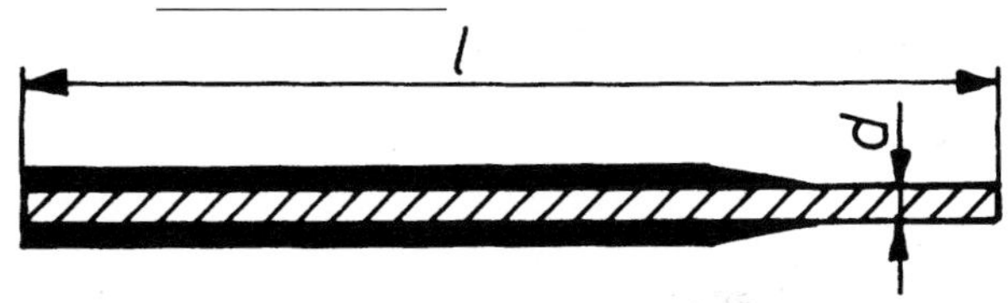

____________________ oder ____________ Stabelektrode

____________________ Stabelektrode (d = 1,5 bis 8 mm, l = 200 bis 450 mm)

1. Nicht umhüllte Stabelektroden

Diese Elektrodenart ist für den ____________ -Strom ungeeignet, weil der Lichtbogen dauernd abreißt. Die Elektrode ____________ sich dadurch mit dem Werkstück. Wegen der schwierigen Schweißausführung und einer verminderten Nahtfestigkeit wird diese Elektrodenart nicht mehr verwendet.

2. Umhüllte Stabelektroden

Umhüllte Stabelektroden besitzen eine Hülle aus mineralischen und organischen Stoffen, Metalloxiden oder Metallpulver. Sie wird durch Tauchen oder Pressen aufgebracht. Die Umhüllung wird in 12 Klassen eingeteilt.
Wir unterscheiden:

____________ Umhüllung	____________ Umhüllung	____________ Umhüllung
Klasse 1 und 2	Klasse 3 und 4	Klasse 5 bis 10
Gesamtdicke D = bis 120 % des Kerndurchmessers d	D = 120 % bis 155 % von d	D = über 155 % von d

Hochleistungelektroden haben die Klassen 11 und 12. Elektroden müssen trocken gelagert werden.

C. Zweck der Umhüllung

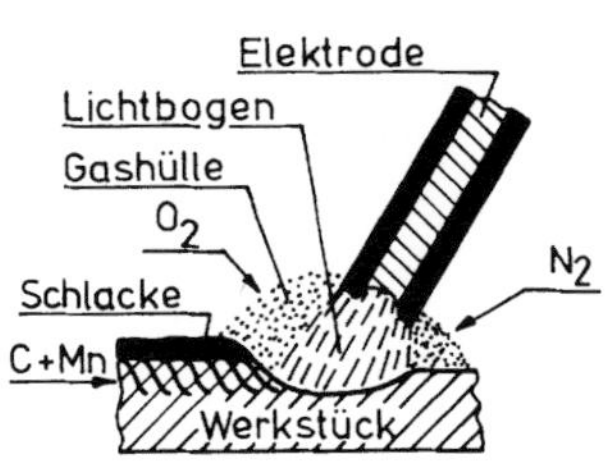

1. Die entstehende Gashülle verhindert den Zutritt von ____________ und ____________ . Die Festigkeit der Schweißnaht wird dadurch nicht verringert.
2. Die abbrennende Umhüllung bildet auf der Schweißstelle eine schützende ____________ , wodurch eine rasche Naht- ____________ verhindert wird.
3. Die Umhüllung ersetzt durch stahlbegleitende Elemente herausgebrannte Stoffe (z.B. _____ und _____).
4. Die Gashülle ____________ den Lichtbogen.
5. Der Zwischenraum Elektrode – Werkstück wird ____________ -fähiger.

Wichtige Kurzzeichen für die Umhüllung

Typ	Umhüllungsart	Eigenschaften	Zusammensetzung
___	___	Hohe Abschmelzleistung, gute Schlackenentfernung, feintropfig, glatte Schweißnähte	Magnetit,Quarz, Kalkspat,Wasserglas
___	___	Hohe Festigkeitswerte, für alle Positionen gut schweißbar, ungeeignet für Wechselstrom, großtropfig, risssicher	Flussspat, Kalkspat, Quarz
___	___	Für Zwangslagenschweißung, z.B. Fallnähte, gut geeignet, große Schutzgas- und Rauchgaswicklung	Zellulose
___	___	Vielseitig anwendbar, gute Zündung, leicht verschweißbar, fein- bis mitteltropfig, Dünnblechschweißung	Titandioxid

Durch Mischen der Umhüllungstypen können Eigenschaften kombiniert werden, z.B.
R(C) = ______________ - umhüllt; RA = ______________ - umhüllt; RR(B) = ______________ - dick umhüllt

D. Bezeichnungsbeispiel einer Schweißelektrode

Stabelektrode 3,25 x 350 DIN EN 499 – E 50 3 1Ni RR 4 1 H10

3,25	Kerndraht-______________ mm
350	Kerndraht-__________ mm
E	Kurzzeichen für Lichtbogenhandschweißen (______________)
50	Mindeststreckgrenze ______ x 10 = ______ N/mm²
3	Kennzahl für die Kerbschlagarbeit des Schweißgutes (3 = 47 J bei –30 °C)
1Ni	Chemische Schweißgutzusammensetzung (1 Ni = 1 % Ni und etwas Mn)
RR	Umhüllungstyp (RR = ______________)
4	Kennzahl für Ausbringung und Stromart (4 = 105–125 %, Gleichstrom)
1	Kennzahl für die Schweißposition (1 = alle Positionen)
H10	Kennzeichen für den Wasserstoffgehalt (H10 = 10 ml/100 g Schweißgut)

Ergänzung: Wird der Elektrodenumhüllung bei der Herstellung Eisenpulver beigemischt, so kann man dadurch die Masse des Schmelzgutes steigern = ______________.

E. Schadstoffe beim Schweißen (Auswahl)

Grundwerkstoff und Schweißzusatz	Schadstoffe	Schadstoffwirkung	Höchstzulässige Werte pro 1 m³ Atemluft
Unlegiert	Rauchgase	lungenbelastend	MAK: 6 mg/m³
Legiert	Rauchgase	lungenbelastend	MAK: 6 mg/m³
	Chromzusatz	krebserregend	TRK: 0,2 mg/m³
	Nickelzusatz	krebserregend	TRK 0,5 mg/m³
Elektrodenumhüllung	rutil (wenig Rauchgas)	wenig lungenbelastend	–
	sauer (mittleres Rauchgas)	mittlere Lungenbelastung	–
	basisch (viel Rauchgas)	starke Lungenbelastung	MAK: 2,5 mg/m³
	zellulose (sehr viel Rauchgas)	sehr starke Lungenbelastung	–

MAK = Maximale Arbeitsplatz-Konzentration, TRK = Technische Richt-Konzentration

Die Auswahl der Elektroden ist abhängig von:

____

____

Technologie Konstruktionsmechaniker und Metallbauer	Datum:	Fügen	F 1
Name:	Klasse:		1

1.6 Nahtformen und ihre Sinnbilder, Schweißpositionen, Schweißstöße

A. Nahtformen und ihre Sinnbilder

Schweißsinnbilder dienen der vereinfachten Darstellung in der Schweißtechnik. Maßgebend sind die neuesten Ausgaben der DIN-Blätter.

Aufgabe:

Benennen Sie die skizzierten Schweißnähte!
Ergänzen Sie die räumlichen Darstellungen durch Schweißsinnbilder!

________________-Naht (______)

________________-Naht (______)

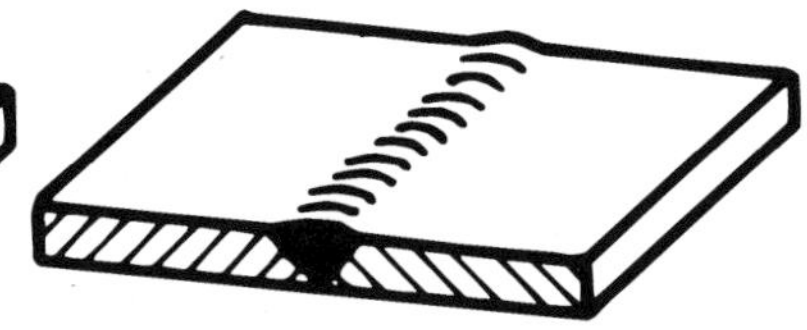

________________-Naht (______)

________________-Naht (______)

________________-Naht (______)

________________-Naht (______)

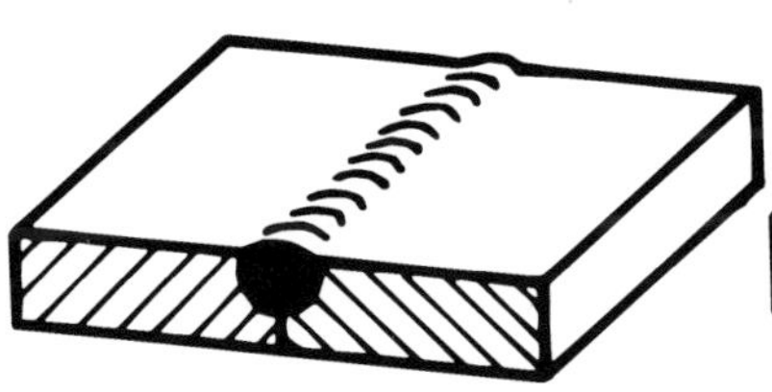

________________-Naht (______)

________________-Naht (______)

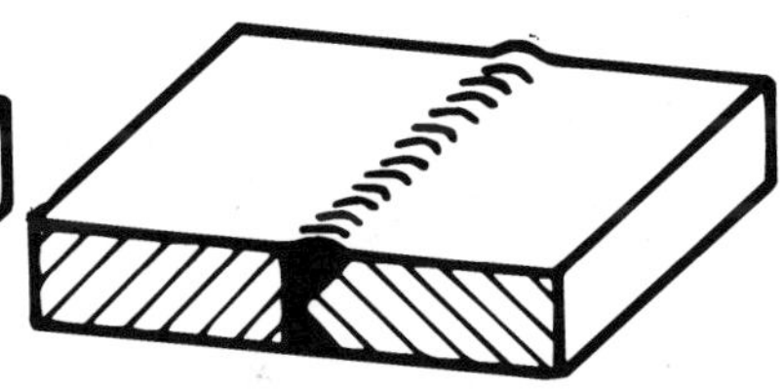

________________-Naht (______)

________________-Naht (______)

________________-Naht (______)

________________-Naht (______)

________________-Naht (______)

________________-Naht (______)

________________-Naht (______)

________________-Naht (______)

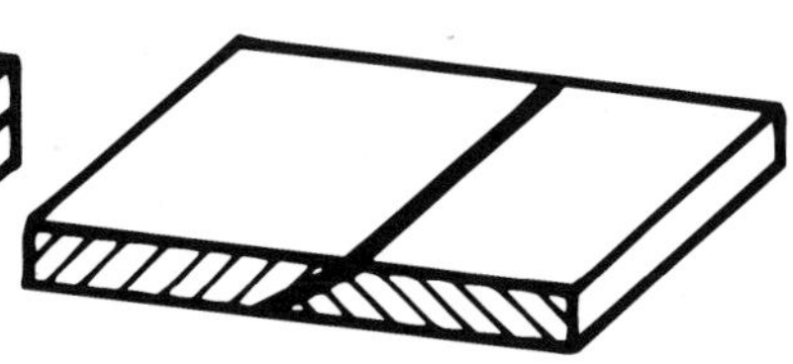

________________-Naht (______)

________________-Naht (______)

B. Schweißposition

Nach Möglichkeit sollte der Schweißer Stumpf- oder Kehlnähte immer in der ______________ -Lage schweißen. Dadurch werden fehlerhafte Schweißungen (z.B. ______________________________) ausgeschlossen.

Aufgabe:

Benennen Sie die skizzierten Schweißpositionen!
Geben Sie das jeweilige Kurzzeichen an!

______________________________ ______________________________

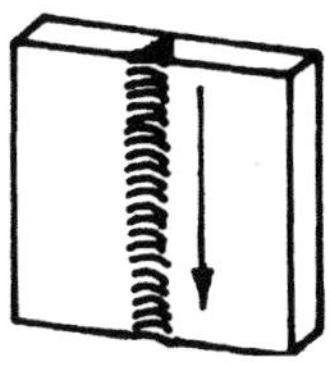

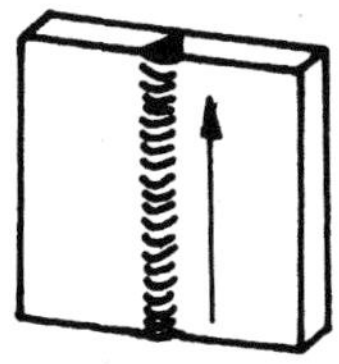

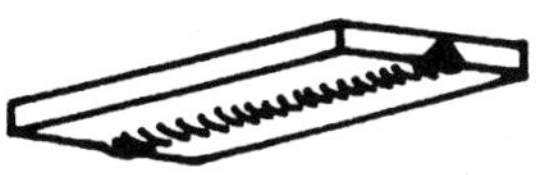

____

C. Schweißstöße

Benennen Sie die skizzierten Schweißstöße!

 - Stoß	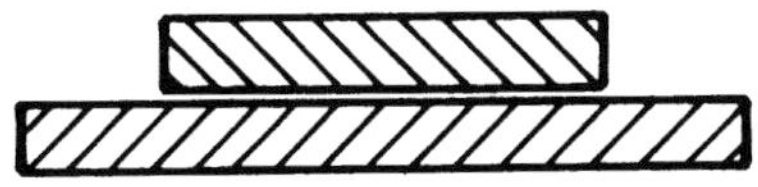 - Stoß	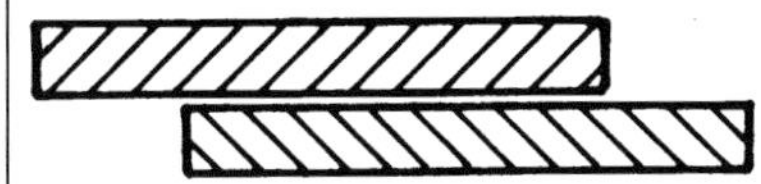 - Stoß
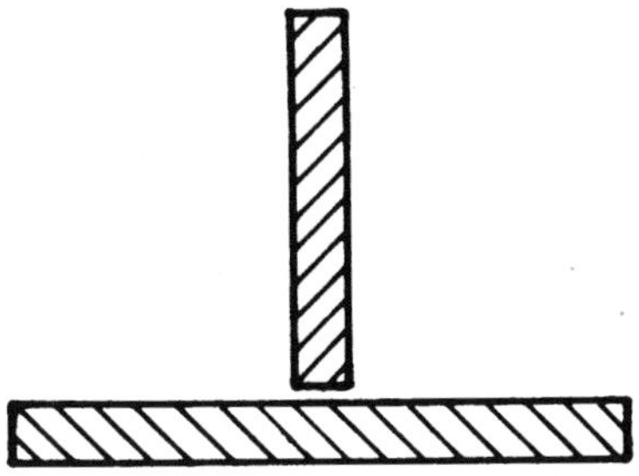 - Stoß	 - Stoß	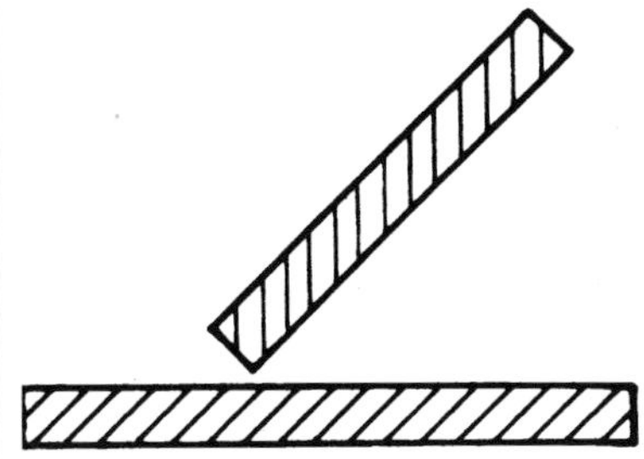 - Stoß
 - Stoß	 - Stoß	 - Stoß

1.7 Arbeitsfolgen beim Lichtbogenschweißen

A. Vorbereitung der Schweißkanten

Die Form der Schweißfuge ist von der __________ der Schweißteile abhängig.

Beispiele:

Flachstähle bis 4 mm Dicke ⟶ ______________________

Flachstähle von 3 mm bis 20 mm Dicke ⟶ ______________________

Flachstähle über 10 mm Dicke ⟶ ______________________

Möglichkeiten der Formgebung:

____

B. Säubern der Schweißstelle

Verunreinigungen (z.B. ______________________________)

der Schweißstelle bewirken __________ -Einschlüsse oder Poren in der Schweißnaht. Dadurch wird die Qualität und die Festigkeit der Schweißung beeinträchtigt.

Möglichkeiten für die Reinigung:

____

C. Richten der Schweißteile

Unebene oder durch Brennschneiden verzogene Stahlbleche führen zu __________ Schweißungen. Sie müssen vor dem Schweißen ausgerichtet werden.

D. Heften der Schweißteile

Damit sich die __________ der Schweißteile beim Schweißen nicht verändern kann, müssen die Bauteile geheftet werden. Die Abstände der Heftstellen richten sich nach der Blechdicke und betragen ______ bis ______ mm. Das geschieht in der Regel mit einer __________ Elektrode mit __________ Stromstärke. Schwache Heftstellen können während des Schweißens __________, starke Heftstellen können beim Überschweißen zu Werkstoff- __________ führen. Deshalb müssen die Heftstellen durch den Lichtbogen bis auf den Grund abgeschmolzen werden.

E. Schweißstromstärke

Die Schweißstromstärke ist abhängig:

1. vom ______________________
2. vom ______________________
3. von der Dicke der ______________________
4. von der ______________________
5. von der ______________________

(z.B. EN 499–E 50 3 1Ni RR 41 H 10)
(dünn, mitteldick, dick)

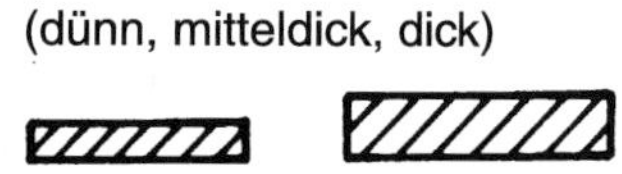

(z.B. PA, PB, PG, PC)

Faustregel: Stromstärke (A) = ______________________ (________) x ________

Die richtige Stromstärke ist am __________ zu erkennen.

Aufgabe: Beurteilen Sie die folgenden Schweißnähte!

Nahtform			
Einbrand			
Stromstärke			

F. Zünden des Lichtbogens

Der elektrische Lichtbogen wird durch ________________ oder durch ________________ der Elektrode auf dem Werkstück gezündet. Der Schweißer muss die gezündete Elektrode ruhig, gleichmäßig und mit kurzem Abstand zur Werkstückoberfläche fortbewegen.

Aufgabe: Beurteilen Sie die skizzierten Lichtbogen-Längen!

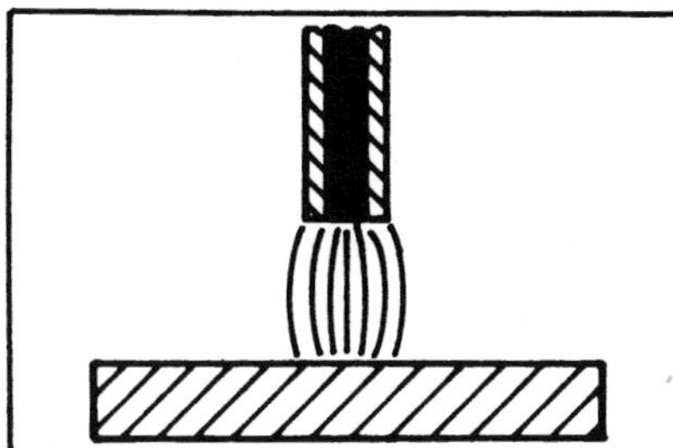	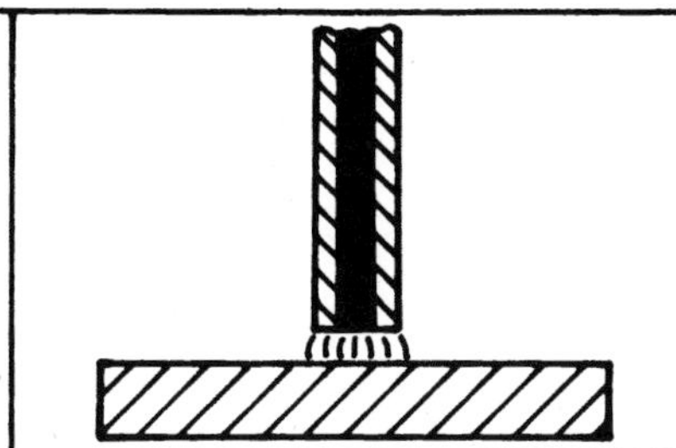	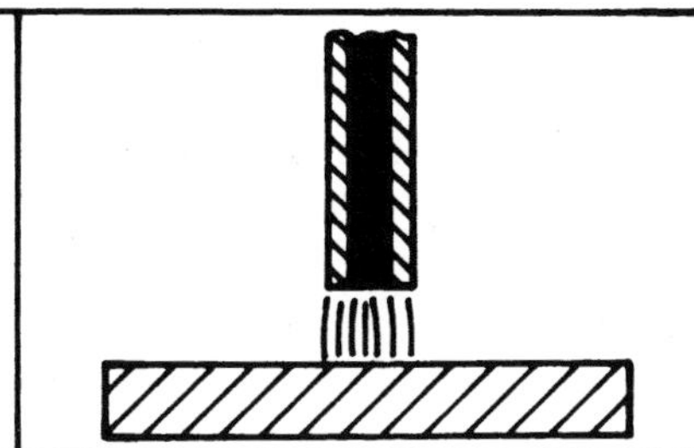
____________ Abstand	____________ Abstand	____________ Abstand
Erkenntnis:	Erkenntnis:	Erkenntnis:

G. Ablenkung des Lichtbogens

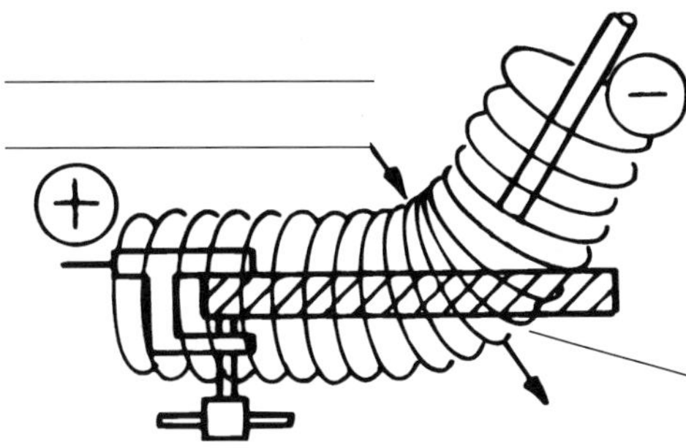

Die Elektrode ist ein stromdurchflossener Leiter. Um ihn bildet sich ein ________________ Feld. Dadurch wird besonders bei der ________________ -Schweißung der Lichtbogen abgelenkt. Diese Erscheinung wird als „________________“ bezeichnet.

Aufgabe:

Zeichen Sie die Lichtbogenablenkung in die Skizze ein!

Gegenmaßnahmen:

H. Nahtaufbau

Aufgabe: Benennen Sie die skizzierten Raupenarten! Ordnen Sie die Zahlen den Nahtlagen zu!

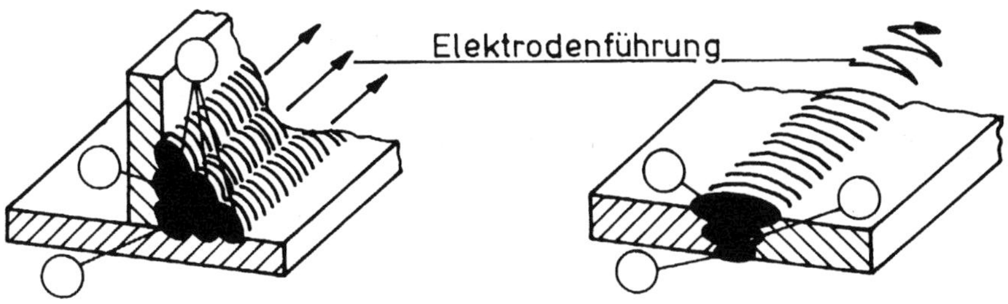

________________ -Raupe ________________ -Raupe

① Wurzellage
② Fülllage
③ Decklage

I. Richten von Schweißkonstruktionen

Durch das Schweißen verzogene Bauteile werden durch Flammrichten ausgerichtet (vgl. Flammrichten, S. 62).

1.8 Schweißnahtfehler und Prüfverfahren für Schweißnähte

A. **Schweißnahtfehler** (Auswahl)

1. Innere Schweißnahtfehler

Ergänzen Sie die Tabelle!

Oxid- und Schlacken-einschlüsse	Bindefehler	Porenbildung	Wolframeinschlüsse

Ursachen: Keine ____ -Entfernung vor dem Schweißen	Ursachen: Zu ____ Nahtöffnungswinkel (z.B. 25°)	Ursachen: Zu ____ Schutzgasmenge	Ursachen: Berührung der heißen Wolframelektrode mit der Schmelze
Metallisch ____ Schweißfuge (Öl, Rost)	____ Schweißbrennerführung	Zu ____ Schutzgasmenge (Wirbelbildung)	Berührung der heißen Wolframelektrode mit dem Schweißstab
Oxidierter Schweiß- ____	Falsche Schweißraupen- ____	Zu großer Brenner- ____	Überlastung der Wolframelektrode
____ Schlacke	Einseitiges Aufschmelzen der Nahtflanken	Zugluft oder ____ ____ Gasdüse	

2. Äußere Schweißnahtfehler

Schweißspritzer	Nahtvertiefung

Stromstärke zu ____. Falsche Elektrodenwahl. Zu ____ Lichtbogen, ____ Schweißdüse.	Zu ____ Stromstärke, ____ Schweißgeschwindigkeit

Einbrandkerben	Mangelhafte Durchschweißung

Stromstärke zu ____, falsche Elektrodenführung,	Elektrodendurchmesser zu ____, ____ Fugenvorbereitung, Schweißspalt zu ____, Schweißstrom zu ____

Auswirkungen der Schweißnahtfehler

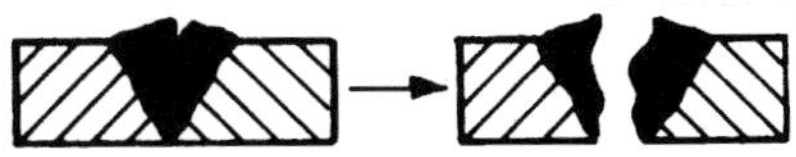		$500 \frac{N}{mm^2} \longrightarrow 300 \frac{N}{mm^2}$
______________ -Wirkung	______________	______________ -Minderung

Schweißspannungen können durch ______________ beseitigt werden. Zu hohe Glühtemperaturen bewirken im Gefüge eine Grobkornbildung, die ______________ verringert sich dadurch.

B. Prüfverfahren

1. Zerstörende Prüfungen

Schweißnahtfehler	Prüfverfahren	Hilfsmittel
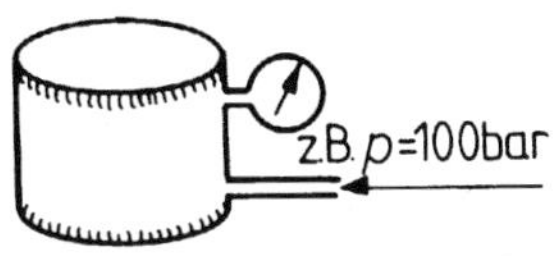	______________ - Prüfung	______________ ______________ ______________
	______________ - Prüfung	______________ ______________ ______________
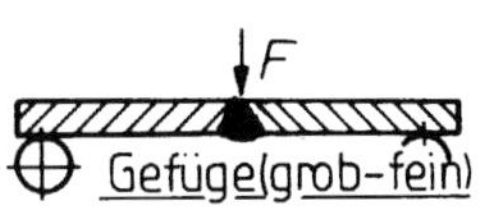	______________ - Versuch	______________ ______________

2. Zerstörungsfreie Prüfungen

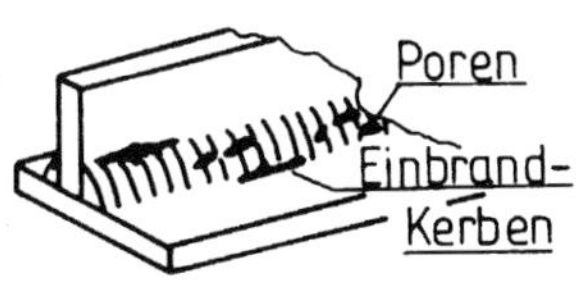	______________ - Prüfung	______________ ______________ ______________
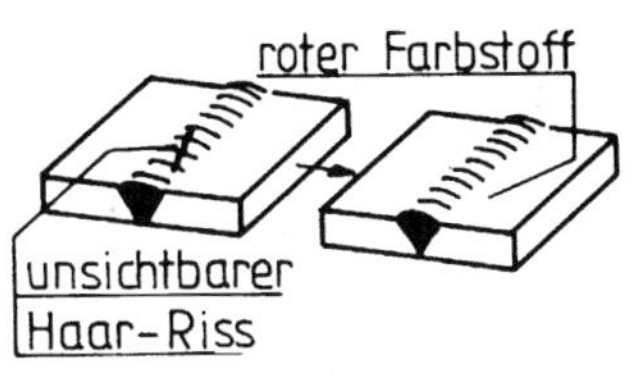	______________ - Prüfung	______________ ______________ ______________ ______________
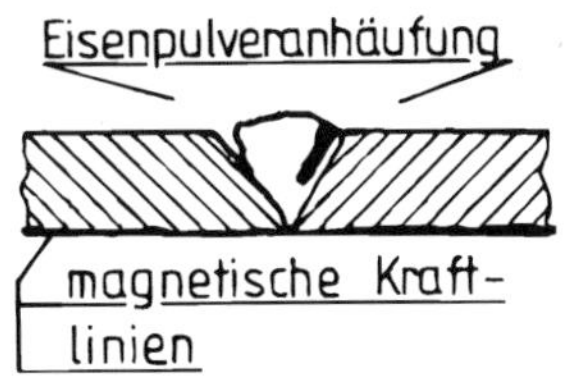	______________ - Verfahren	______________ ______________ ______________ ______________

(Fortsetzung nächste Seite)

Schweißnahtfehler	Prüfverfahren	Hilfsmittel
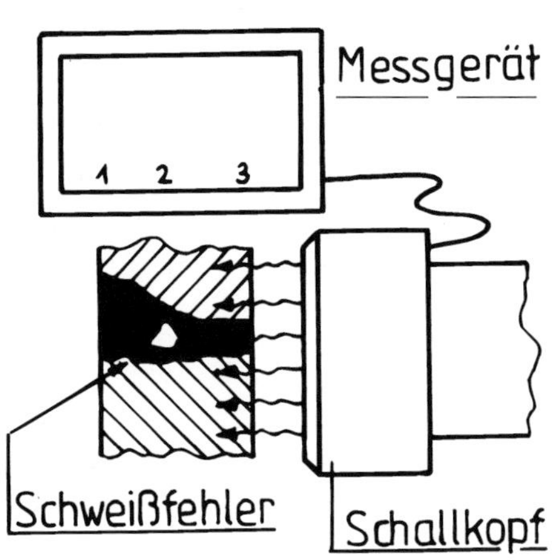	____________- Prüfung 1 = Eingangs-Echo 2 = Fehler-Echo 3 = Ausgangs-Echo	____________ ____________ ____________ ____________
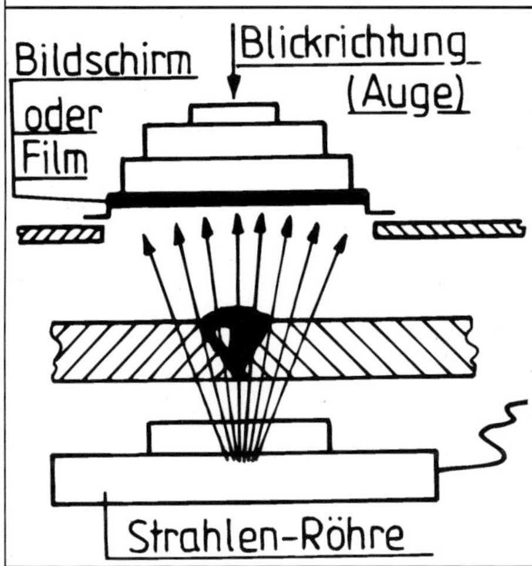	____________- Prüfung (Röntgen- oder Gammastrahlen verursachen ohne Abschirmung schwere gesundheitliche Schäden)	____________ ____________ ____________ ____________

3. Metallografische Untersuchungen

Kleine Schweißnahtproben werden geschliffen, feinstpoliert und mit ____________ geätzt. Mit dem ____________ können innere Fehler ermittelt und fotografiert werden (Schliffbilder).

4. Weitere Prüfverfahren

Prüfverfahren	Zweck
Zugversuch	Es wird die ____________ und die ____________ von Schweißnähten ermittelt.
Härteprüfung	Es wird die ____________ der Schweißnaht ermittelt.
Kerbschlagbiegeversuch	Es wird das Verhalten des Schweißteiles bei ____________ - oder ____________ -artiger Belastung ermittelt.

1.9 Unfallgefahren und Unfallverhütungsmaßnahmen beim Schweißen

A. Elektrischer Strom – Wirkung auf den Menschen

Nicht nur die Netzspannung mit 230 Volt, sondern auch die geringen Schweißspannungen können bei Menschen tödlich wirken. Maßgebend ist die Strom-__________ *(I)*, die das menschliche Herz durchfließt. Stromstärken über 80 mA (0,08 A) können einen Herzstillstand herbeiführen.

Unfallverhütung

1. Bei allen Schweißarbeiten unbeschädigte und trockene __________ -Handschuhe aus __________ benützen!
2. Immer gut isolierende und ungenagelte Arbeits-__________ tragen!
3. Im Freien bei __________ keine elektrischen Schweißarbeiten ausführen!
4. Niemals bei eingeschalteter Schweißmaschine die __________ mit der ungeschützten Hand auswechseln!
5. Immer mit einwandfreien Schweiß-__________ und mit isolierten __________ -Haltern arbeiten!
6. Beim elektrischen Schweißen in feuchten Räumen oder auf gut leitenden Bauteilen (z. B. Stahlkessel) stets __________ Unterlagen verwenden!
7. Vor dem Transport der Schweißmaschine immer den __________ ziehen!
8. Feuchte oder stark durchschwitzte Arbeits-__________ ablegen!
9. Das Gehäuse der Schweißmaschine mit keiner Schweiß-__________ verbinden!
10. Den Elektrodenhalter immer in einer geeigneten __________ ablegen!
11. Die Schweißstrom-Rückleitung immer direkt am Werkstück __________ befestigen!

B. Lichtbogenstrahlung

Der elektrische Lichtbogen sendet Strahlen verschiedener Wellenlänge. Die unsichtbaren ultravioletten Strahlen bewirken eine Entzündung des äußeren Auges und schädigen die __________ (Verblitzen der Augen). Die sichtbaren Strahlen __________ das Auge durch ihr grelles Licht. Die Infrarot-Strahlen können durch ihre Wärmestrahlung __________ auf der Haut hervorrufen.

Unfallverhütung

1. Elektrisches Schweißen darf, dem Schweißverfahren entsprechend, nur mit Schutz-__________ oder Schutz-__________ mit Schweißer-Schutzfiltern und Seitenschutz durchgeführt werden. Die Vorsatzscheiben müssen der DIN entsprechen.
2. Mitarbeiter müssen durch Schutz-__________ oder __________ abgeschirmt werden.
3. Es darf nicht mit aufgekrempelten Ärmeln oder bloßem Oberkörper geschweißt werden.
4. Beim Schlackeentfernen muss man stets die __________ tragen.

C. Rauche und Dämpfe – Wirkung auf die Atmungsorgane

Vor allem beim Schweißen mit umhüllten Elektroden entwickeln sich __________, die zu Reizungen der oberen Luftwege und zu Gesundheitsschäden führen können. Giftige Dämpfe entstehen beim Schweißen von __________ Stahlblech oder an Werkstücken mit __________ -haltigem Anstrich.

Unfallverhütung: Gase und Dämpfe müssen mit geeigneten Vorrichtungen __________ werden.
Merke: Auf keinen Fall darf zur Luftverbesserung __________ zugeführt werden.
Glühende Werkstücke oder Funkenflug können __________ verursachen (Feuerlöscher bereitstellen).

D. Verhalten bei Unfällen

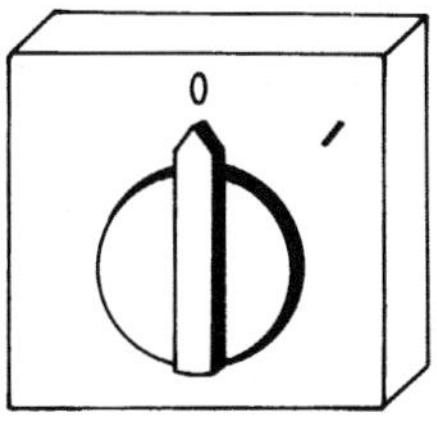

Gefahr beseitigen:

Strom ausschalten, z.B.

____

____

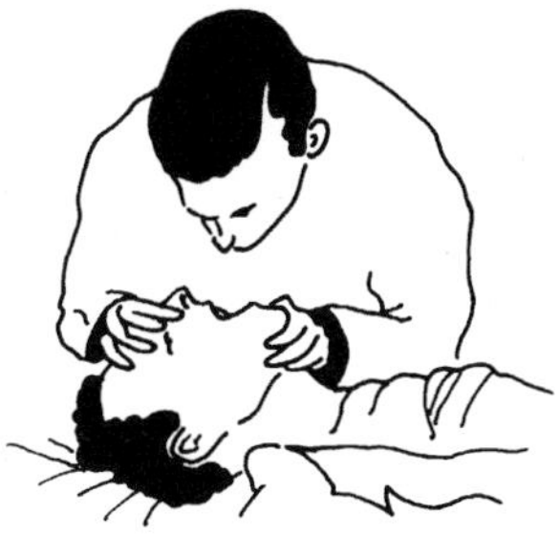

Bei Atemstillstand: ______________________________

Sofort ______________________________

Hilfe herbeiholen:

____

____

!

1. Elektrische Anlagen und Betriebsmittel dürfen nur von einem/einer Elektro- ______________ ______________ errichtet, geändert oder instand gesetzt werden.
2. Zur Verhütung von Unfällen sind die Unfallverhütungsvorschriften der Berufsgenossenschaften und die VDE-Bestimmungen zu beachten.

E. Notruf

Welche wichtigen Angaben müssen Sie bei einem Notruf dem Rettungsdienst mitteilen?

1. ______________________________
2. ______________________________
3. ______________________________
4. ______________________________
5. ______________________________

F. Rechtliche Vorschriften

Viele Ausbildungsberufe im Metallhandwerk sehen eine Grundausbildung im Schweißen vor. Meist wird sie in DVS-Lehrgängen (Deutscher Verband für Schweißtechnik) durchgeführt. Schweißarbeiten an hochwertigen Stahlbauteilen dürfen nur von ______________ Fachkräften durchgeführt werden, die den „Großen Eignungsnachweis" nach DIN 18800 nachweisen können. Die Schweißfachkräfte dürfen nur Schweißungen durchführen, für die sie eine ______________ haben.

Prüfbescheinigungen erteilen

- die Deutsche Bundesbahn
- Schweißtechnische Lehr- und Versuchsanstalten
- der deutsche Verein von Gas- und Wasserfachmännern (DVGW)
- Technische Überwachungsvereine

1.10 Metall-Schutzgas-Schweißen (______ -Schweißen)

A. Beschreibung

Beim Metallschutzgas-Schweißen brennt ein elektrischer Lichtbogen zwischen dem Werkstück und einer ________ ______________ Elektrode.

Als Schutzgas werden __________ Gase (z.B. CO_2) oder __________ (inerte) Gase (z.B. Argon) verwendet.

Wir unterscheiden:

1. **M**etall-**I**nert-**G**as-Schweißen (______ -Schweißen)
2. **M**etall-**A**ktiv-**G**as-Schweißen (______ -Schweißen)

B. Aufbau einer MIG-MAG-Schweißanlage

Ordnen Sie der Skizze zu!
Werkstück, Schutzgas, Schweißbrenner, Kühlwasservorlauf, Kühlwasserrücklauf, Schweißdraht, Steuerleitung, Schutzgashülle, Stromleitung.

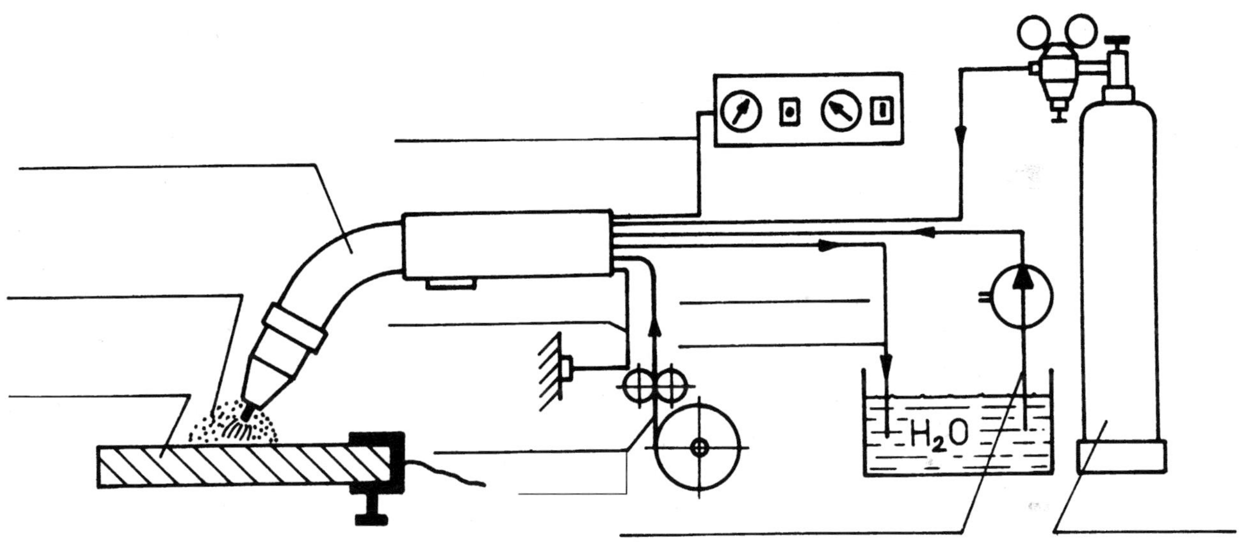

C. Schweißverfahren

1. MIG-Schweißen

Beim MIG-Schweißen wird das reaktionsträge ____________ als Schutzgas verwendet. Es entsteht ein elektrischer Lichtbogen mit einer __________ Abschmelzleistung.

Anwendung:

Bei _____ -Metallen (z.B. Kupfer) und deren Legierungen, __________ -Stählen (z.B. Ck15) sowie Aluminium mit mittleren und großen Blechdicken.

2. MAG-Schweißen

Beim MAG-Schweißen werden ________ -Gase als Schutzgase verwendet: ________________ (CO_2), ________________ (Argon + CO_2 oder Argon + O_2).

Diese Gase sind ______________ als die reinen Edelgase.

Anwendung:

Bei ________________ (z.B. C15) und ________________________ (z.B. 15CrV3) Stählen, Dünn- und Dickblechen und bei großen Schweißplatten (z.B. S 235 JR).

D. Schutzgase

Vervollständigen Sie die Tabelle!

Schutzgase	Naht	Einbrand	Verwendung
reines Argon	breit, flach	gering, flach	____________ -Metallen (z.B. Cu, Al, Ti)
Argon mit 3 % Sauerstoff	normal	mittel	________ -legierten, ________ - und ________ -beständigen Stählen (z.B. X20Cr13)
Argon mit 5 % Sauerstoff	normal	mittel	________ legierten Stählen (z.B. 15 Cr3)
Kohlendioxid (verursacht Schweißspritzer, ist billig)	schmal, überhöht	tief	____ -legierten Stählen (z.B. C 10, S 235 JR)
Mischgase, z.B. 80 % Ar, 20 % CO_2 (wenig Schweißspritzer, teuer)	normal	mittel	____ -legierten Stählen (z.B. C 15)
Mischgase, z.B. Corgon	normal	flach	Auftrags- oder Verbindungsschweißung an ________ Werkstücken aus unlegierten und legierten Stählen.
Formiergase (Stickstoff-Wasserstoff-Gas)			Wurzelschutz beim Verbindungsschweißen.

Merke: Druckgasflaschen müssen eine Farbkennzeichnung nach DIN EN 1089 haben und beschriftet sein (z.B. ________, Flaschen-Mantelfarbe: ________, Flaschen-Schulterfarbe: ________ .

E. Werkstoffübergang im Lichtbogen

Die Strom führende Drahtelektrode erzeugt ________ -Felder. Das flüssige Metall der Elektrode wird dadurch beeinflusst. Es entstehen verschiedenartige Tropfen.

Aufgabe: Ordnen Sie den Skizzen zu! Kurzlichtbogen, Sprühlichtbogen, Langlichtbogen.
Beschreiben Sie die Tropfenform und ergänzen Sie die Anwendung!

________ -Lichtbogen (s)	________ -Lichtbogen (k)	________ -Lichtbogen (l)
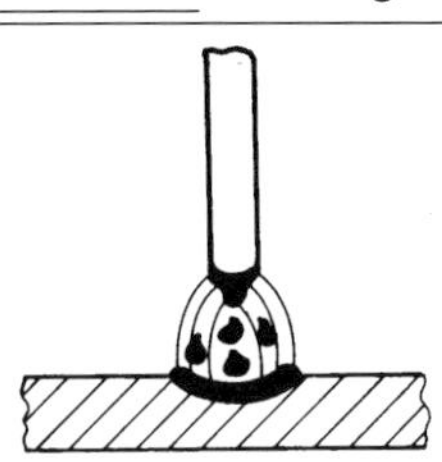	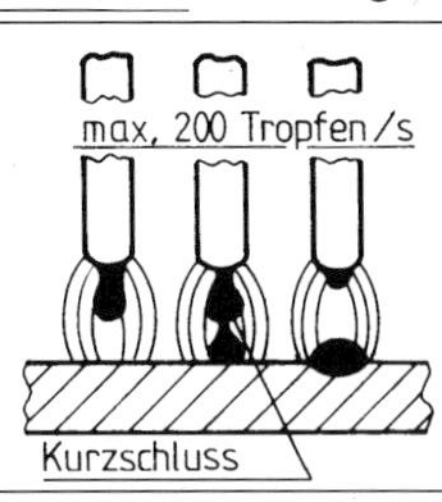	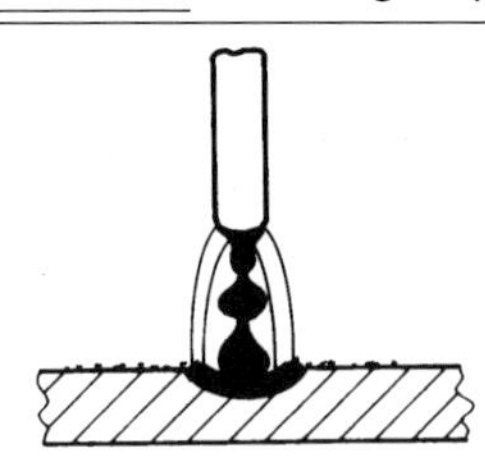
Feinsttropfiger, ________ Werkstoffübergang	Feintropfiger, ________ ________ Werkstoffübergang	________ -tropfiger, nicht kurzschlussfreier Werkstoffübergang
Hohe Wärmeeinbringung, große Abschmelzleistung.	Geringere Wärmeeinbringung, geringere Abschmelzleistung.	Geringere Nahtoberflächengüte
Für Kehlnähte in ________ ________	Für Dünnbleche in ________ ________	Für ________ mit schmalen und tiefen Einbränden.

Für Dünnblech- und Zwangslagenschweißungen ist der kurzschlussfreie ________ -Lichtbogen (p) vorteilhaft.

1.11 Wolfram-Schutzgas-Schweißen

A. Beschreibung

Beim Schutzgas-Schweißen werden Elektrode, Lichtbogen und Schmelzbad durch ein ____________ -Gas umhüllt. Der Zutritt von ____________ und ____________ wird dadurch verhindert.

B. Schutzgase

1. Edelgase

Edelgase (z.B. ________ , ________ oder deren Gemische) verbinden sich chemisch nicht mit dem Schmelzbad, sie sind ____________ -träge. Man bezeichnet sie deshalb als ________ -Gase.

2. Kohlendioxid und Mischgase

Diese Gase verbinden sich mit dem Schmelzbad. Sie werden deshalb als ________ -Gase bezeichnet.

C. Schweißverfahren

Wolfram-Inert-Gas-Schweißen (________ -Schweißen)

Ordnen Sie den Skizzen zu!
Schweißstab, Wolframelektrode, Werkstück, Kühlwasser, Schutzgas (z.B. Argon), Schweißdüse, Drahtspule, Führungskopf, Vorschubrollen.

Welche WIG-Schweißverfahren sind skizziert?

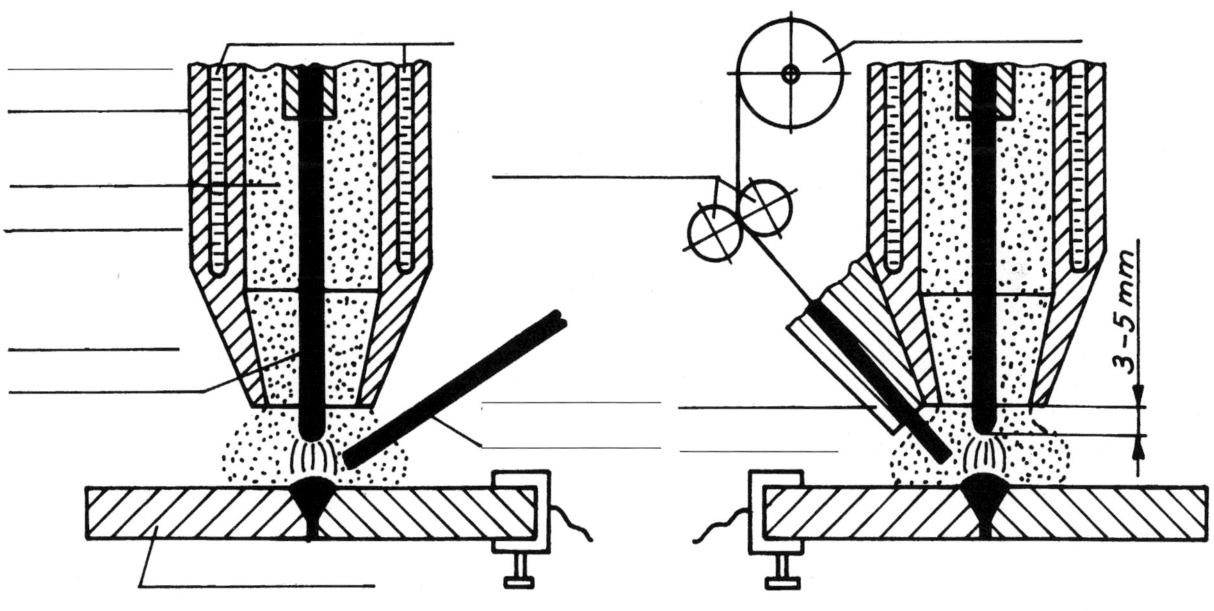

________ - Schweißung ________ Schweißung

Beim WIG-Schweißen brennt ein elektrischer Lichtbogen zwischen dem Werkstück und einer nicht ____________ ____________ Wolframelektrode (d = 1 mm bis 4 mm).

Der Zusatzwerkstoff wird von Hand oder maschinell zugeführt. WIG-Schweißungen werden von ____________ nach ____________ ausgeführt.

Wir unterscheiden:

a) ______________ **-Schweißen (–)**

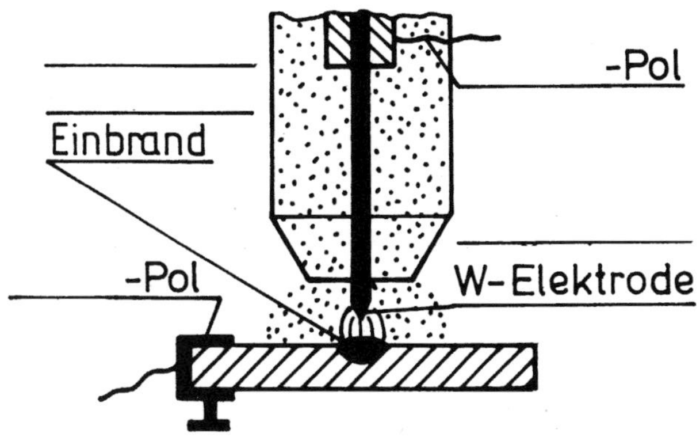

Geeignet für legierte Stähle, rostbeständige Stähle (CrNi-Stähle), NE-Schwermetalle (z.B. Cu, Ni) und NE-Legierungen. Durch die spitze Wolfram-Elektrode brennt der Lichtbogen ______________ .

b) ______________ **-Schweißen (~)**

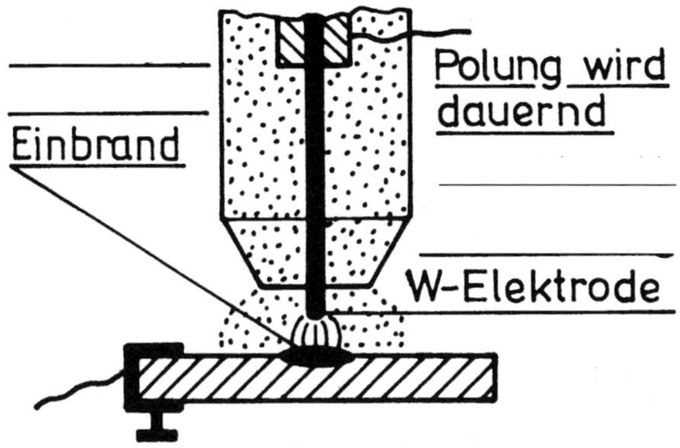

Geeignet für Leichtmetalle (z.B. ______________).

Durch den Wechselstrom-Lichtbogen entsteht immer ein ______________ -förmiges Elektrodenende.

D. WIG-Schweißbrenner

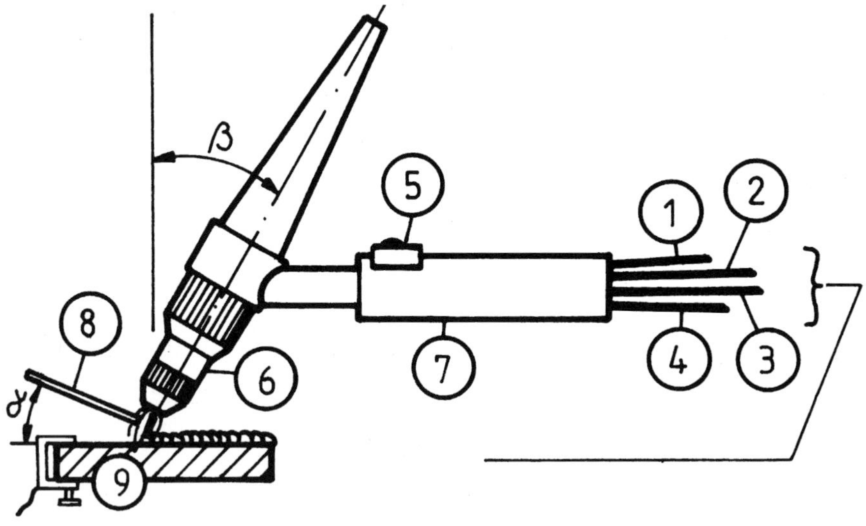

④ = Steuerleitung
◯ = Gasdüse
◯ = Schweißstab (α ca. 20°)
① = Schutzgas
◯ = Schalter für Gas und Strom
◯ = Massekabel
◯ = Schweißbrenner (β ca. 15°)
② = Schweißstromkabel
③ = Kühlwasser
(Zu- und Rücklauf)

Vorteile und Nachteile

Welche Vor- und Nachteile des WIG-Schweißens verbinden Sie mit folgenden Stichwörtern?
Flussmittel, Blechdicke, Argon, Schutzgashülle, Schweißnahtoberfläche, Schrumpfungen und Spannungen, Schweißgeschwindigkeit, Schlacke, Schweißspritzer.

Vorteile:

Nachteile:

E. Wolfram-Plasma-Schweißen (______-Schweißen)

Bei diesem Verfahren wird ein______ -Lichtbogen durch eine wassergekühlte Kupferdüse stark eingeschnürt.

Das hoch erhitzte elektrisch leitende Gas (= ____________) wird mit großer Energie der Schweißstelle zugeführt. Ein zusätzlicher Schutzgasmantel umgibt den im Plasmastrahl (20000 °C) brennenden Lichtbogen und schützt das Schmelzbad vor ____________________.

Die Schweißanlage wird numerisch gesteuert (NC-Maschine).

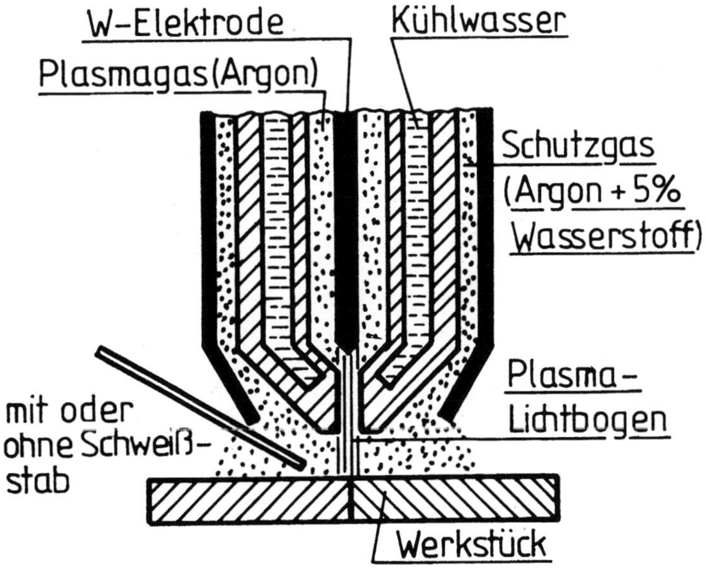

Vorteile:

1. ______________________________
2. ______________________________
3. ______________________________
4. ______________________________

Es können dicke und sehr dünne Teile (z.B. ________ mm) geschweißt werden.

Wichtige schweißbare Werkstoffe:

____

____

F. Thermit-Schweißen (________________-Schweißen)

Beschreibung

In einem Tiegel wird Aluminium- und Eisenoxidpulver entzündet. Das Aluminium entreißt dem Eisenoxid den ______________. Bei diesem chemischen Vorgang entsteht eine sehr hohe ______________________ (ca. 3000 °C). Der dünnflüssige Stahl läuft in eine ____________ -Form, die die Schweißstelle umschließt. Die Werkstückstirnflächen werden angeschmolzen und verbinden sich nach dem Erstarren. Dieses Verfahren wird bei ____________ Querschnitten angewendet (z.B. Stahlschienen, gebrochene Stahlgusswalzen).

G. Schweißgut beim Schutzgasschweißen nach DIN EN 440 für unlegierten und legierten Stahl (Auswahl)

Beispiel:

Schweißgut DIN EN 440 G 46 3 M G3 Si1

- G: Kennzeichen für Metall-Schutzgasschweißen
- 46: Kennziffer für mechanische Eigenschaften (46 = 460 N/mm² R_e)
- 3: Kennzeichen für die Kerbschlagarbeit (3 = 47 J bei –30 °C)
- M: Kennziffer für Schutzgase (M = Mischgas)
- G3 Si1: Chemische Zusammensetzung der Drahtelektrode (G3 Si1 = 1 % Si, 1,6 % Mn)

Beim Schweißen von NE-Metallen ist der Schweißzusatz-Werkstoff vom Material der zu verschweißenden Bauteile abhängig. Genaue Angaben finden Sie im Tabellenbuch.

1.12 Schweißbarkeit der Metalle

A. Schweißen allgemeiner Baustähle und von Stahlguss

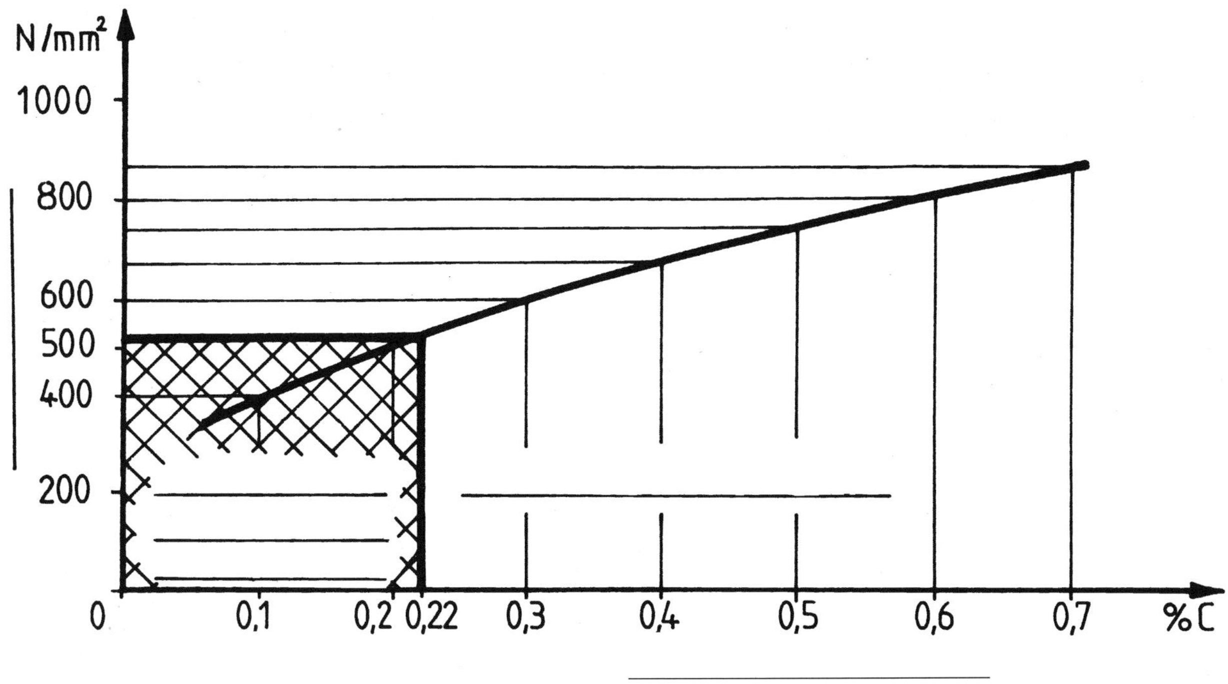

Die Schweißbarkeit nimmt bei ______________ Kohlenstoffgehalt (= steigender ______________) ab. Baustähle und Stahlgussteile mit mehr als ______ % C-Gehalt (z.B. E 335, GS–60) müssen daher vorgewärmt werden. Außerdem benötigt man geeignete Zusatzwerkstoffe.

B. Schweißen legierter Stähle

Korrosions-, hitzebeständige und warmfeste Stähle sind mit artgleichen Zusatzwerkstoffen, außer der Gasschweißung, schweißbar. Warmfeste Stähle (z.B. Cr Mo 4–4) neigen zur Aufhärtung.

Abhilfe: a) ______________ des Werkstückes.

b) ______________ der Temperatur während des Schweißens.

c) ______________ Abkühlen nach dem Schweißen.

C. Schweißen von Gusseisen

Vorgewärmte Grauguss- oder Kugelgraphitgussteile sind mit speziellen Elektroden oder Schweißstäben schweißbar. Nach dem Schweißen dürfen die Teile nur sehr ______________ abgekühlt werden. Kaltschweißungen verursachen große Schweißspannungen im Gefüge und führen häufig zu ______________. Die kurzen Nähte sind sofort nach dem Schweißen zu ______________. Dadurch kann man Werkstoff- ______________ ausgleichen.

D. Schweißen von Kupfer

Werkstücke aus sauerstofffreiem Kupfer oder aus Kupferlegierungen können durch Gasschmelzschweißen oder unter Schutzgas geschweißt werden.

E. Schweißen von Aluminium und Aluminiumlegierungen

Gasschmelzschweißen	Schutzgasschweißen	
	WIG	MIG
Für Bauteile bis ca. ______ mm Dicke. Die ______________ -Schicht muss durch ein Flussmittel gelöst werden. Acetylenüberschuss verhindert eine erneute ______________.	Für dünnere Bleche zwischen ______ und ______ mm Dicke.	Für dickere Bleche ab ______ mm Dicke.
	Kein Flussmittel notwendig.	

1.13 Schweißen von Kunststoffen

A. Beschreibung

Thermoplastische Kunststoffe (z.B. ______________________________ ______________________________) werden stets durch ______________-Schweißen gefügt. Der Kunststoff wird erwärmt und mit oder ohne Zusatzwerkstoff unter ______________ verschweißt.

B. Kunststoff-Schweißen

1. Heizelement-Schweißen

a) Heizelement-Stumpfschweißen

Ergänzen Sie die Beschreibung der einzelnen Arbeitsstufen!

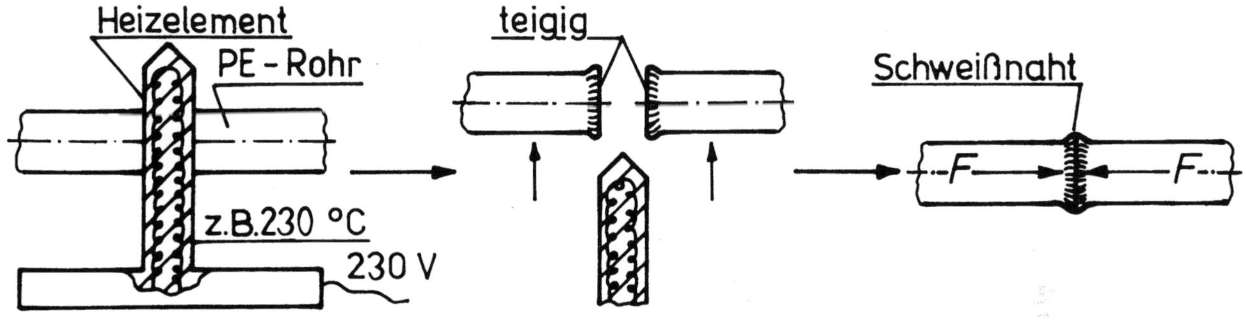

______________________ der Stoßenden

______________________ der erwärmten Stirnflächen

Fügen durch ______________________

b) Heizkeil-Schweißen

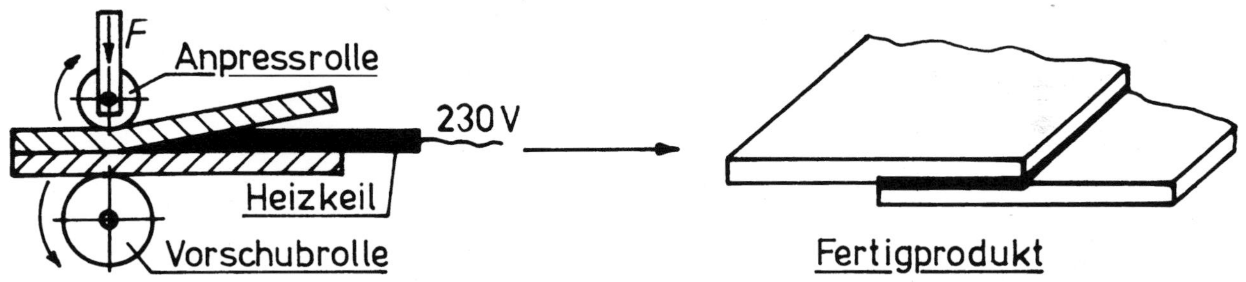

Die Heizkeil-Schweißung wird überwiegend bei ______________________ Kunststoffplatten angewandt.

c) Schwenkbiege-Schweißen

Benennen Sie die einzelnen Arbeitsstufen!

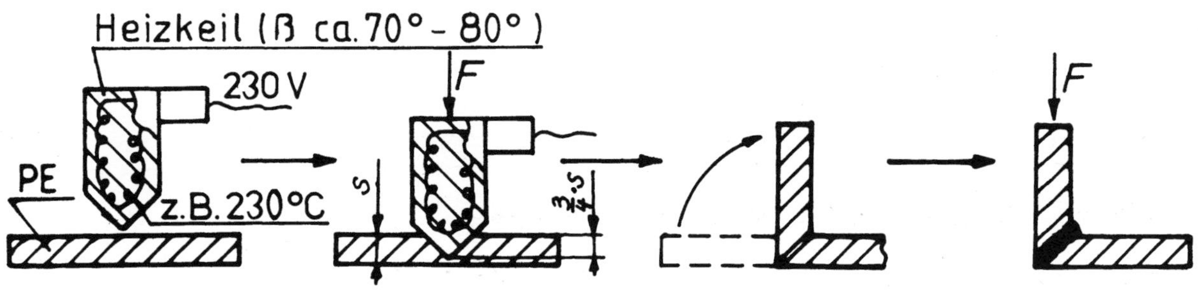

______________ ______________ ______________ ______________

______________ ______________ ______________ ______________

2. Reibungs-Schweißen

Bei diesem Schweißverfahren wird die notwendige Schweißwärme durch ________________ erzeugt.

Anwendung: Bei Kunststoff- ________________.

a) Direktes Reibungs-Schweißen

Welche Arbeitsstufen sind in den Skizzen dargestellt?

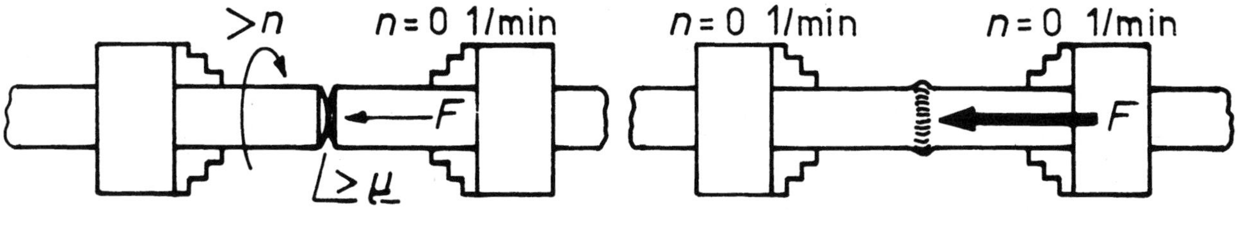

________________ ________________

________________ ________________

b) Indirektes Reibungs-Schweißen

Welche Arbeitsstufen zeigen die Skizzen?

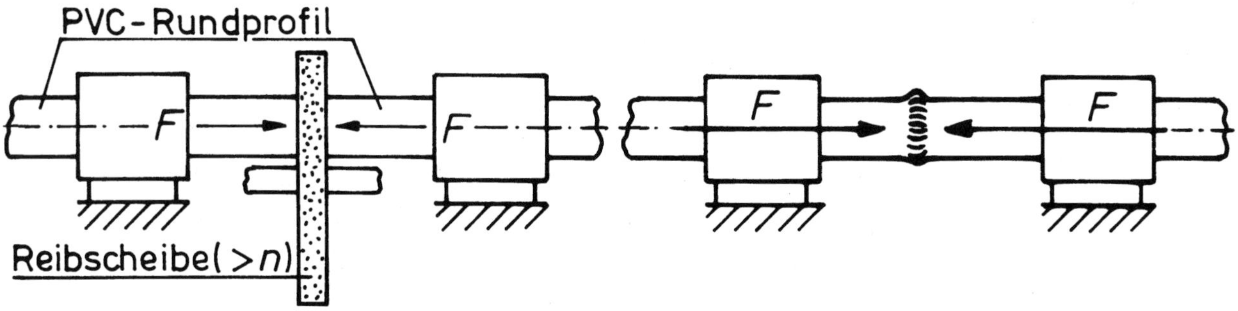

________________ ________________

________________ ________________

3. Warmgasschweißen (Heißluftschweißen)

Beim Schweißen thermoplastischer Kunststoffe entsteht keine Schmelze, sondern ein ________________ Erweichungszustand. Das Fügen wird durch gleichzeitige Erwärmung des Werkstückes und des Schweißstabes mit Heißluft sowie durch ________________ auf den Schweißstab erzielt.

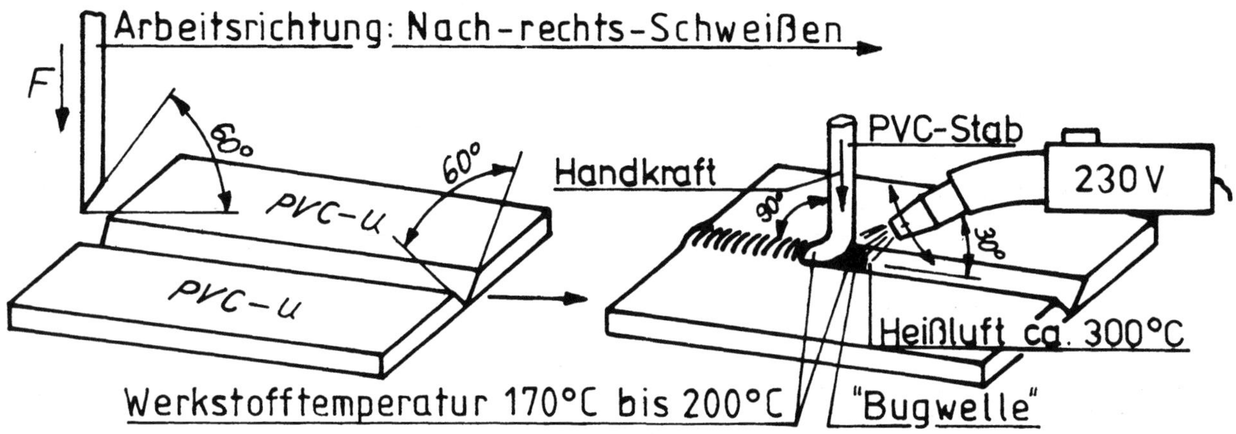

Merke: Düsenbohrungsdurchmesser in mm = 1 bis 2 x Schweißstab- Ø

Werkstofftemperaturen (Auswahl)

________________	Polyvinylchlorid – hart	170 °C bis 200 °C
________________	Polyvinylchlorid – weich	140 °C bis 160 °C
________________	Polypropylen	160 °C bis 240 °C
________________	Acrylglas	185 °C bis 220 °C

1.14 Kleben

A. Beschreibung

Kleben ist die Herstellung einer ____________ Verbindung von Bauteilen durch Oberflächenhaftung mit Hilfe eines Klebstoffes. Es können ____________ oder ____________ Werkstoffe stoffschlüssig verbunden werden. Klebstoffe sind Harze der ____________-Plaste; z.B. Phenolharz (PF), Epoxidharz (EP), Polyesterharz (UP), Polyurethanharz (PUR).

B. Klebstoff-Arten

Reaktionsklebstoffe (chemisch aushärtende Klebstoffe)

1. Warm-Kleber

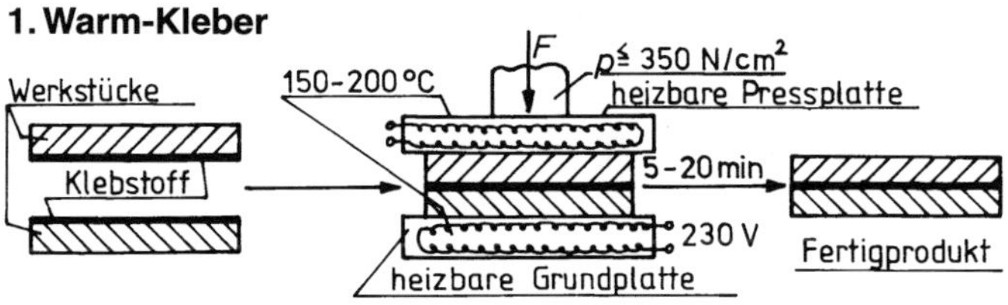

Vorteile: Hohe ____________ der Verbindung, kurze Aushärtungs-____________.

Nachteile: Hohe ____________ (heizbare Klebepresse, Wärmekammer)

2. Kalt-Kleber

a) Einkomponentenkleber

Welche Arbeitsstufen sind nötig?

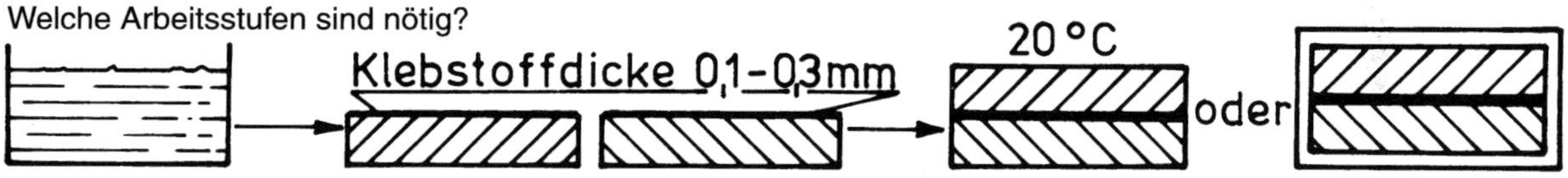

____________ ____________ ____________ ____________

____________ ____________ ____________ ____________

b) Zweikomponentenkleber

Welche Arbeitsstufen sind notwendig?

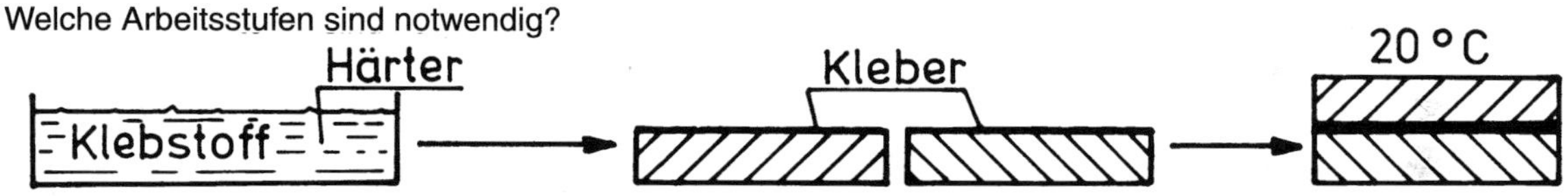

____________ ____________ ____________

Vorteile: Geringe ____________. **Nachteile:** Lange Aushärtungs-____________, geringe ____________

Merke: Das Mischungsverhältnis der Herstellerfirma ist zu beachten!

Gebräuchliche Klebstoffe und ihre Eigenschaften

Klebstoff	Phenolharz	Epoxidharz	Polyurethanharz	Polyimidklebstoff
Aushärtungs-temperatur	ca.________ °C	ca.________ °C	ca.________ °C	ca.________ °C
Klebstoffart	________-Kleber	________-Kleber	________-Kleber	________-Kleber
Aushärtungs-dauer	ca. ________	ca. ________	ca. ________	________ ________
Festigkeit	________ (ca. 45 N/mm²)	________ (ca. 45 N/mm²)	________ (ca. 15 N/mm²)	________ (ca. 20 N/mm²)
Temperatur-beständigkeit	________ (–50 bis +200 °C)	________ (–60 bis +80 °C)	________ (–180 bis +40 °C)	________ (–50 bis +200 °C), kurzzeitig bis +450 °C)

C. Herstellung einer Klebe-Verbindung

Ordnen Sie den Skizzen zu!
Spachtel-Auftrag, Dampfentfettung, Feinsandstrahlen, Pinsel-Auftrag, Aufstreu-Auftrag, Schleifen, Tauchentfettung, Spritz-Auftrag, Fertigprodukt, Abbeizentfettung, Klebefolien-Auftrag, Abreibentfettung.

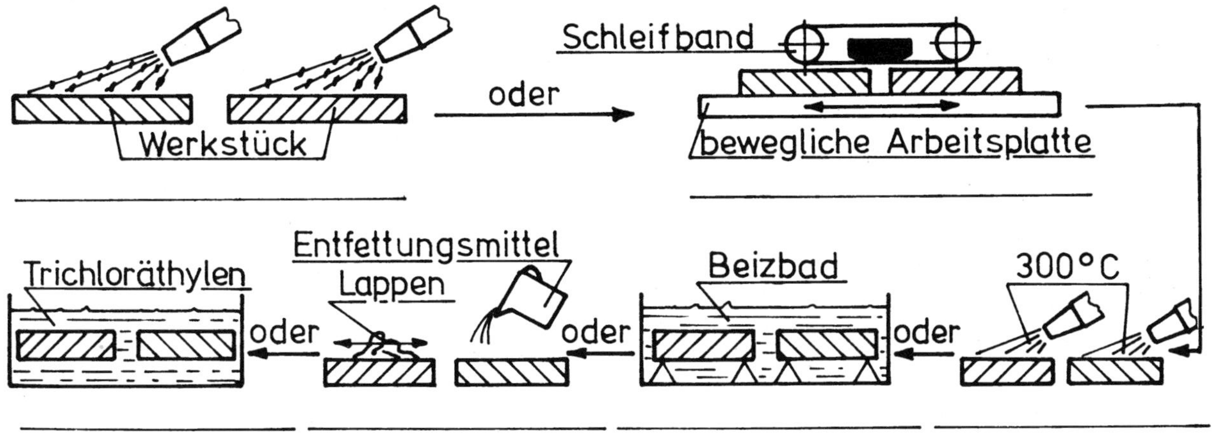

Merke: Chemisch vorbehandelte Fügeflächen dürfen nicht mit bloßen Händen berührt werden.

Merke: Klebstoffe dürfen nur ____________-schichtig aufgetragen werden.

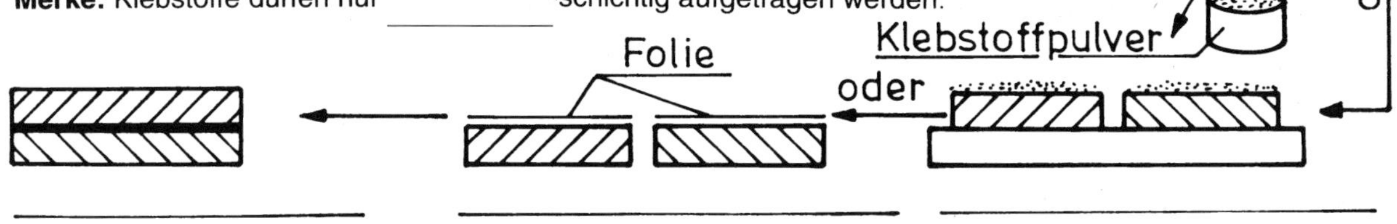

Die Bauteile müssen gegen Verrutschen gesichert werden.

Merke:
1. Klebstoffdämpfe sind gesundheitsschädlich. Sorgen Sie für eine gute ____________.
2. Schützen Sie sich durch ____________.
3. Bewahren Sie Klebstoffe und Härter in sicheren ____________ auf.
4. Vermeiden Sie während des Klebens offenes ____________ oder ____________.
5. Waschen Sie Klebstoffspritzer in den Augen mit der ____________ aus. Augenarzt aufsuchen.

D. Klebe-Verbindungen

1. Flache Bauteile
Benennen Sie die skizzierten Klebeverbindungen!

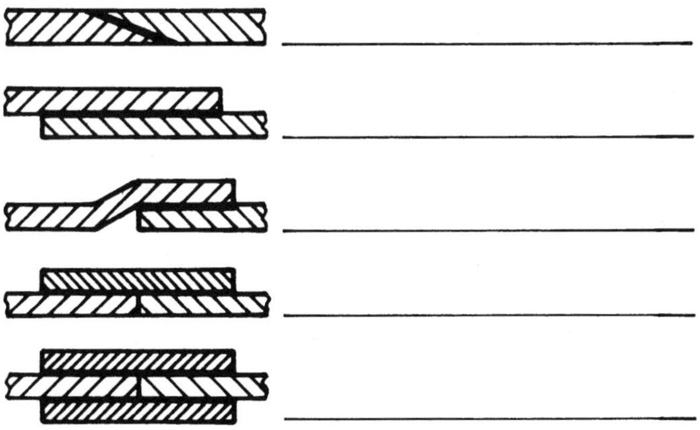

2. Rohre
Benennen Sie die skizzierten Klebeverbindungen!

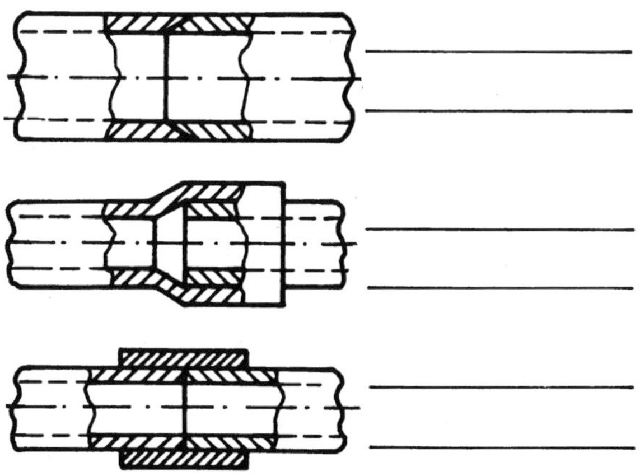

Merke: Klebeverbindungen eignen sich überwiegend bei Beanspruchung auf ____________ oder ____________.

E. Kräftewirkung einer Klebeverbindung

Die Festigkeit einer Klebeverbindung hängt von der Kohäsionskraft und von der Adhäsionskraft des Klebstoffes ab.

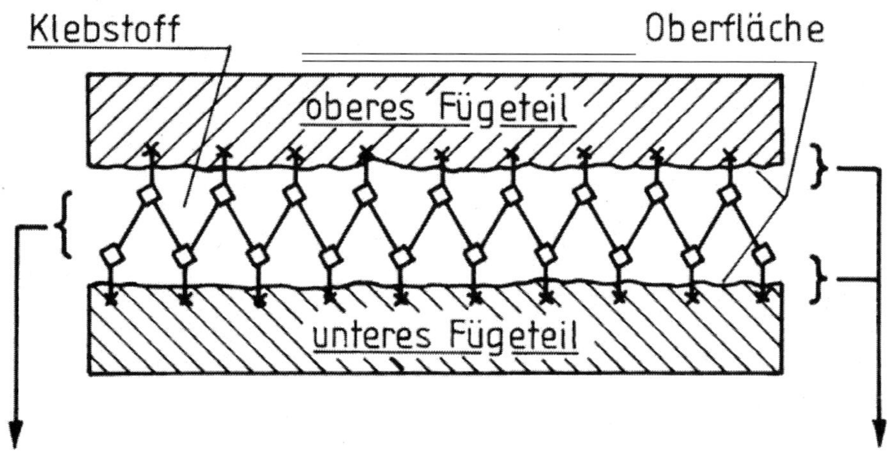

Kohäsionskraft oder Zusammenhangskraft	Adhäsionskraft oder Anhangskraft
Die Kohäsionskraft hält den Klebstoff zusammen.	Die Adhäsionskraft wirkt zwischen Klebstoff und Fügeteil.
Sie bewirkt die Verbindung zweier	Sie bewirkt die Verbindung zweier
____________________ Stoffe.	____________________ Stoffe.

F. Vor- und Nachteile des Klebens

Ergänzen Sie die folgenden Stichwörter, und ordnen Sie ein!
Gewicht, Festigkeit, Aushärtung, elektrischer Strom, Korrosion, Werkstoffe der Bauteile, Klebefläche, Vorbereitung der Klebefläche, Belastung, Spannungsverteilung, Gefüge, Schwingungen, Arbeitsraum, Hautverätzung, Behälterbau, Temperatur.

Vorteile:

Nachteile:

2.1 Umformen (Auswahl)

A. Biegeumformen

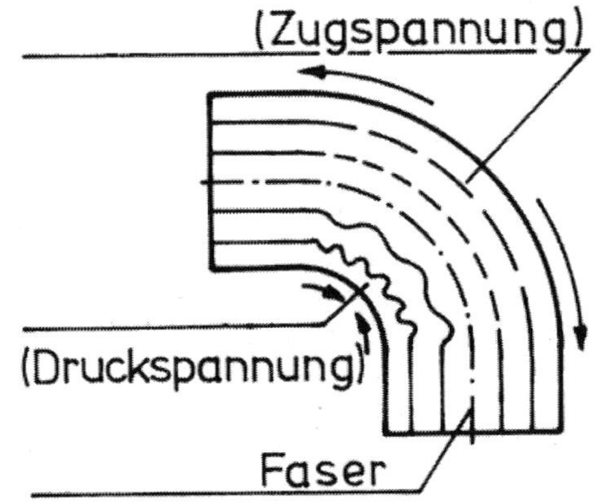

Beim Biegen werden die Werkstofffasern an der Außenseite ______ ______________, an der Innenseite ______________.

In der Werkstoffmitte entstehen keine Spannungen

(______________ Faser).

Der Biegewiderstand, der den Biegekräften entgegengesetzt wird, ist abhängig von:

- ______________ (S 235 JR, C 45)
- ______________ ()
- ______________ der Werkstücke (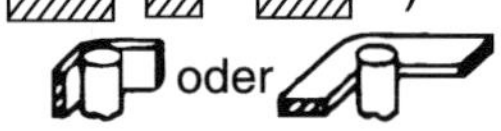)
- Biege-______________ ($r = 20$ mm, $r = 100$ mm)

Der Biegeradius ist von der Blech-______________, der Werkstoff-______________ und dem ______________ -Vermögen des Werkstoffes abhängig.

Merke: a) Je dicker der Werkstoff, desto ______________ der Biegeradius.

b) Je weicher der Werkstoff, desto ______________ der Biegeradius.

c) Immer ______________ zur Walzrichtung biegen.

1. Biegewerkzeuge für die Einzelfertigung (Auswahl)

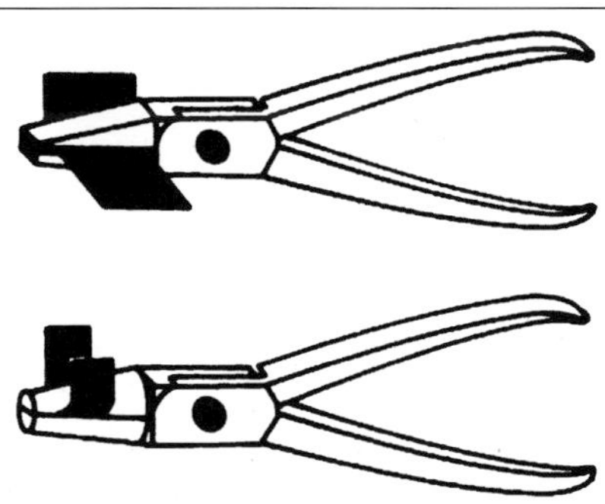	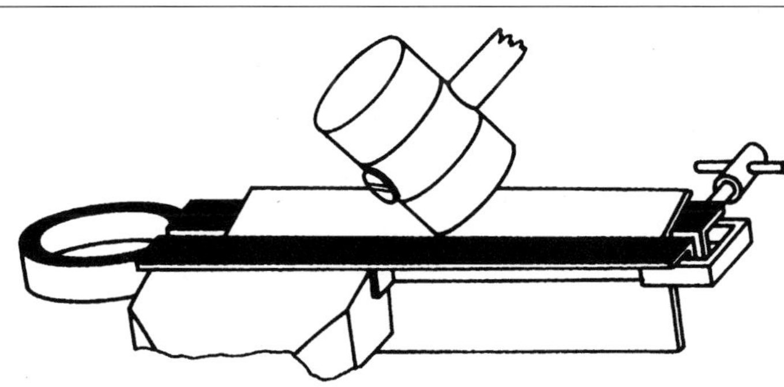
______________	______________

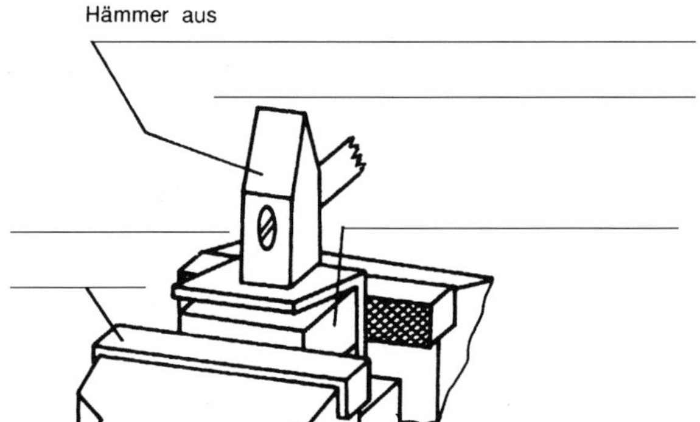	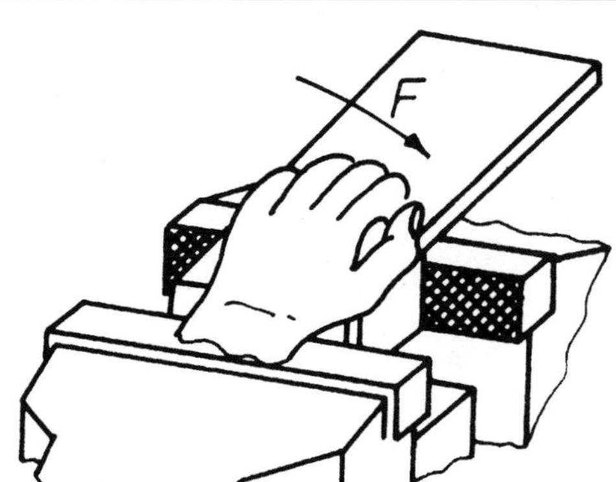
______________	______________

Biegevorrichtungen

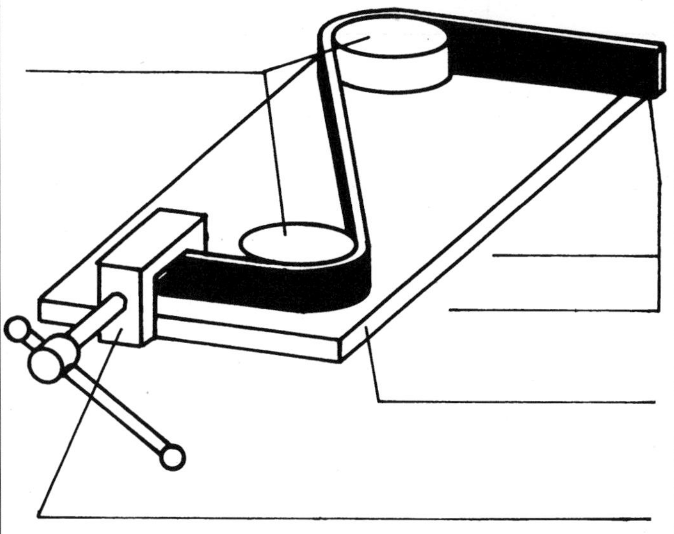

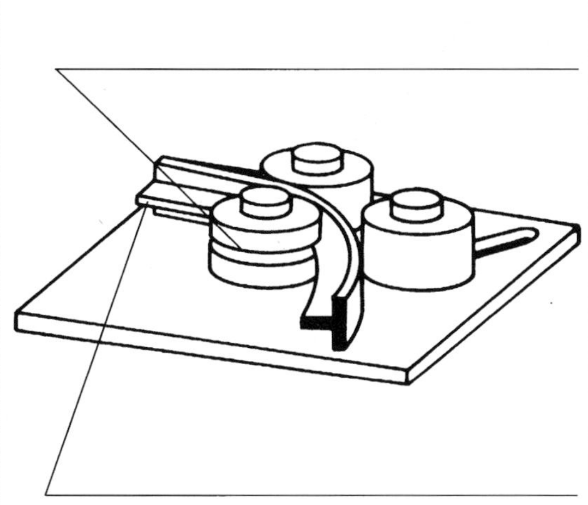

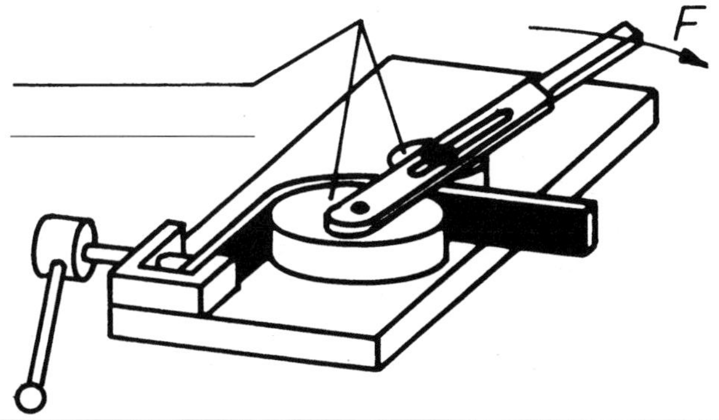

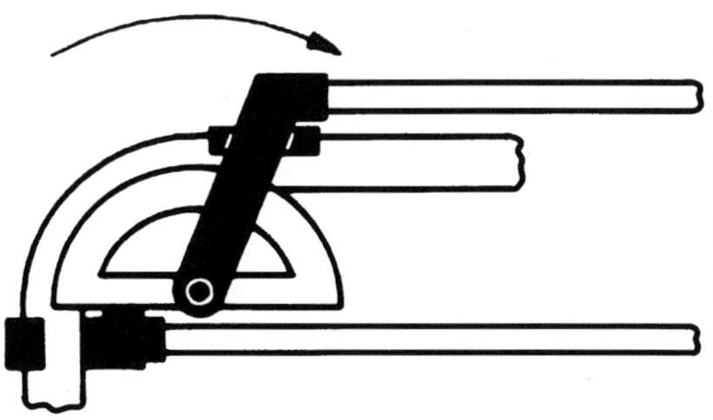

Weitere Handwerkzeuge:

2. **Biegen mit Maschinen** (Auswahl)
   a) **Hydraulischer Rohrbiegeapparat**

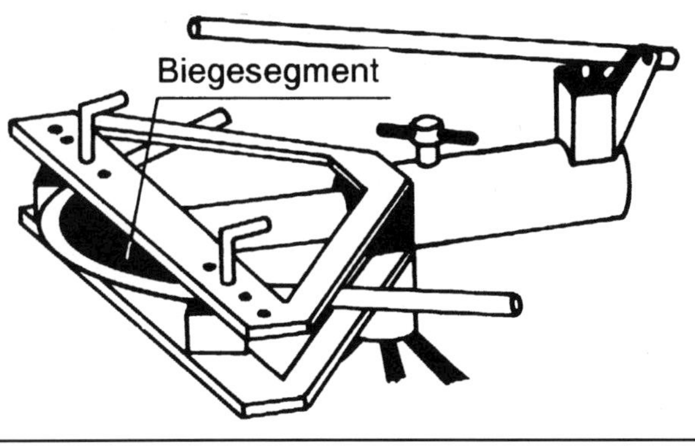

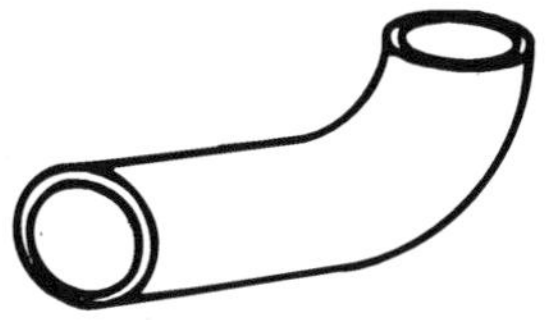

Beim Biegen geschweißter Rohre muss die Schweißnaht in der ______________________ liegen.
Zeichnen Sie in das gebogene Rohr die Lage der Schweißnaht ein!

b) Schwenkbiegen

Das geradlinige Abkanten von Blechen mit sehr kleinen Biegeradien wird mit der ______________ - ______________ -Maschine durchgeführt.

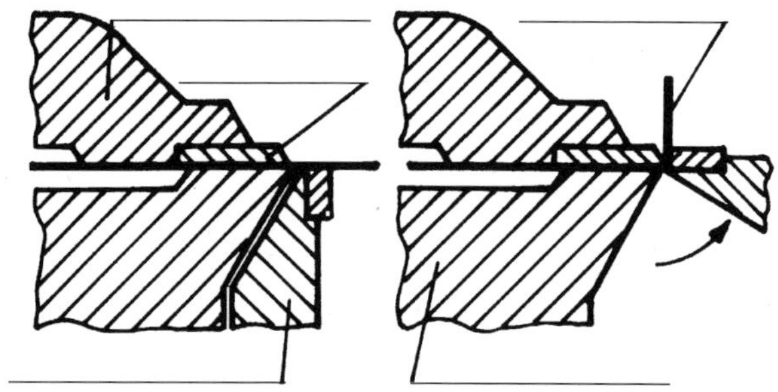

Arbeitsstufen

1. Biegewange auf die Blech- ______________ einstellen.
2. Werkstück nach Maß oder Anriss an die Biege- ______________ anlegen und mit der ______________ festklemmen.
3. Bei vorhandenem Biegeanschlag den Biege- ______________ einstellen.

c) Runden (Walzbiegen)

Beim Runden werden Bleche geradlinig mit großem Biege- ______________ zu Rohren, Dachrinnen oder Rundbehältern gebogen. Die Rundmaschine besitzt ________ drehbare Walzen. Es können ______________ oder ______________ Rundungen hergestellt werden.

Aufgabe der Walzen

1. Zuführungswalzen

Die untere Zuführungswalze ist wegen der unterschiedlichen Blechdicke ______________ -verstellbar. Damit das gerundete Blechteil aus der Maschine entfernt werden kann, ist die obere Zuführungswalze seitlich ______________ .

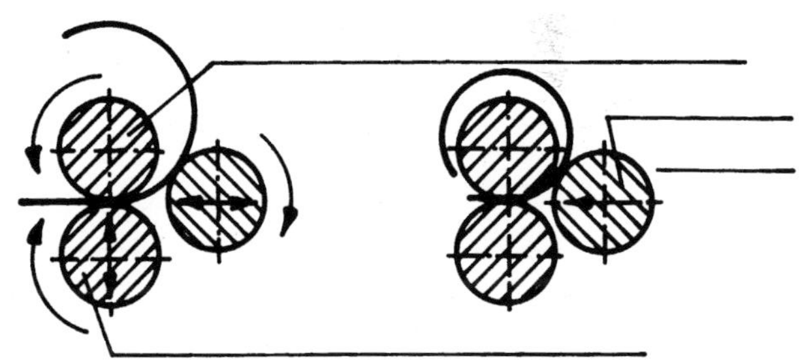

2. Biegewalze

Die Biegewalze ist in ______________ -Richtung verstellbar.

d) Gesenkbiegen

Einfache Werkstücke werden in einem Arbeitsvorgang zwischen dem ______________ und dem ______________ einer Presse auf Form gebracht.

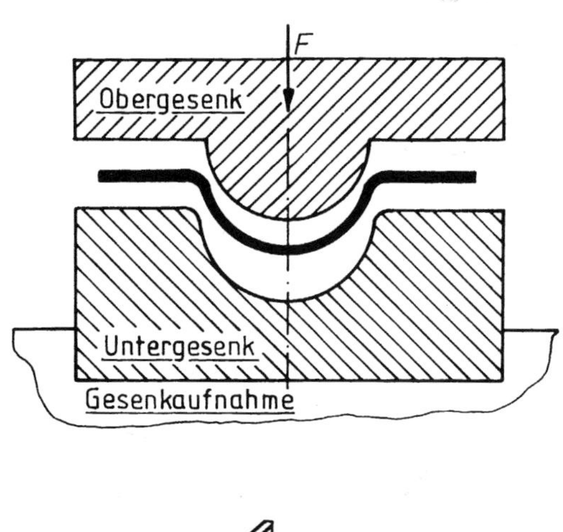

Für komplizierte Werkstückformen sind mehrere Biegungen in der richtigen Reihenfolge durchzuführen.

Aufgaben:
Das skizzierte Fassadenprofil aus verzinktem Stahlblech soll mit der Gesenkbiegepresse (Abkantpresse) hergestellt werden. Erstellen Sie den Arbeitsfolgeplan! Für das Finden der richtigen Arbeitsfolgen können Sie einen Papierstreifen zu Hilfe nehmen.

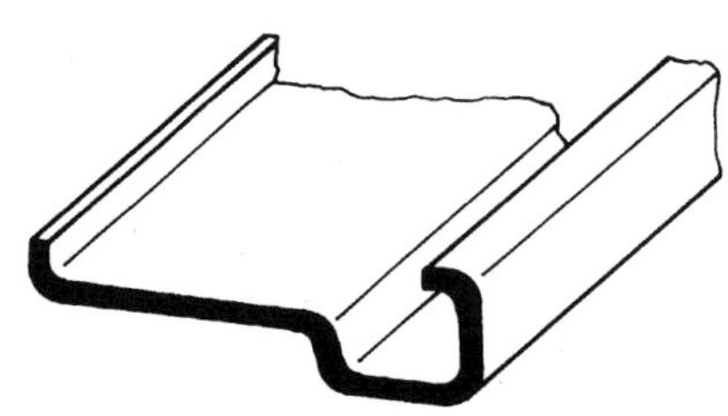

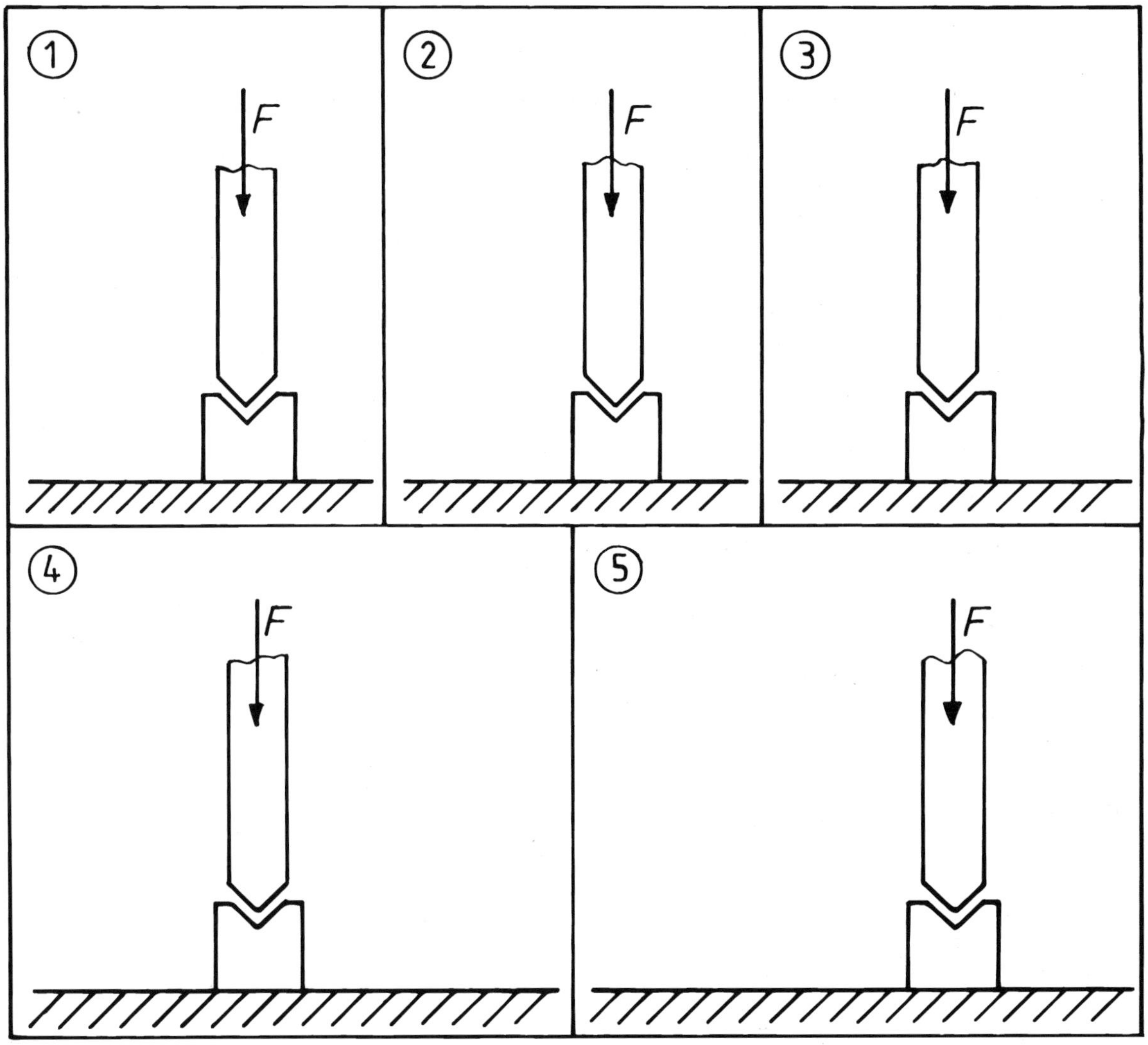

B. Zugdruckumformen

1. Drücken

Beim Metalldrücken wird eine ebene Metallscheibe (Ronde) ______________ an eine Drückform gepresst und in einen runden Hohlkörper umgeformt.

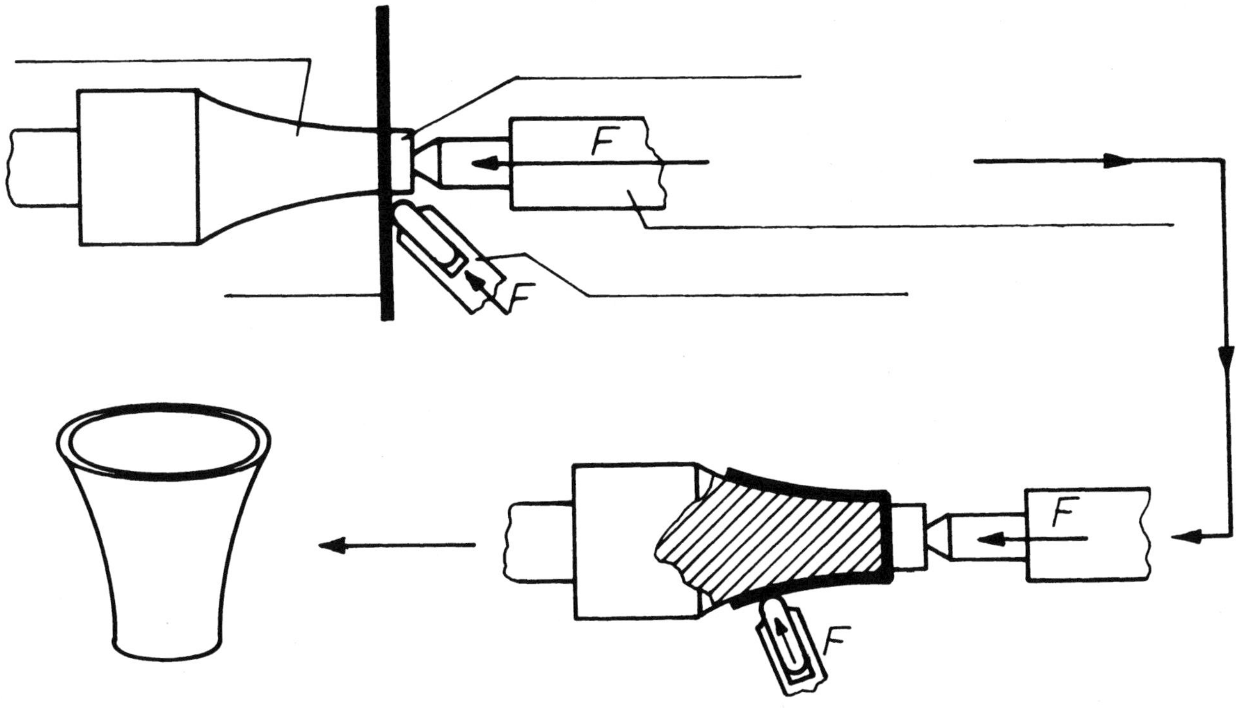

Fertiger Hohlkörper

In mehreren Arbeitsstufen wird die Ronde an die Form gedrückt.

2. Tiefziehen

Beim Tiefziehen wird ein ebenes Blech (z.B. Ronde) unter Zug- und Druckbeanspruchung in eine ____________________ gezogen. Ein ____________________ verhindert die Faltenbildung.

Arbeitsfolge

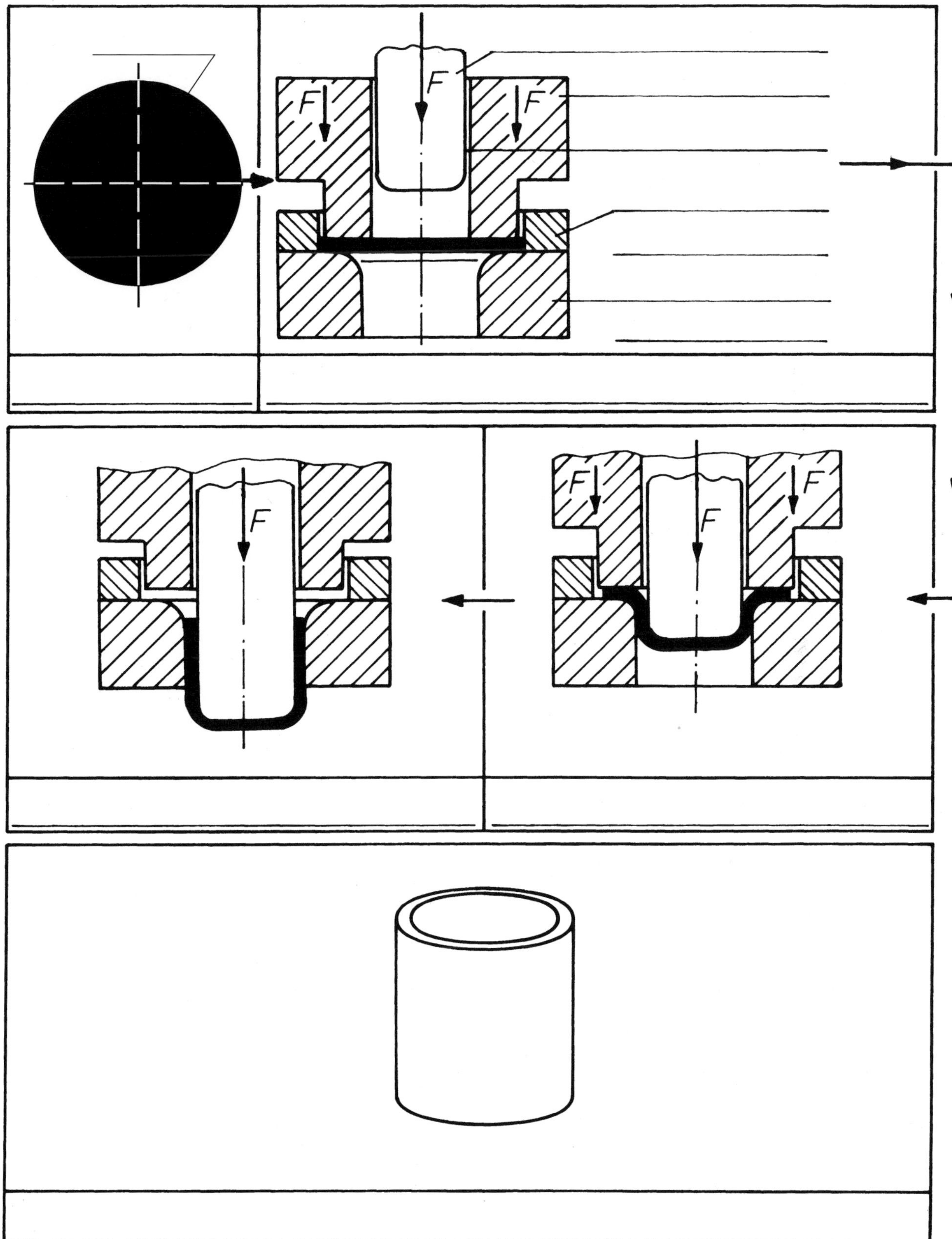

C. Schweifen

Beim Schweifen werden bestimmte Werkstückteile handwerklich oder maschinell ____________________.

Schweifen eines Rohrrandes mit dem Schweifhammer		
		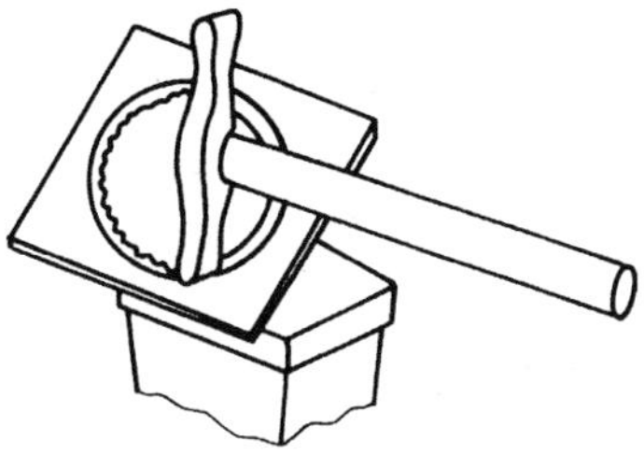
Unterlage: ____________________	Unterlage: ____________________	
Der Werkstoff wird ____________, die Blechdicke wird ____________, der Durchmesser wird ____________.		

Schweifen von Blechwinkeln mit dem Schweifhammer	
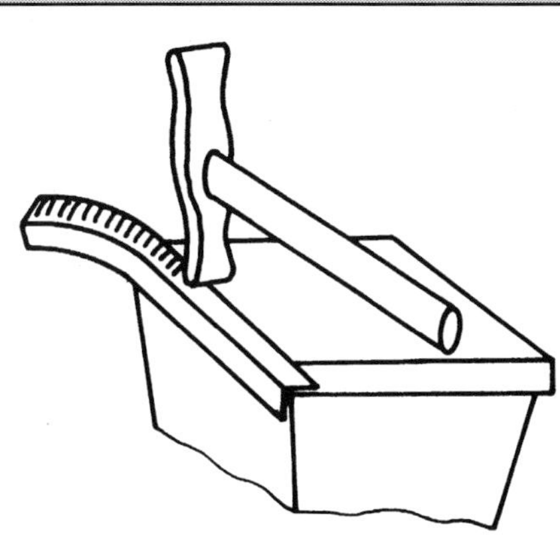	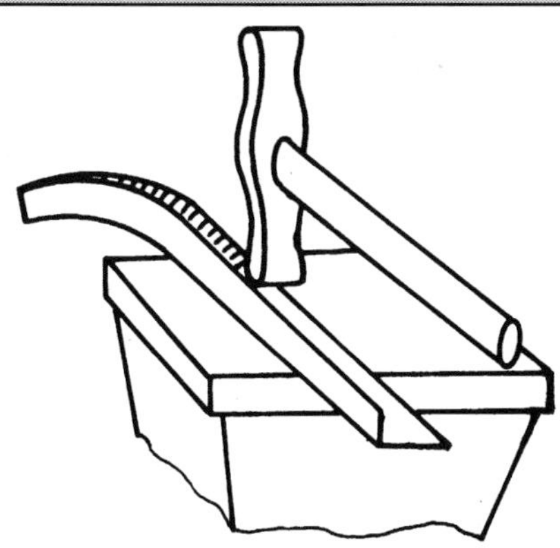

D. Einziehen

Das Gegenteil von Schweifen bezeichnet man als ____________________.

Vergleiche:

Schweifen	Einziehen
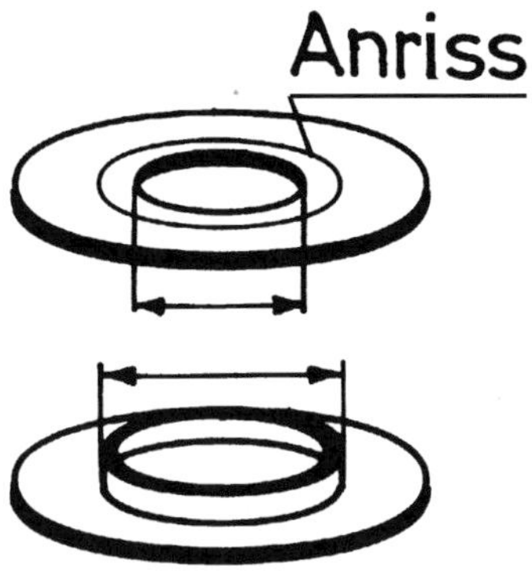	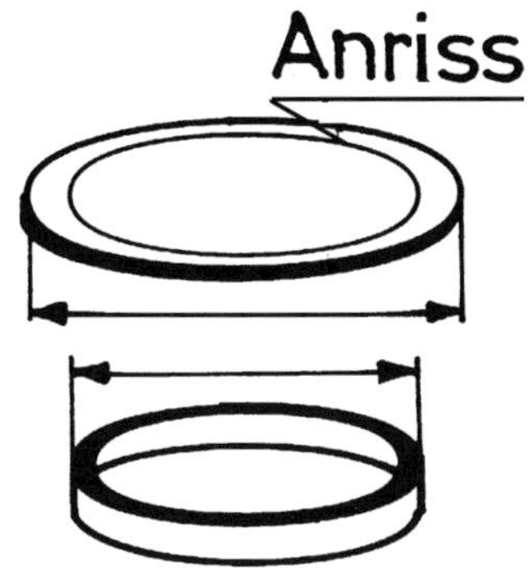
Der Durchmesser wird ____________________ Werkstoff wird ____________________ Blechdicke wird ____________________	Der Durchmesser wird ____________________ Werkstoff wird ____________________ Blechdicke wird ____________________

Maschinen zum Schweifen und Einziehen:

____

Technologie Konstruktionsmechaniker und Metallbauer	Datum:	Ur- und Umformen	F 1
Name:	Klasse:		2

E. Bördeln

Beim Bördeln wird ein __________ (__________) an beliebig geformten Blechteilen hergestellt. Der Bord kann durch Schweifen, Einziehen oder Abkanten hergestellt werden.

Aufgabe:
Der skizzierte Behälterboden soll durch Bördeln und Löten hergestellt werden (L = Lötnaht). Welche Bördelverfahren wählen Sie aus? Tragen Sie die ausgewählten Arbeitsverfahren in das Raumbild ein!

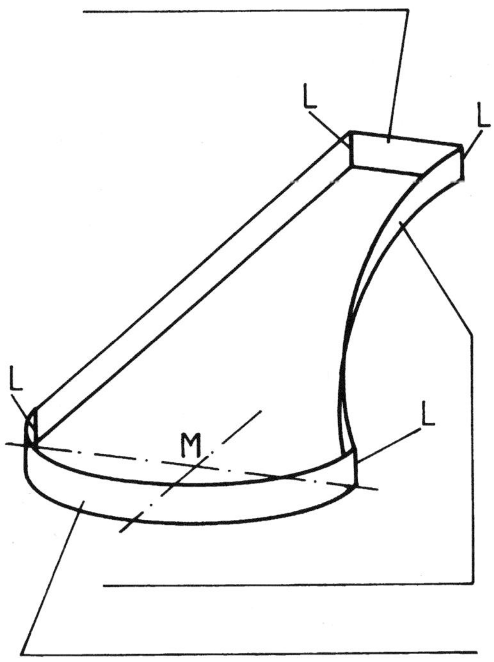

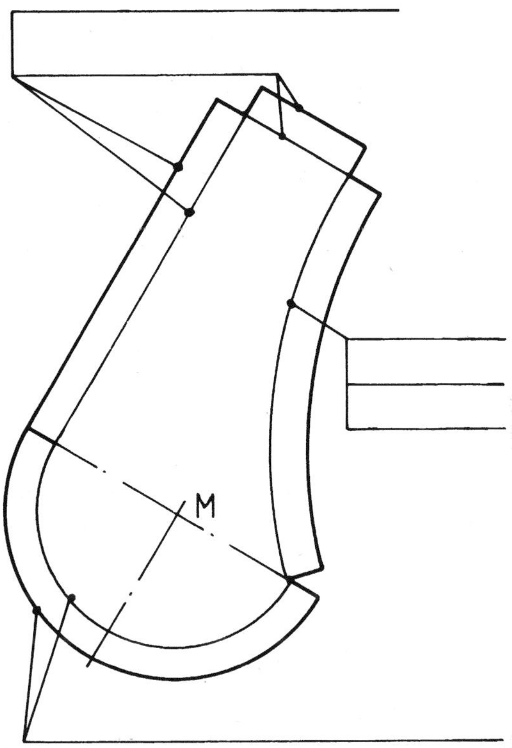

Werkzeuge:

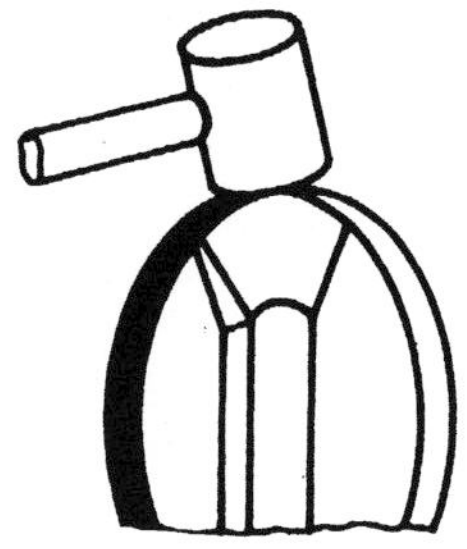	Für Serienherstellung: 	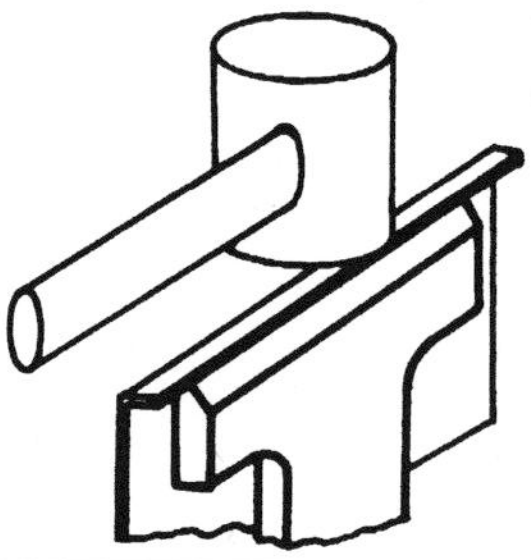

Maschinen zum Bördeln:

____

____

F. **Blechversteifungen** (Randversteifungen)

Randversteifungen an Blechen bewirken eine Erhöhung der ______________ und tragen zur Verringerung der ______________-Gefahr bei. Sie stellen eine ______________ an Gebrauchsgegenständen dar und bilden __________-Kanten an Blecheinfassungen und Wandanschlüssen.

1. Umschäge

Ordnen Sie die Stichwörter den Skizzen zu!
Hohlumschlag, Doppelumschlag, Rollumschlag, Einfachumschlag

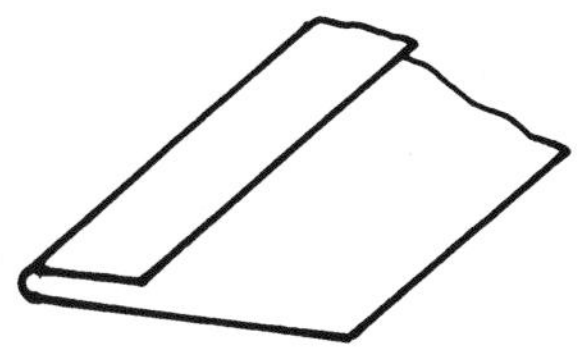		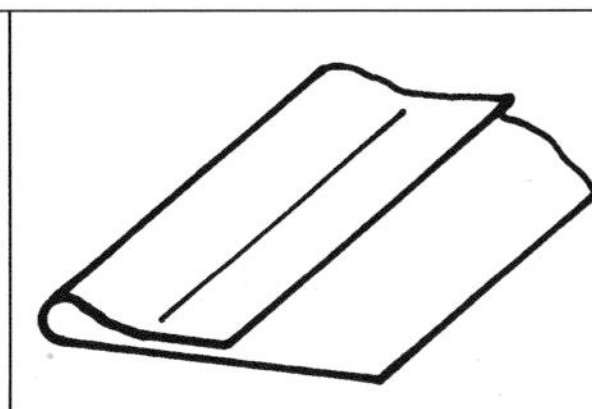	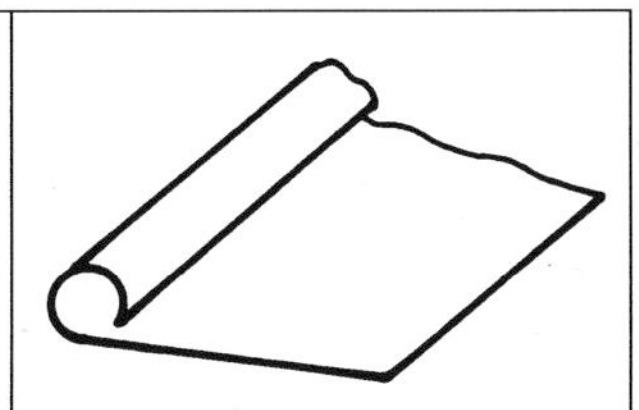

Merke: Die Hohlraumbildung am Blechrand hat eine höhere ______________ des Blechteiles zur Folge.

2. Drahteinlagen

Ordnen Sie die Stichwörter den Skizzen zu!
Durchgesetzte Drahteinlage, einfache Drahteinlage.

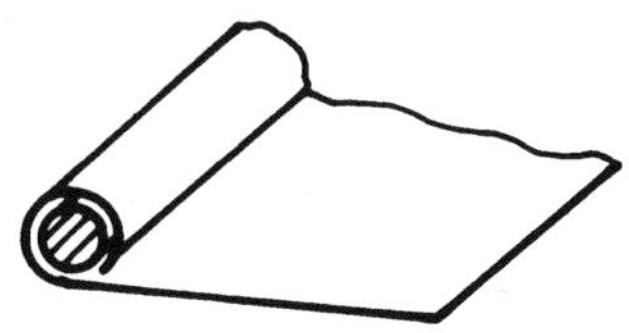	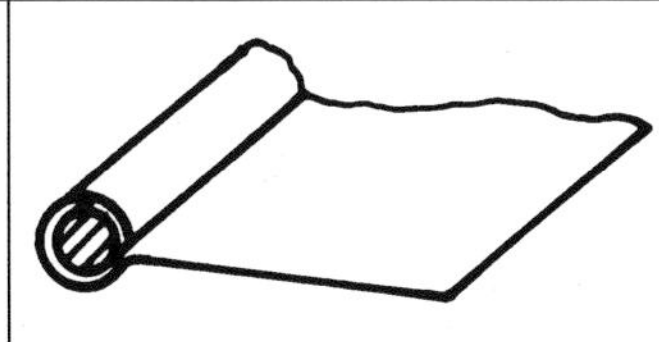

Beim Drahteinlegen wird der Rand des Blechteiles um einen __________ gerollt.

3. Wulste

Wulste sind __________ Randversteifungen an __________ Blechkanten.

Ordnen Sie die Stichwörter den Skizzen zu!
Ziehwulst, ganzer Wulst, 1/2-Wulst, Dreikantwulst, 3/4-Wulst.

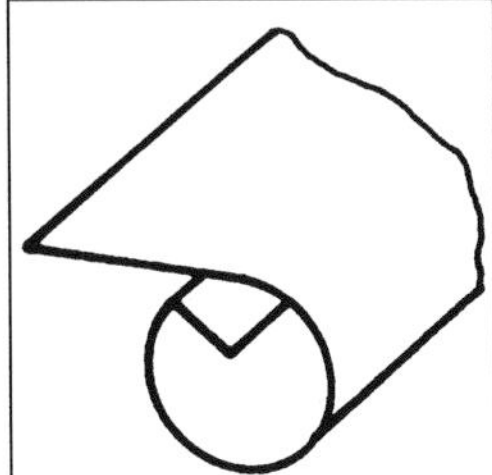	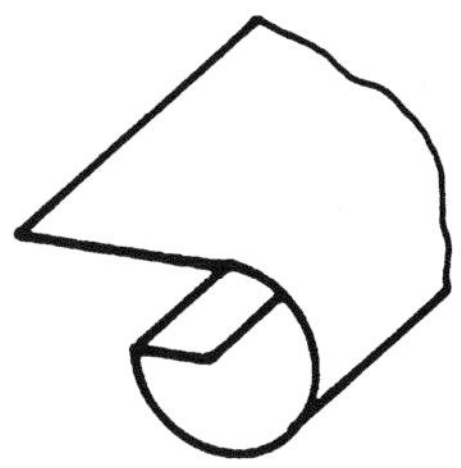	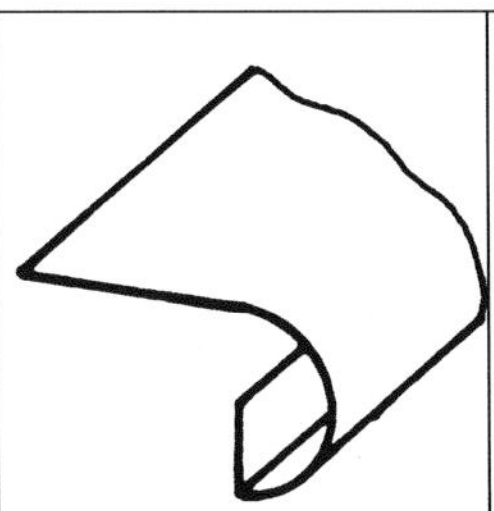	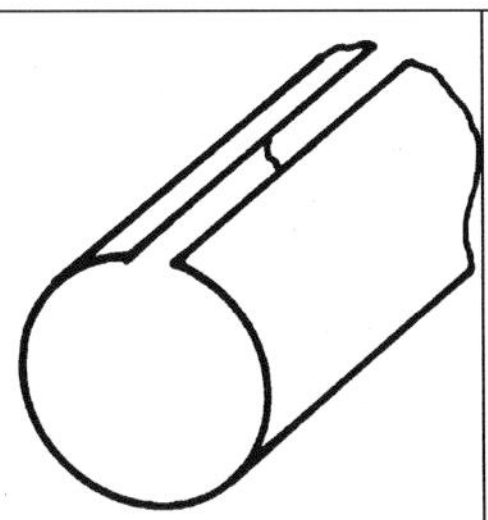	

Wulstmaschine

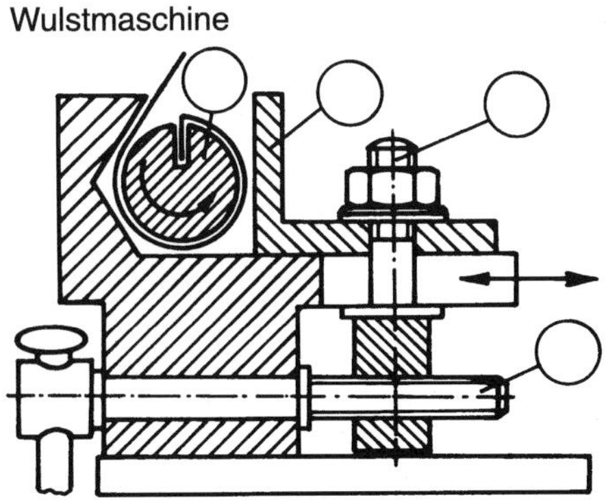

Tragen Sie jeweils die entsprechenden Ziffern ein!

① ______________-Schraube
② verstellbare ______________
③ ______________-Schraube
④ drehbarer ______________

Technologie Konstruktionsmechaniker und Metallbauer	Datum:	Ur- und Umformen	F 1
Name:	Klasse:		2

4. Sicken

Sicken sind ______________ -förmige Vertiefungen im Blech.

a) Verwendung

______________	______________	______________
______________	______________	______________

b) Handwerkzeuge

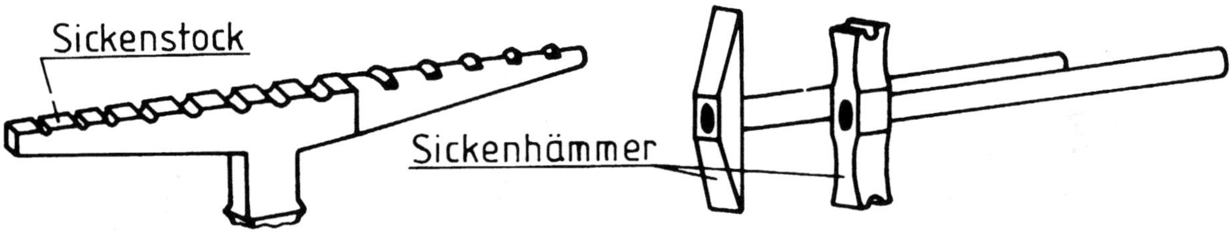

c) Sickenmaschine

Das maschinelle Sicken wird mit unterschiedlich breiten, paarweise austauschbaren Walzen an der ______________ -Maschine ausgeführt.

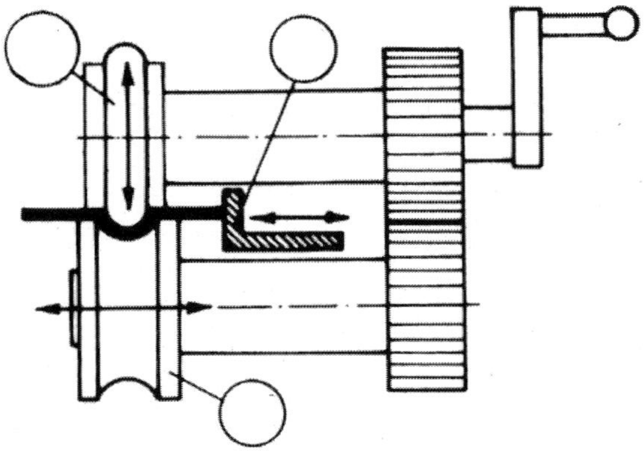

(1) verstellbare ______________

____

(2) verstellbare ______________

____

(3) verstellbarer ______________

d) Walzenarten

Schweifwalzen, Bördelwalzen, Falzwalzen, Sickenwalzen, Drahtvornehmwalzen, Abschneidwalzen, Zudrückwalzen, Profilwalzen, Einziehwalzen (Kuchenblechwalzen).

5. Falzen

(siehe Seite 12 und 13)

G. Erhöhung der Gestaltungsfestigkeit

Viele Bauteile (Profile) werden durch Biegekräfte verformt. Ein Maß für die Größe dieser Biegebeanspruchung ist die Biege-__________________. Die größte Biegespannung tritt dort auf, wo das Biegemoment (M_b) am größten ist. Der Querschnitt des Profils ist an dieser Stelle am meisten gefährdet.

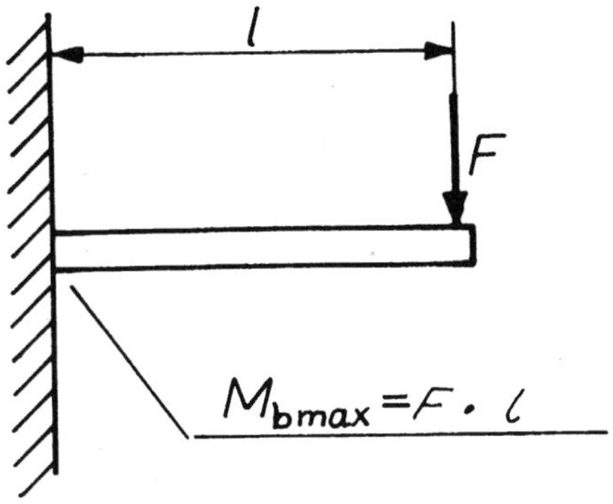

Die größte Biegespannung hängt von der Größe der Profilquerschnittsfläche, von der Form des Profils und von der Lage der Biegeachsen ab. Diese Einflüsse werden im ____________________________ (W) berücksichtigt. Das Widerstandsmoment kann für genormte Profile aus Tabellenbüchern entnommen werden.

Aufgaben:

1. Ein Stahlträger (I-Profil DIN 1025 T1) soll waagrecht liegend in eine Werkstatthalle eingebaut werden. Das errechnete Widerstandsmoment W beträgt z. B. 112 cm³.
Bestimmen Sie mit Hilfe des Tabellenbuches die Trägergröße! Vergleichen Sie die möglichen Einbaulagen!

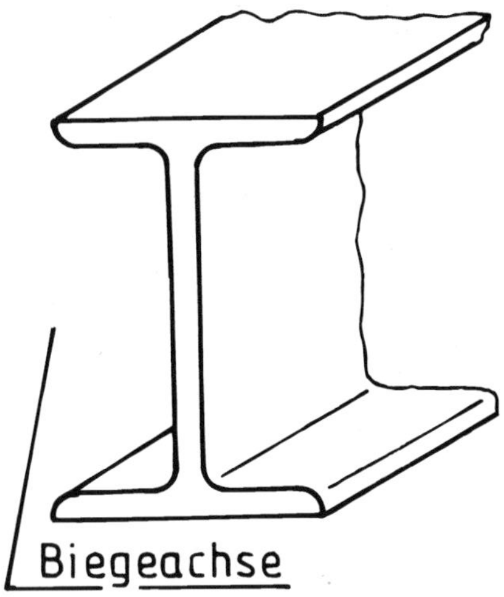

Einbaulage x – x:

Trägergröße: ________________________

(W_x gewählt __________ cm³)

Querschnittsfläche S = ___________ cm²

Masse m' = ___________ kg/m

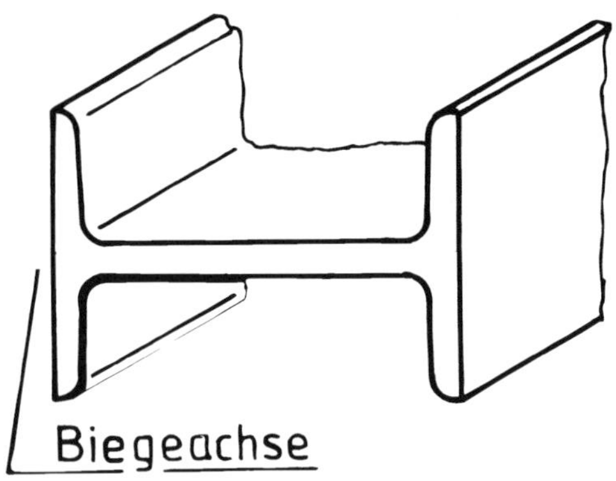

Einbaulage y – y:

Trägergröße: ________________________

(W_y gewählt __________ cm³)

Querschnittsfläche S = ___________ cm²

Masse m' = ___________ kg/m

Erkenntnis:

Wird ein Doppel-T-Träger liegend, d. h. nach der Biegeachse y–y, mit gleichem Widerstandsmoment eingebaut, so muss ein wesentlich ________________________ Träger gewählt werden.

2. Ein Längsträger für einen kleinen Werkstatt-Laufkran soll eingebaut werden.

Trägermaße:

maximale Höhe = 100 mm
maximale Breite = 50 mm
Länge des Profils = 4 m

Sie haben zwei Stahlprofile zur Auswahl:
a) U-Stahl nach DIN 1026
b) I-Stahl nach DIN 1025 T1

Der Statiker errechnete ein Widerstandsmoment W von ______ cm^3.

Ergänzen Sie für beide Profile die Tabelle!
Wählen Sie nach wirtschaftlichen Überlegungen das geeignete Stahlprofil aus!

		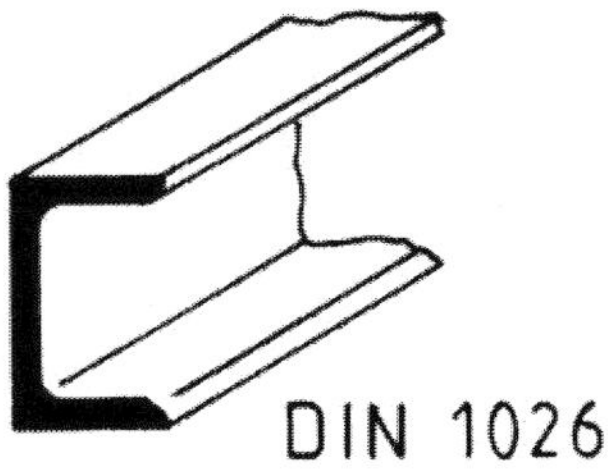	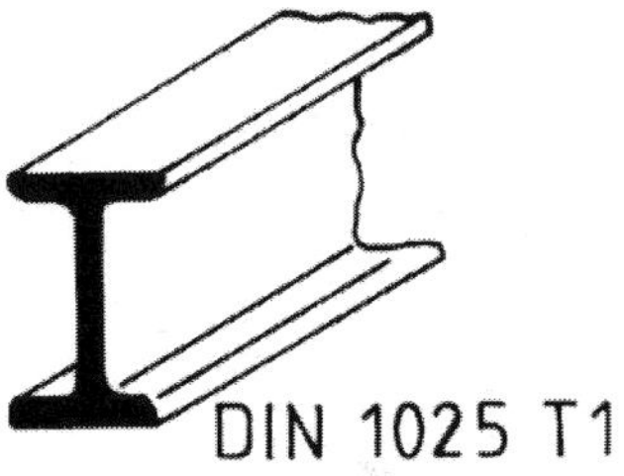
Profilhöhe	h	______ mm	______ mm
Profilbreite	b	______ mm	______ mm
Profildicke	s	______ mm	______ mm
Querschnittsfläche	S	______ cm^2	______ cm^2
Masse	m'	______ kg/m	______ kg/m
Widerstandmoment	W_x	______ cm^3	______ cm^3
Profilbezeichnung	–	______	______
Preis pro kg	–	______ €/kg	______ €/kg
Preis (Profillänge 4m)	–	______ €	______ €

Ausgewähltes Profil: ______

2.2 Schmiedbarkeit der Metalle

A. Beschreibung

Durch Schmieden werden Metalle im ______________ Zustand durch Druck oder Schlag spanlos umgeformt. Dabei blättert Zunder oder Hammerschlag (______________) ab. Das Volumen des Werkstückes wird dadurch etwas ______________.

Schmiedbare Metalle sind im glühenden Zustand ______________ verformbar und knetbar. Diese Voraussetzungen erfüllen ______________

____

B. Technologische Voraussetzungen

1. Schmiedetemperatur unlegierter Stähle

Die richtige Schmiedetemperatur wird durch den ______________ -Gehalt bestimmt.

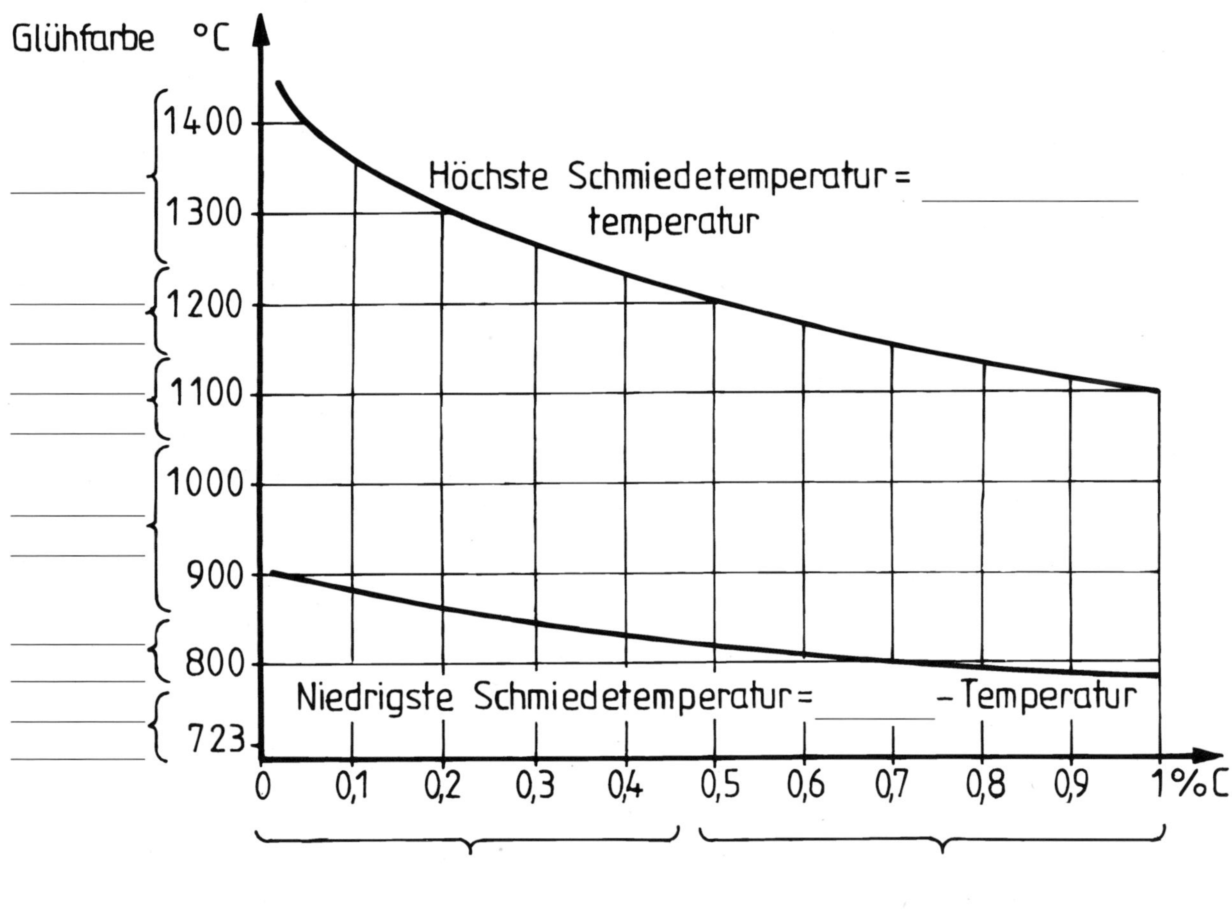

Aufgabe: Ermitteln Sie die Anfangs- und Endtemperaturen für Baustahl (C-Gehalt ca. 0,2 bis 0,3 %)!

____

Weitere Schmiedetemperaturen:

Werkstoff	Kupfer	Cu-Leg.	Aluminium	Al-Leg.	Unleg. Werkzeugstahl
Anfangs-temperatur	800 °C	750 °C	500 °C	450 °C	1000 °C
End-temperatur	750 °C	600 °C	450 °C	400 °C	800 °C

2. Einflüsse der Stahl-Legierungsstoffe auf das Schmieden

Stahl-Legierungsstoffe	Auswirkungen beim Schmieden
Kohlenstoff	
Schwefel	
Phosphor	

3. Festigkeit und Dehnung (Schmiedestahl)

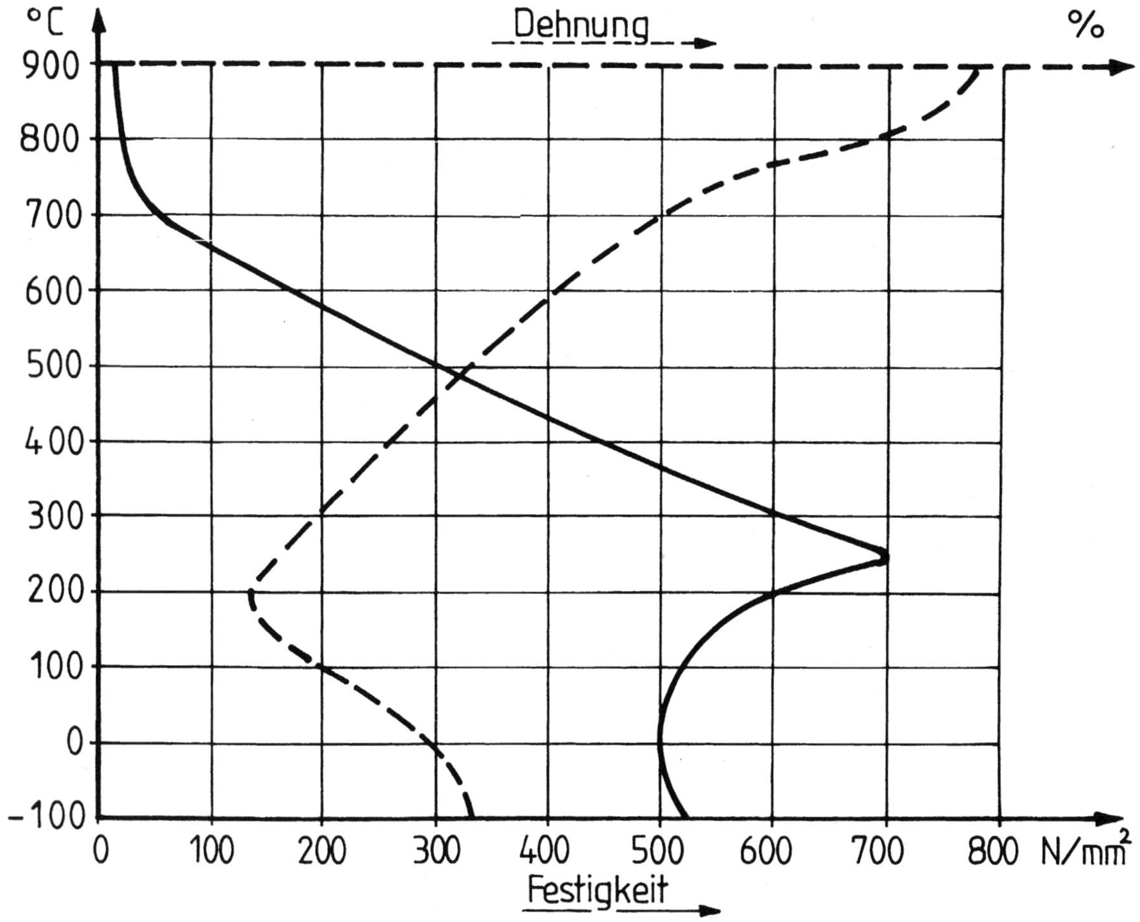

Erkenntnisse:

Je höher der Stahl erwärmt wird, desto ______________ wird seine Festigkeit und desto ______________ seine Dehnbarkeit.

Stahl hat bei ca. ________ °C die größte Festigkeit und die ______________ Dehnung.

Technologie Konstruktionsmechaniker und Metallbauer	Datum:	Ur- und Umformen	F 1
Name:	Klasse:		2

4. Gefügeveränderung beim Schmieden

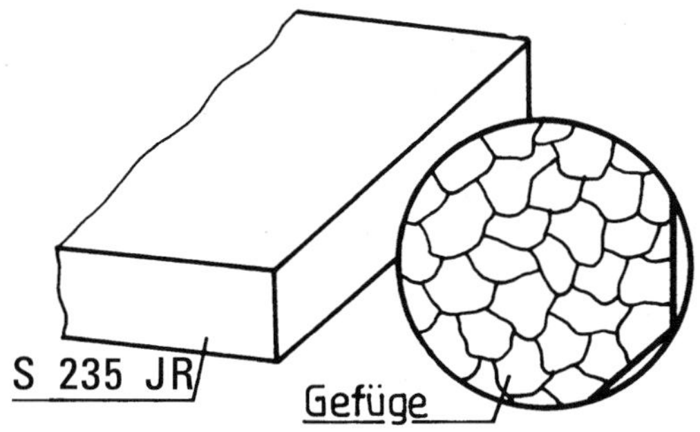

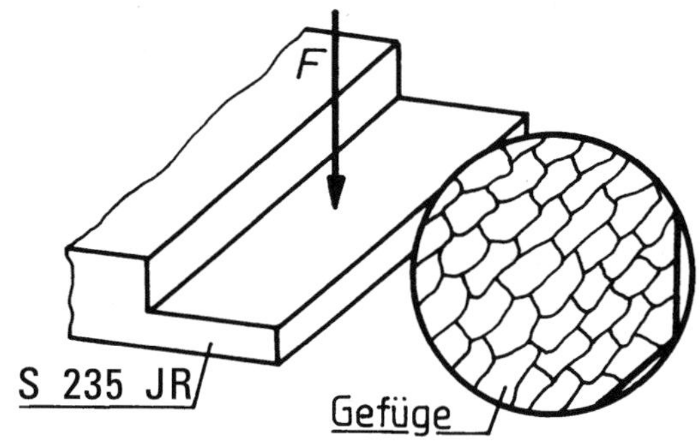

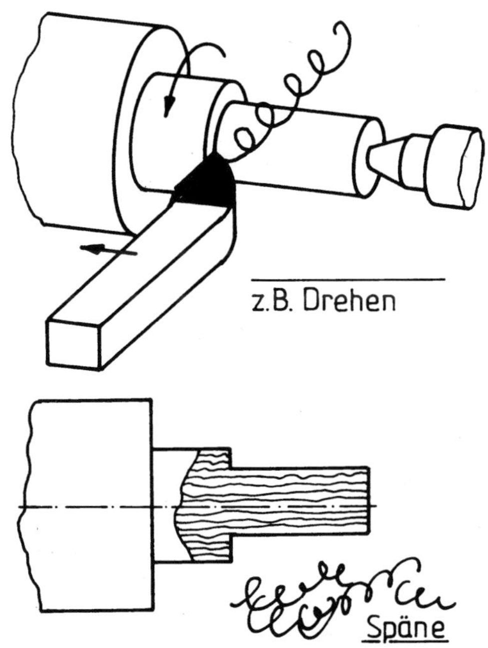

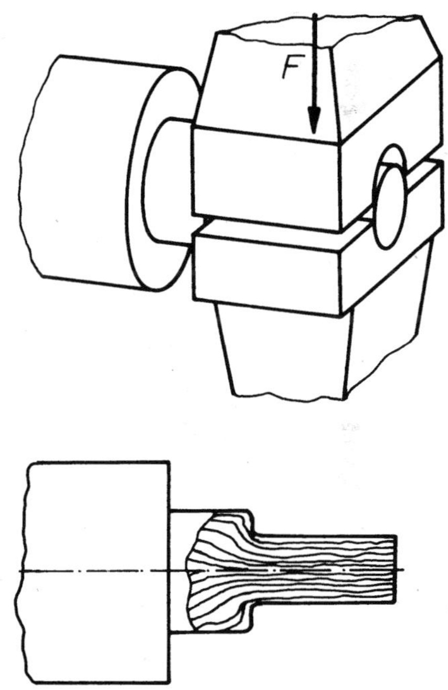

Vorteile des Schmiedens:

a)

b)

c)

2.3 Formgebung durch Schmieden

A. Freiformschmieden

Beim Freiformschmieden mit der Hand wird das erwärmte Werkstück mit dem ______________ auf dem ______________ geformt. Das Werkstück kann beim Formen seitlich ausweichen = ______________.

Dieses Verfahren eignet sich für ______________-Anfertigung.

Schmiedetechniken

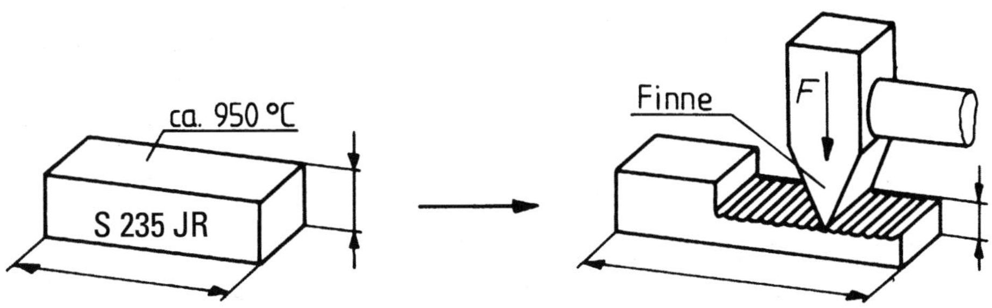

____

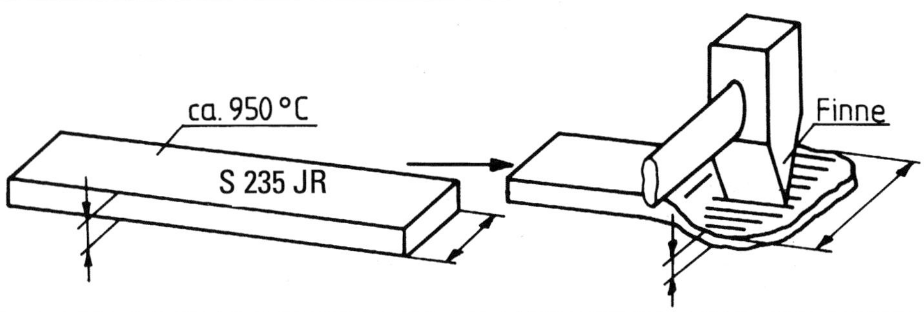

____

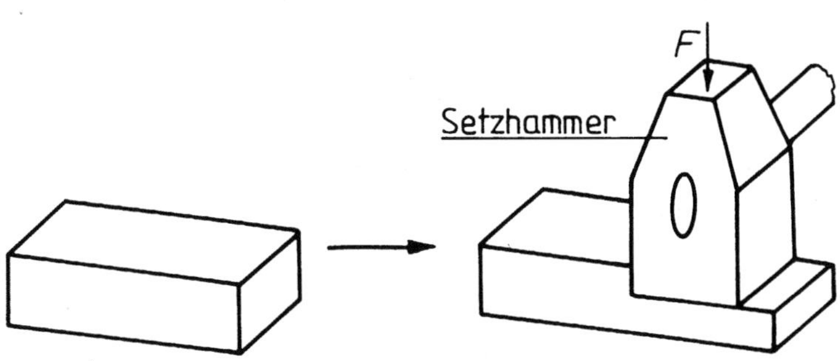

____

____

____

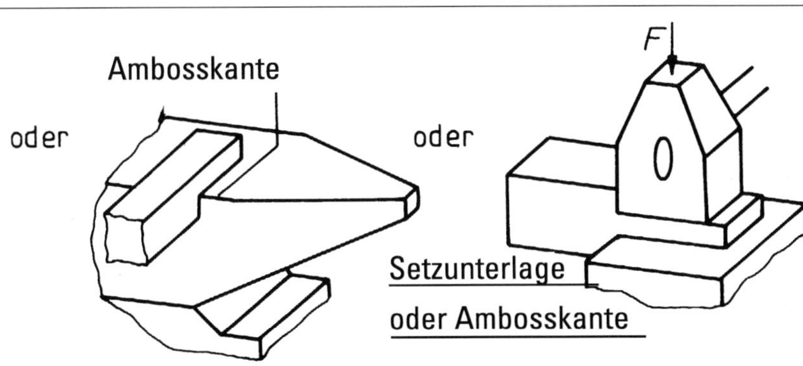

Technologie Konstruktionsmechaniker und Metallbauer	Datum:	Ur- und Umformen	F 1
Name:	Klasse:		2

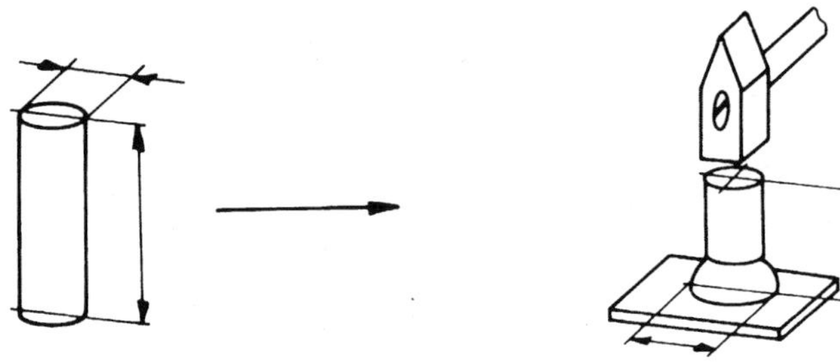

Lange Werkstücke: ______________________

Kurze Werkstücke: ______________________

____

____

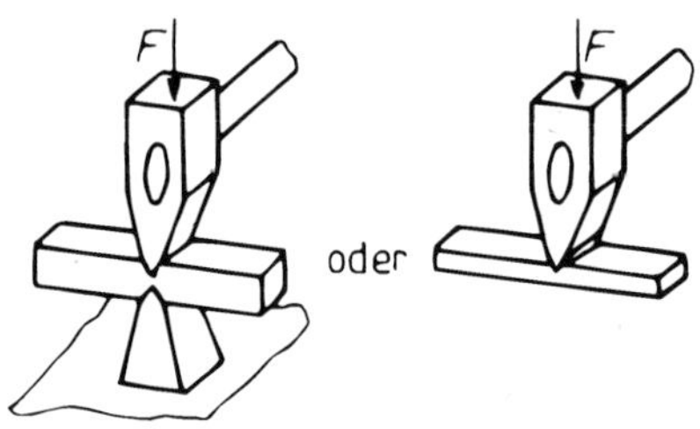

____

Dicke Werkstücke werden beidseitig eingekerbt. Dünne Werkstücke werden eingekerbt und auf der Ambosskante abgeschlagen.

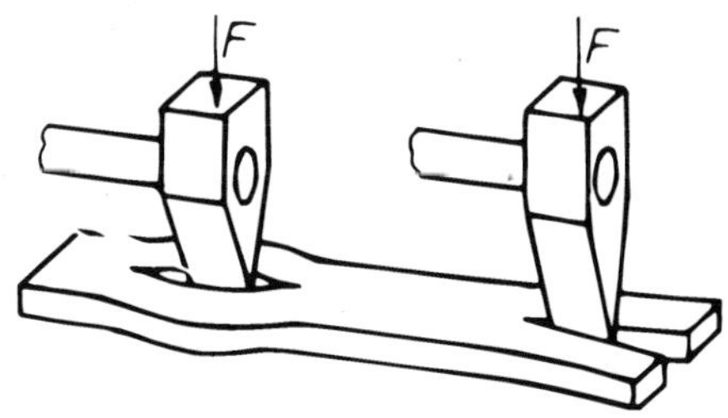

____

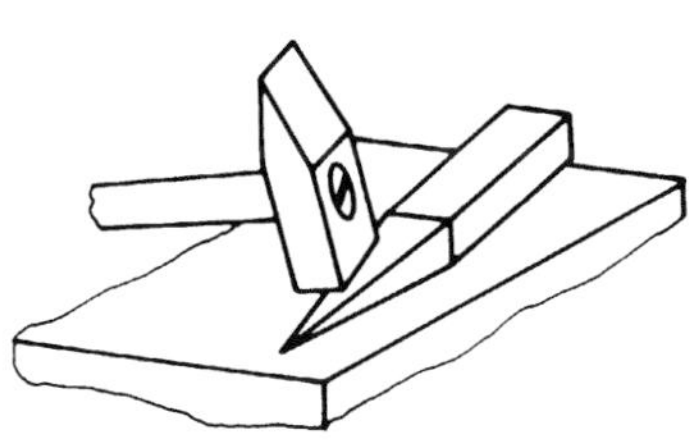

____

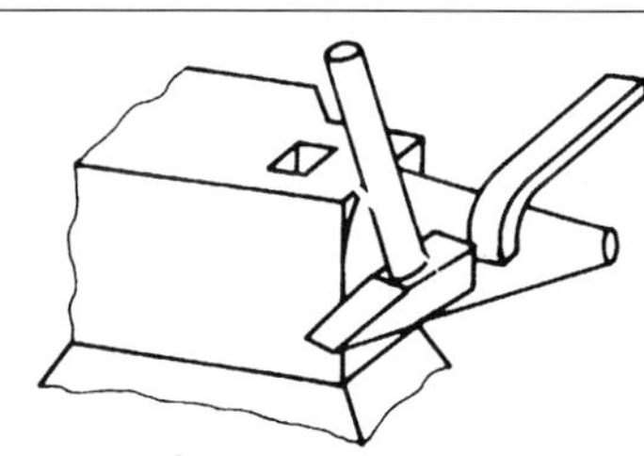

____

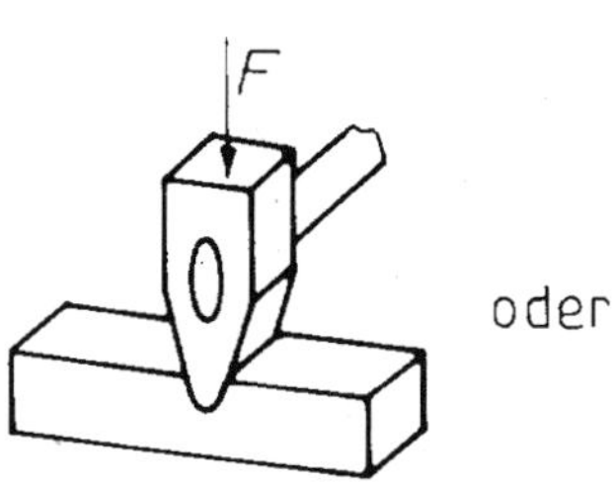

____

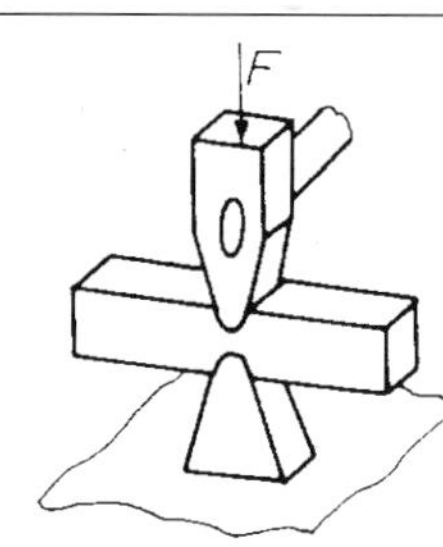

____

Beim Kehlen werden Vertiefungen ohne ______________-Unterbrechungen hergestellt.

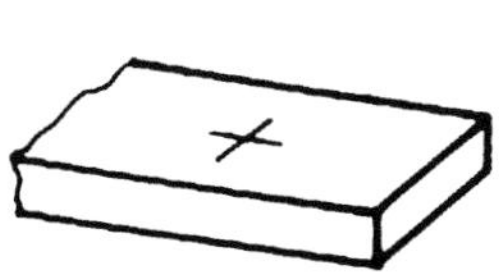

____

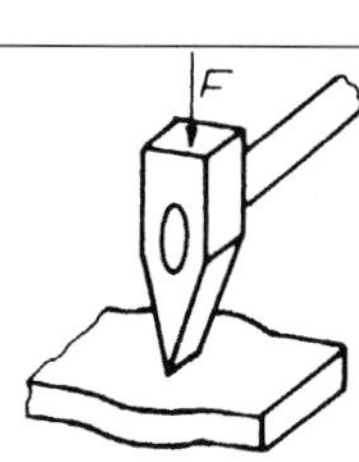

____

____

____

____

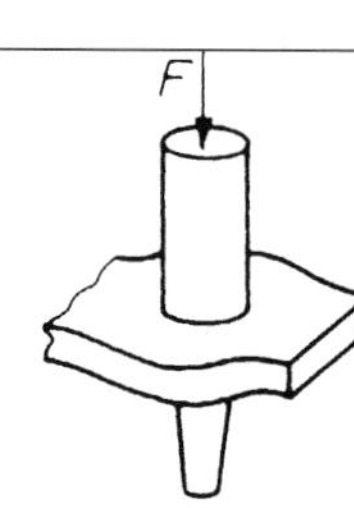

____

____

B. Gesenkschmieden

Beim Gesenkschmieden wird ein auf Schmiedetemperatur erwärmtes Rohteil durch eine zweiteilige ______-Form (Gesenk) auf Form geschlagen oder gepresst.

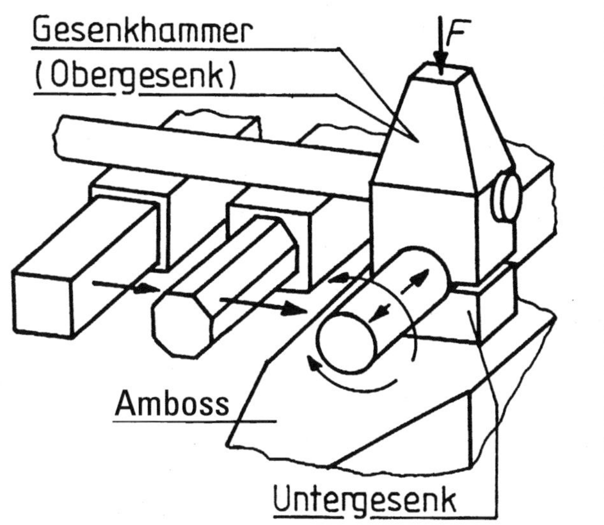	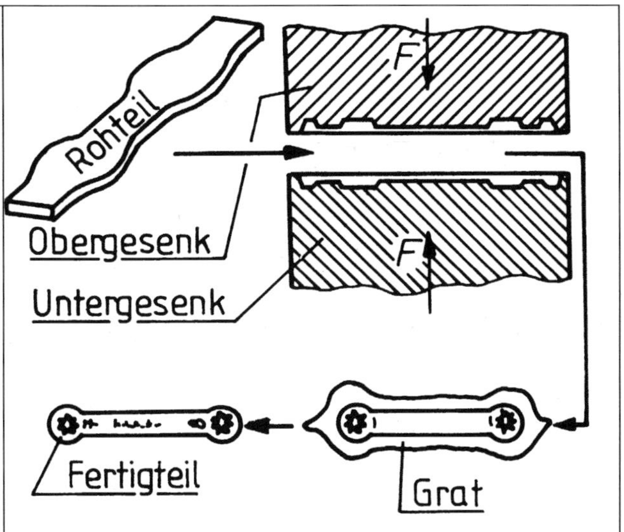
Gesenkschmieden ______	Gesenkschmieden ______
Vorteile: ______ ______ **Nachteile:** ______ ______ ______ ______	**Vorteile:** ______ ______ **Nachteile:** ______ ______ ______ ______

C. Unfallverhütung

a) Immer eine ______ tragen.

b) Schmiedestück ______ auf die Schmiedefläche des Ambosses legen.

c) ______ Schmiedezangen verwenden.

d) Ärmel stets nach ______ umkrempeln.

e) Beim Abschroten eine ______-Vorrichtung verwenden.

f) Vorsicht vor ______ und ______ Schmiedewerkstücken.

g) Beim Halten großer Werkstücke mit Zangen immer einen ______ verwenden.

2.4 Richten

Halbzeuge (z.B. ______________________________)

können sich auf dem Transport oder durch unsachgemäße Lagerung verbiegen, beim Bearbeiten und Einspannen verziehen oder durch Umformen oder Schweißen Spannungen bekommen. Diese Fehler können durch Kalt- oder Warmausrichten behoben werden.

A. Kaltausrichten (Auswahl)

Ordnen Sie den Skizzen zu!
Strecken mit der Hammerfinne, Rückdrehen mit dem Windeisen, Richten mit der Presse (Schraubstock), Richten mit dem Hammer.

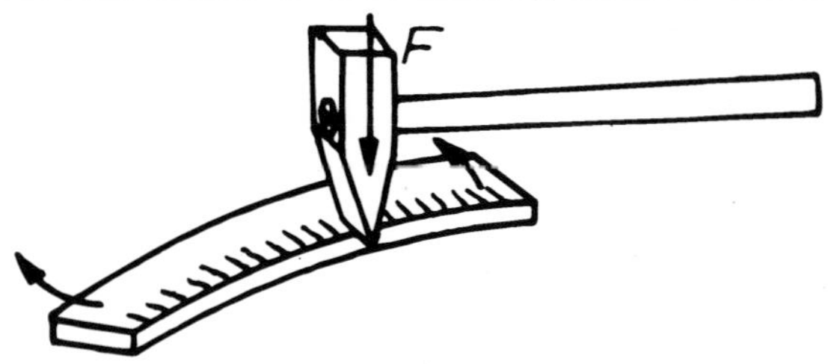

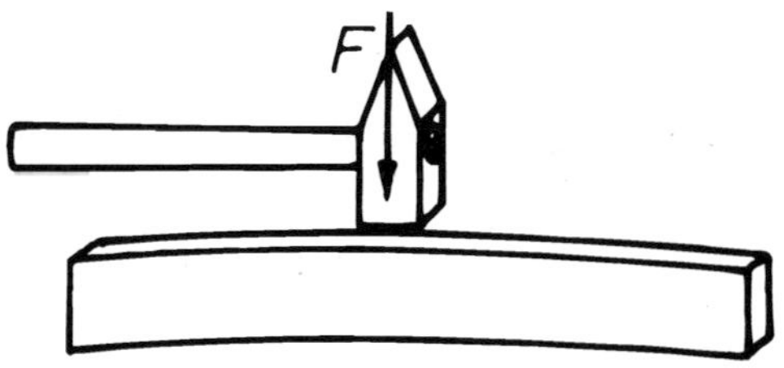

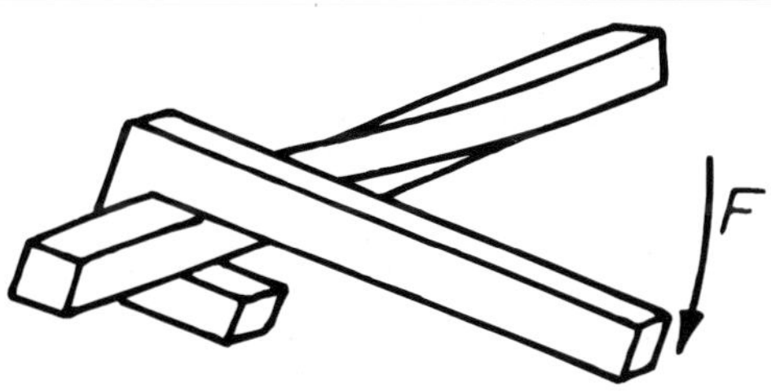

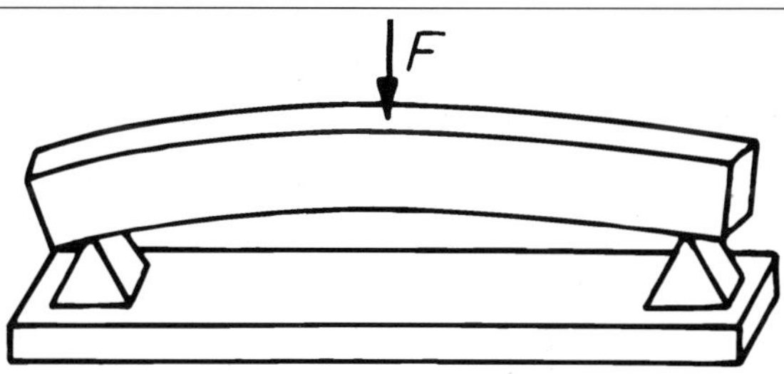

Spannen von Blechen

Das Richten verbeulter oder verdellter Bleche nennt man ______________. Da der Werkstoff in der Beule übermäßig ____________ ist, darf diese auf keinen Fall mit dem Hammer bearbeitet werden. Eine noch größere Materialstreckung wäre die Folge. Das Blech muss also vom Beulenrand weg ______ ______________________ durch leichte Hammerschläge gestreckt werden. Für kleine Blechteile dient der Polierstock als Unterlage.

B. Warmausrichten (Flammrichten)

1. Arbeitsfolgeplan

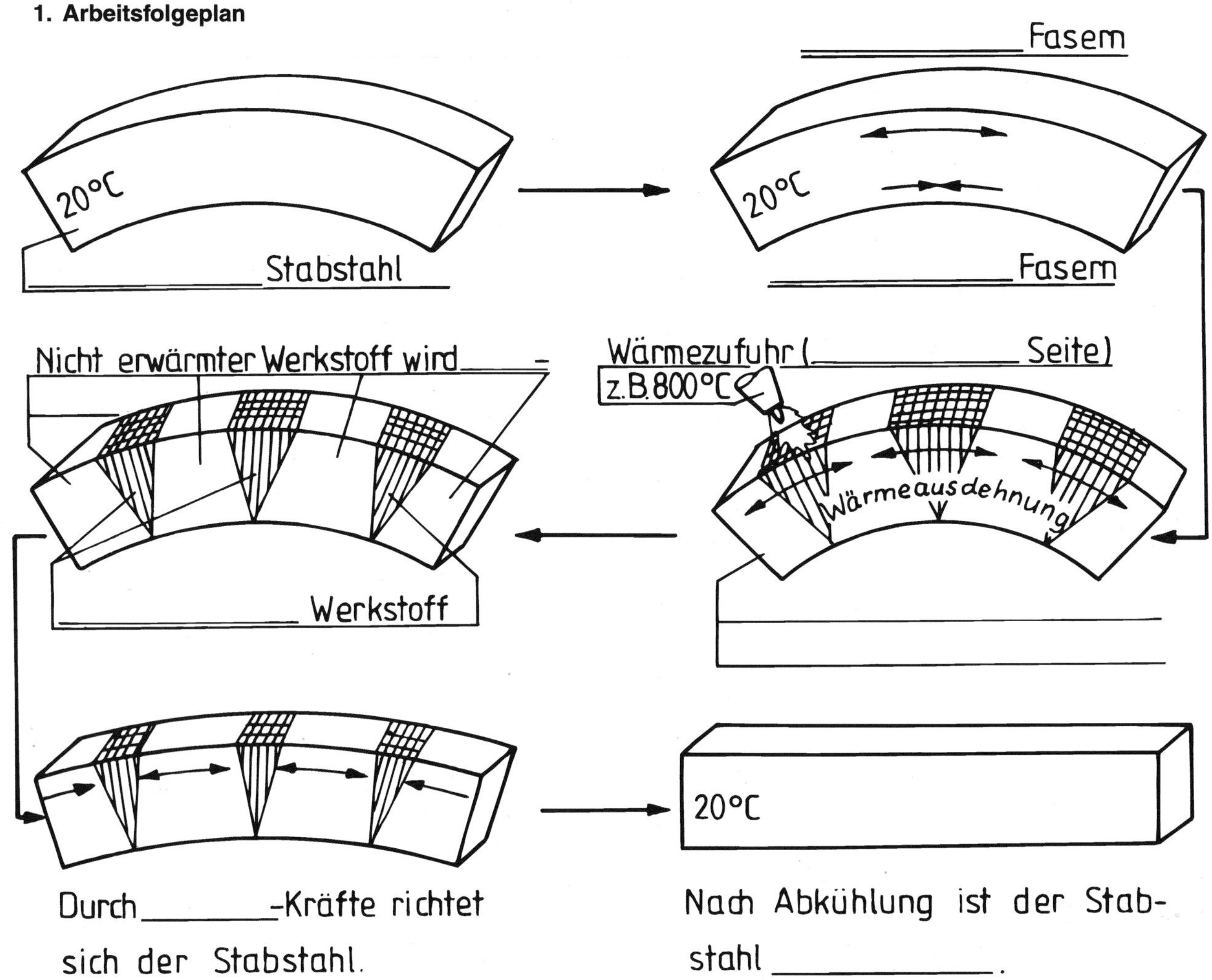

Man unterscheidet:

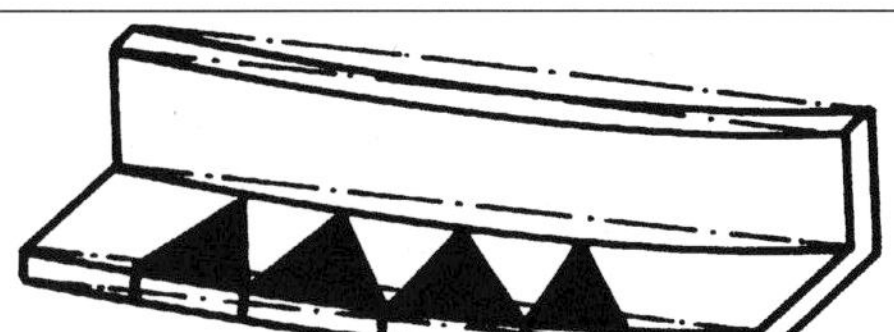	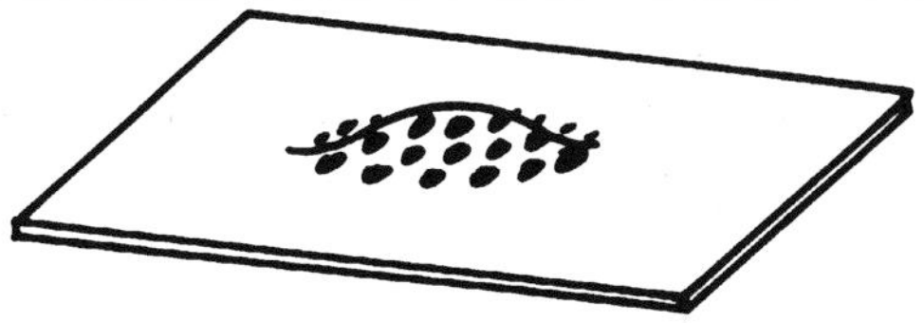
Wärme- _______	Wärme- _______
	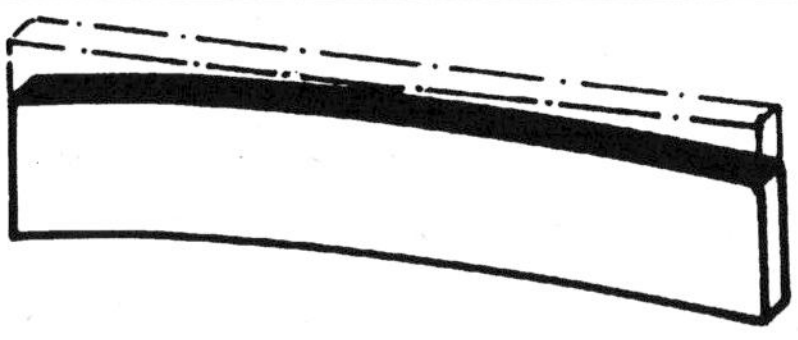
Wärme- _______	Wärme- _______

Merke: 1) Immer die _______ (gestreckte) Seite erwärmen.

2) Durch wiederholtes Flammrichten _______ sich die Ausrichtwirkung.

3) Die Erwärmung soll _______ und _______ erfolgen.

4) Vergütete Stähle (z.B. _______) dürfen nicht warm gerichtet werden (Verlust von Festigkeit und Zähigkeit).

Unfallverhütung

1) Während des Flammrichtens ist die _______ zu tragen.

2) Heiße Teile nicht mit der ungeschützten Hand berühren (_______ verwenden).

3) Die _______-Vorschriften für das Gasschmelzschweißen befolgen.

2.5 Umformen der Kunststoffe

Thermoplaste verringern bei Erwärmung bis zum thermoelastischen Bereich ihre ____________ und können dann beliebig verformt werden. Nach Abkühlung ist ihre neue Form stabil.

A. Biegen eines Rohres aus PVC-U

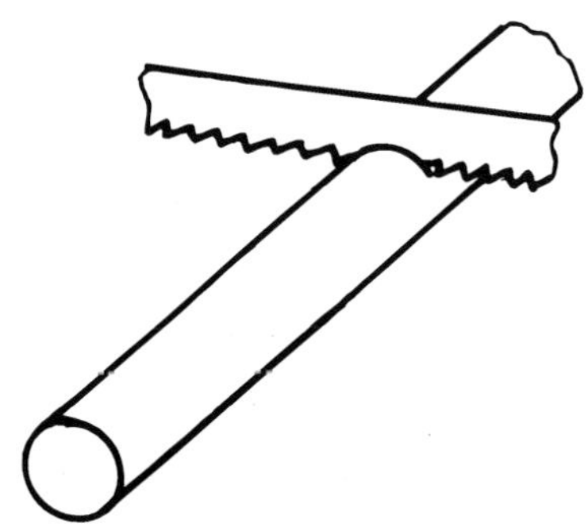

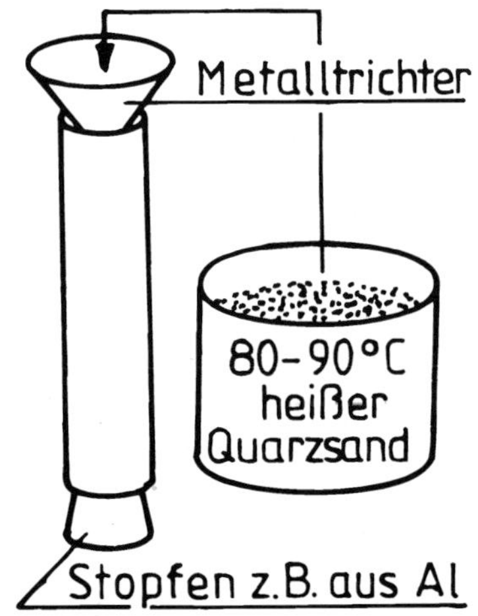

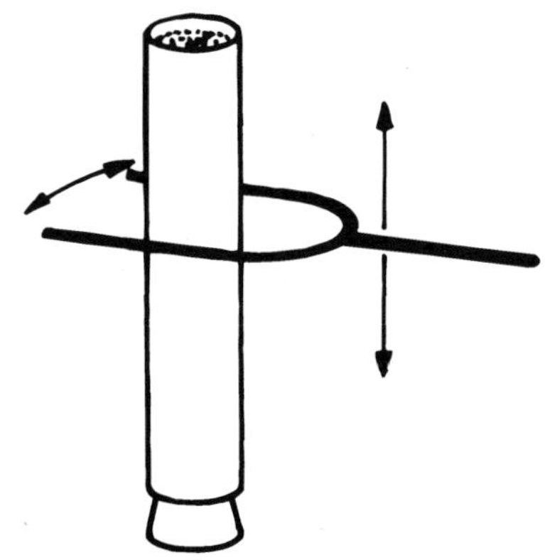

1. ____________

Beachte!
Schnittstellen mit Rohrentgrater oder Ziehklinge entgraten.

2. ____________

Vorsicht!
Bei höherer Temperatur brennt sich der Sand an der Rohrwandung fest.

3. ____________

Nicht vergessen!
Sand mit dem Rütteleisen oder mit dem Hammer gut verdichten, sonst
____
____

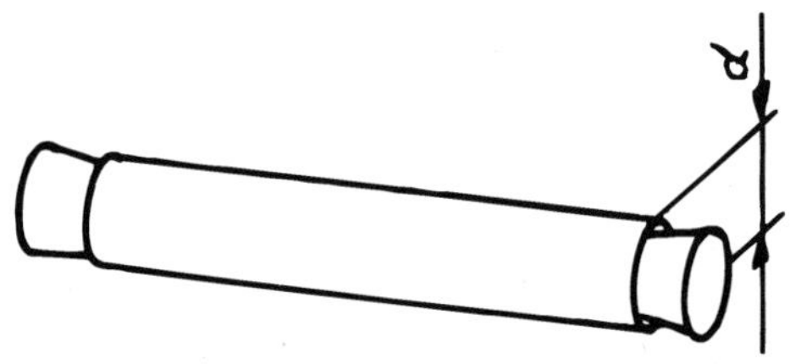

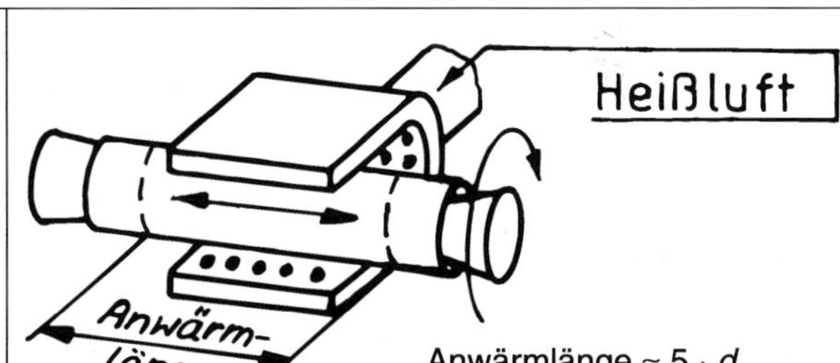

Anwärmlänge ≈ 5 · d

4. Verschließen mit Stopfen

Aus dem Hohlprofil ist ein ____________ entstanden.

5. Erwärmen

Die Temperatur der Biegezone für PVC-U beträgt 120 – 140 °C.

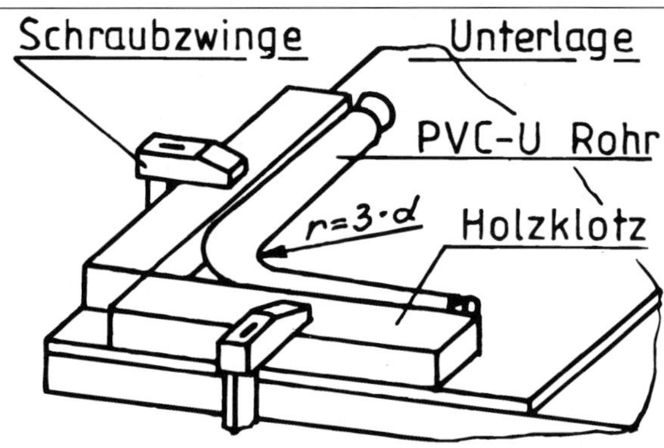

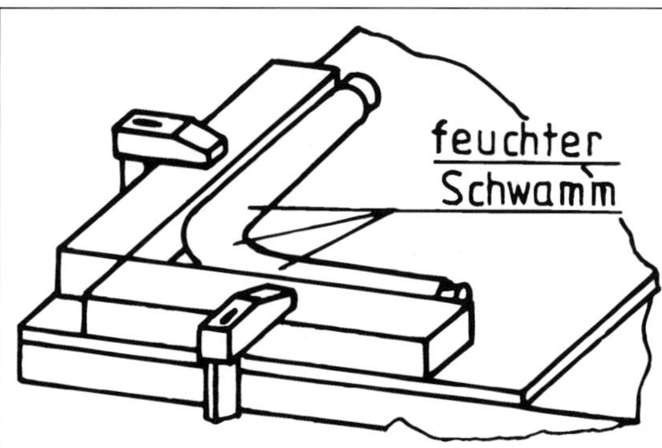

6. Biegen

7. Abkühlen und Sandentleerung

B. Biegen einer Acrylglas-Platte

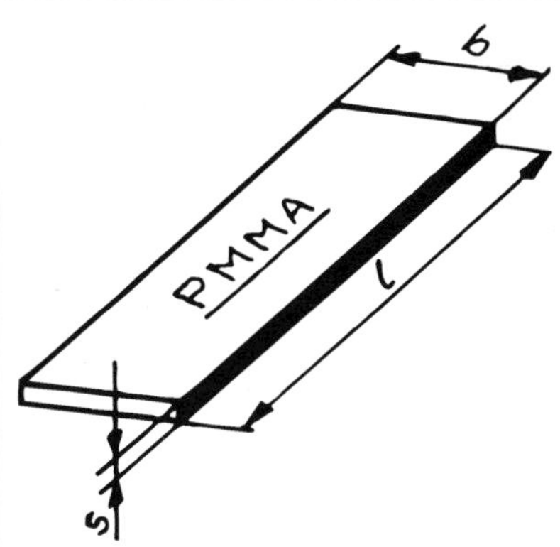

1. Zuschnitt

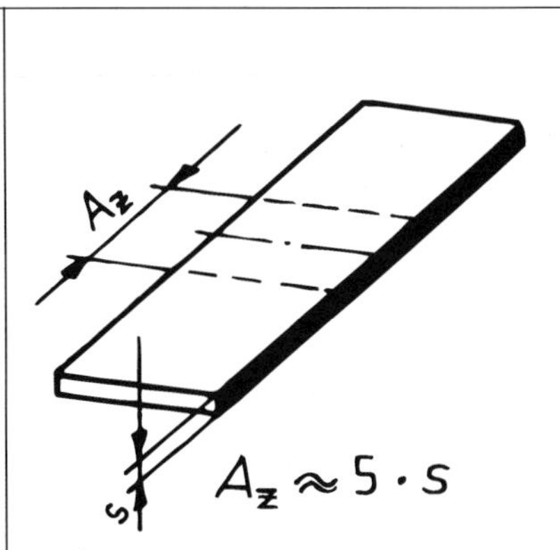

2. Anwärmzone A_Z

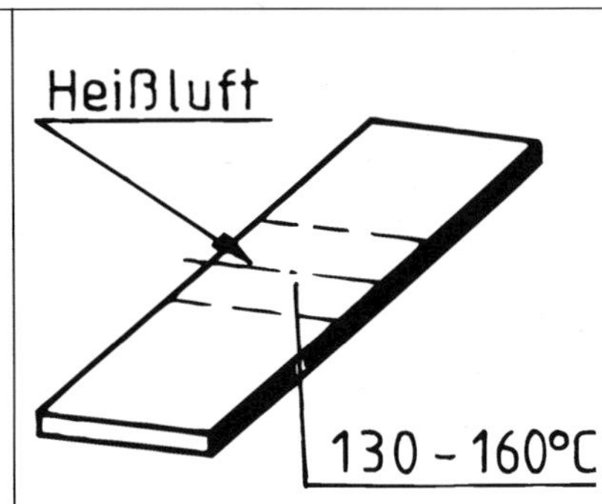

3. Erwärmen

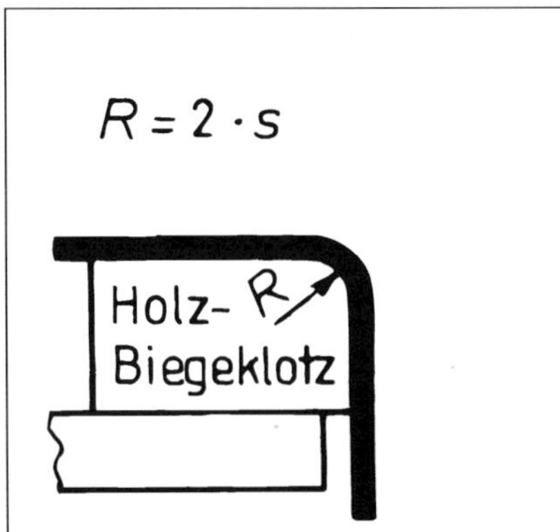

4. Biegen

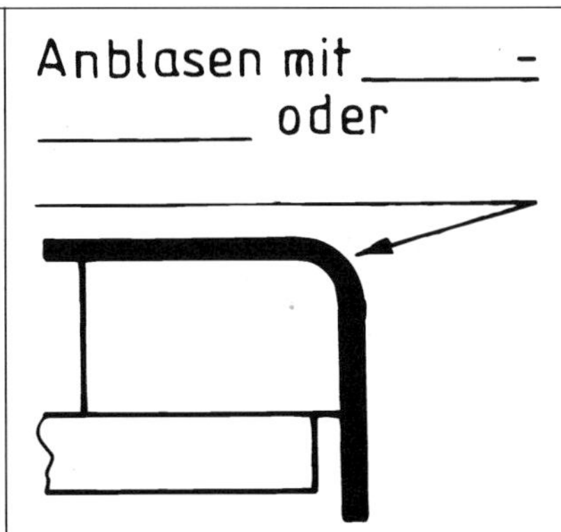

5. Abkühlen

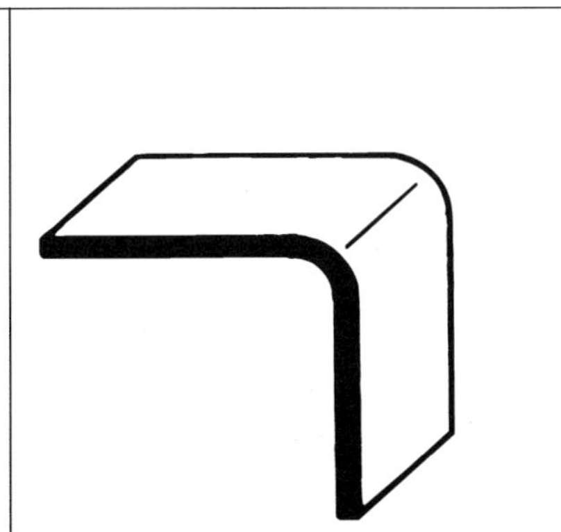

6. Fertigprodukt

C. Umformen durch Blasen

Durch Warmumformen im thermoplastischen Bereich können ______________________ (z.B. Acrylglas – PMMA) verformt werden.

Warmumformen einer PMMA-Platte (Tiefziehen)

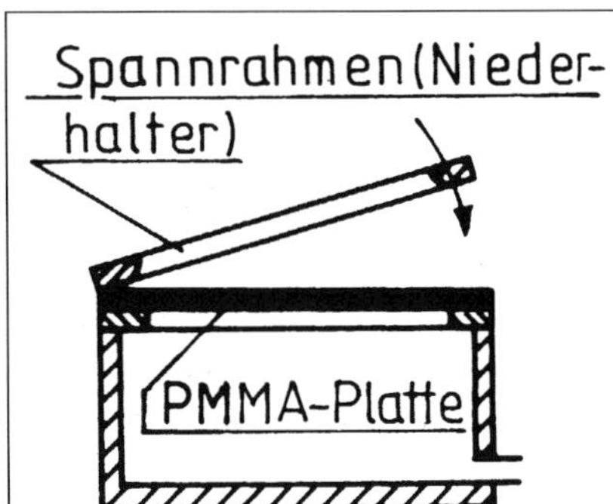

1. Einspannen

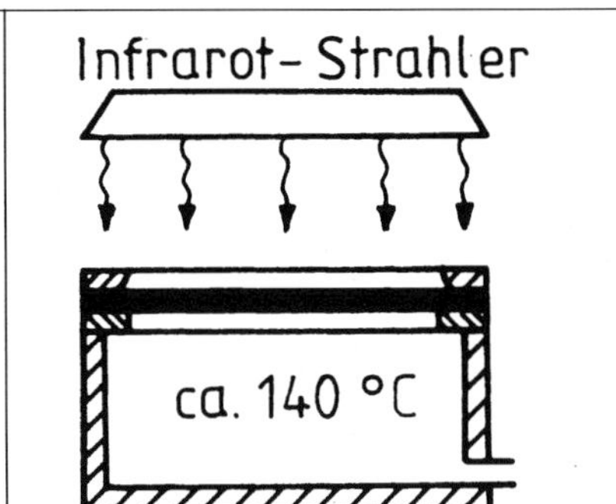

2. Erwärmen

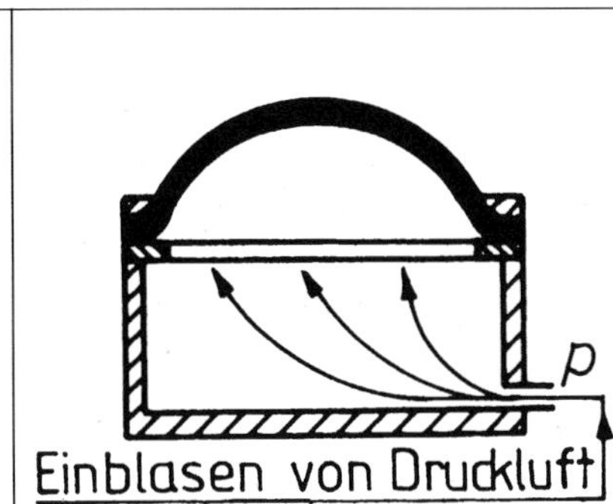

3. Warmumformen

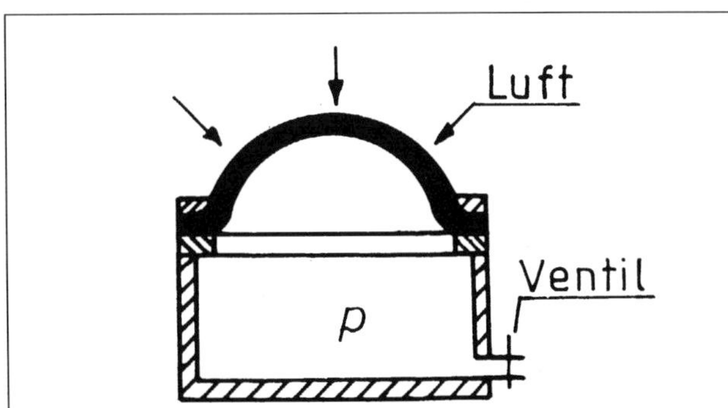

4. Abkühlen (z.B. mit Luft)

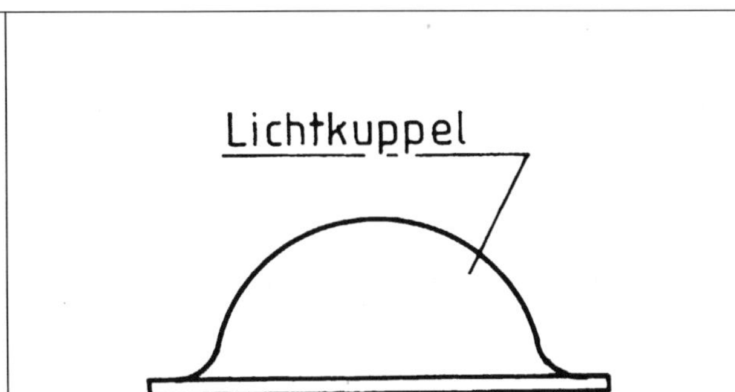

5. Fertigprodukt

D. Umformen durch Hohlkörperblasen

Unter Hohlkörperblasen versteht man das Aufblasen eines erwärmten ______________________ zu einem Fertigprodukt mit Hilfe eines zweiteiligen Werkzeuges.

Herstellung einer PE-Flasche durch Hohlkörperblasen

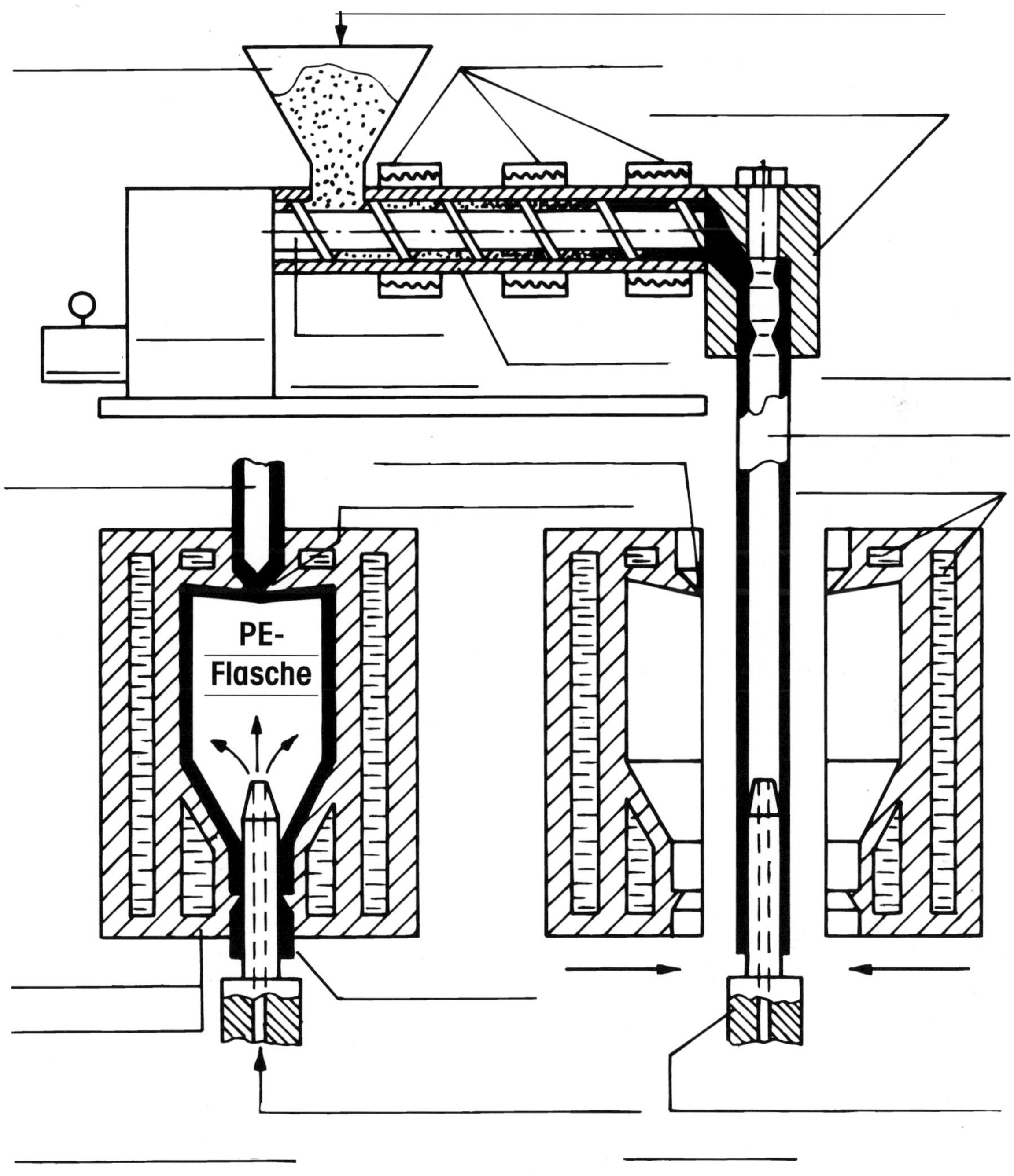

Während des Blasens wird die eingeschlossene Luft durch feinste ______________ in der Werkzeug-Trennebene oder durch ______________________ entfernt.

Für die PE-Verarbeitung haben sich aufgeraute (sandgestrahlte) Werkzeug-Innenoberflächen bewährt.

E. Vakuum-Umformen

Streckziehen einer PVC-Platte

1. Erwärmen der PVC-Platte	2. Einspannen der Platte
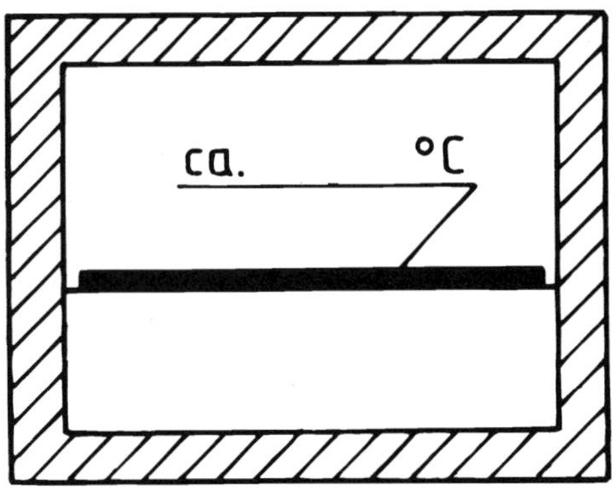	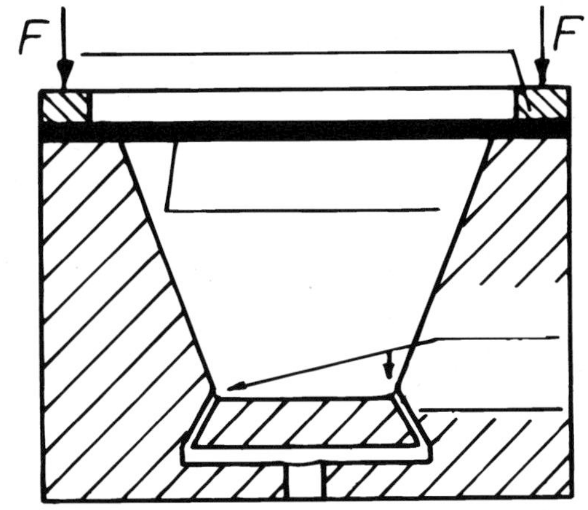

3. Vakuum-Umformen (Saugen)	4. Fertigprodukt
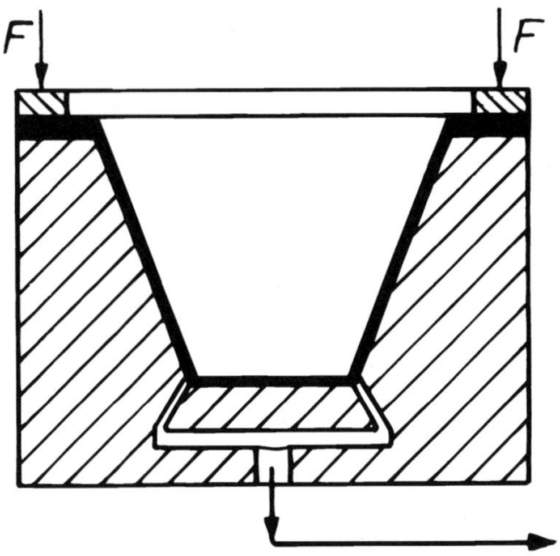	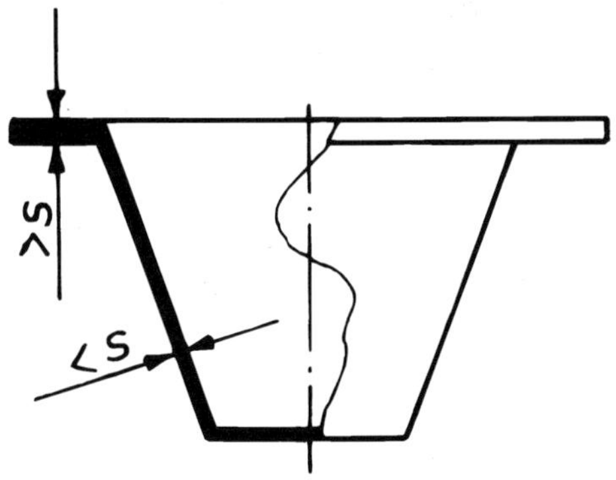

Anwendungsbeispiele:

F. Unfallverhütung

Formulieren Sie Unfallverhütungsvorschriften!

3.1 Schleifen und Trennen

A. Beschreibung

Schleifen ist eine ______________________ Bearbeitungsform, die sich durch Oberflächengüte, Maß- und Formgenauigkeit auszeichnet.

B. Aufbau

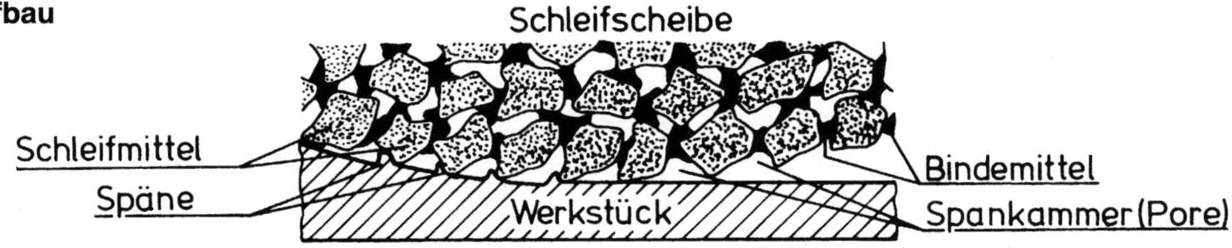

1. Schleifmittel

a) Künstliche Schleifmittel

Ordnen Sie in der Spalte „Verwendung" die aufgeführten Werkstoffe richtig ein!
Al, Glas, SS, HSS, HM, Cu, GG, HM, GH, Kunststoffe.

Kurz-zeichen	Schleifmittel	Härtegrad nach Mohs	Verwendung
A	Edelkorund (Al_2O_3)	9,2	Gehärtete und legierte Stähle, z.B. ________, ________.
C	Siliciumkarbid (SiC)	9,6	Weiche Werkstoffe, z.B. ______, ______, ________________. Spröde Werkstoffe, z.B. ______________, ______________.
D	Diamant (C)	10,0	Werkzeugstähle mit hohem Cr- und C-Gehalt, gesinterte Werkstoffe, z.B. ______________, ______________, ______________.

b) Natürliche Schleifmittel

Nennen Sie einige natürliche Schleifmittel, die Ihnen bekannt sind!

____

2. Körnung

Die ______________ der einzelnen Schleifkörner wird als Körnung bezeichnet. Diese beeinflusst die ______________ ______________ -Leistung beim Schleifen.

Schleifkorn-Herstellung

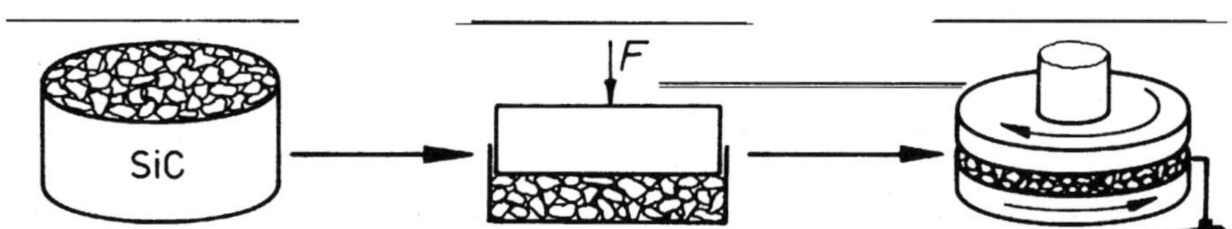

Körnungsbezeichnung	Korngröße
F 4 bis F 24	grob
F 30 bis F 100	mittel
F 120 bis F 220	fein
F 230 bis F 1200	sehr fein

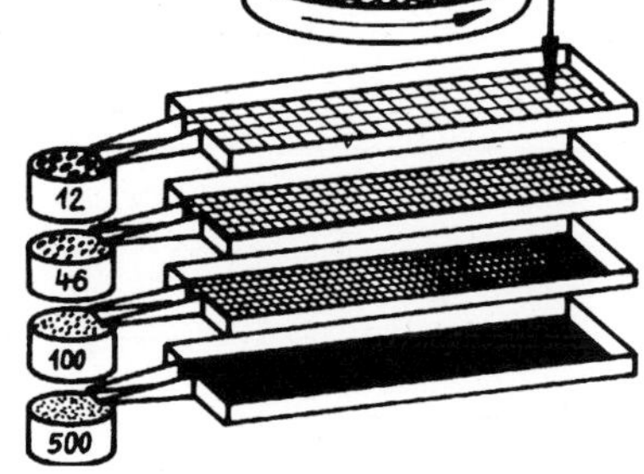

Die Körnungsnummer gibt die Maschenzahl auf ________ Länge des verwendeten Siebes an.

3. Bindemittel

Die Bindung hält die einzelnen Schleif- ______________ zusammen.

Gebräuchliche Bindungsarten
Ordnen Sie die aufgeführten Bindungsarten ein!
Kunstharz-Bindung, Gummi-Bindung, keramische Bindung!

Bindungsart	Kurzzeichen	Eigenschaften	Anwendung
______________ Bindung	V	Unelastisch, spröde, schlagempfindlich, porös, temperaturunempfindlich.	Trocken- und Nassschliff für alle Werkzeuge außer Al.
______________ -Bindung	B	Elastisch, hohe Festigkeit, für hohe Umfangsgeschwindigkeiten geeignet.	Für alle Werkstoffe und zum Trennschleifen.
______________ -Bindung	R	Temperaturempfindlich, sehr elastisch, zäh, für hohe Umfangsgeschwindigkeiten geeignet.	Für alle Werkstoffe und zum Trennschleifen.

4. Härte

Unter der Schleifscheibenhärte versteht man die Festigkeit, mit der die Schleifkörner durch die ______________ festgehalten werden.

Härtegrade

äußerst weich	sehr weich	weich	mittel	hart	sehr hart	äußerst hart
A,B,C,D	E,F,G	H,I,J,K	L,M,N,O	P,Q,R,S	T,U,V,W	X,Y,Z

zum Schleifen ______________ Werkstoffe zum Schleifen ______________ Werkstoffe

5. Gefüge

Die Verteilung der Schleifkörper, des Bindemittels und der Poren in einer Schleifscheibe bezeichnet man als

____

Gefügekennzeichnung

← geschlossenes Gefüge (kleine Poren)

0 1 2 3 4 5 6 7 8 9 10 11 12 13 14

offenes Gefüge (große Poren) →

6. Schleifscheiben-Normung

Normung nach DIN: DIN 69120 – 1 A – 200 x 30 x 60 – C 100 H – 12 V – 25.

1 A	______________	100	______________
200	______________	H	______________
30	______________	12	______________
60	______________	V	______________
DIN 69120	______________	25	______________
C	______________		______________

Merke:
Die Bezeichnungen bei Schleifscheiben müssen in der richtigen ______________ festgehalten werden.

Schleifscheibenform und Abmessungen	+	Werkstoffe und Umfangsgeschwindigkeit

C. Schleifkörperarten

Ordnen Sie den Skizzen zu!
Abziehstein, gerade Schleifscheibe, Tellerschleifscheibe, Schleifstäbe, zylindrische Topfscheibe, Schleifstifte, Schleifsegmente, kegelige Topfscheibe.

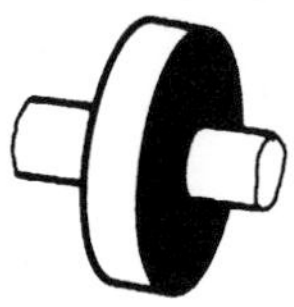
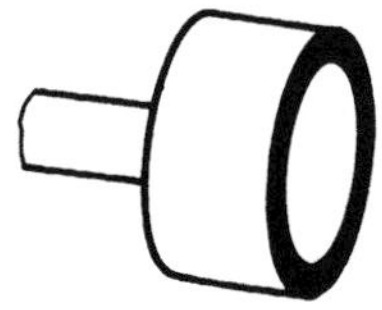
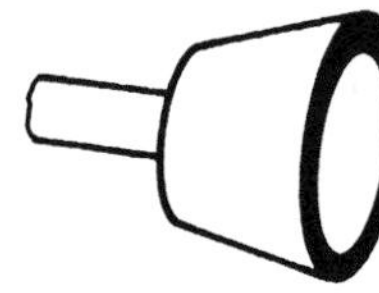

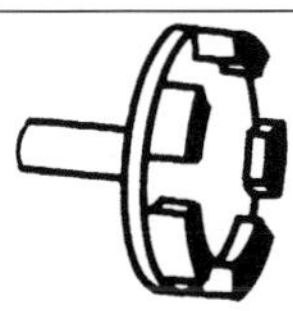

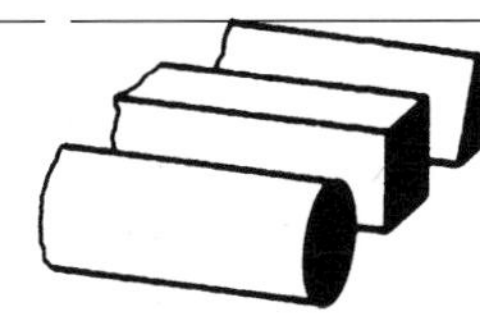

D. Maschinen-Schleifen

Ordnen Sie den Skizzen zu!
Außenrundschleifen, Umfangsschleifen, Innenrundschleifen, Planschleifen.

1. Flachschleifen **2. Rundschleifen**

E. Hand-Schleifen

Ordnen Sie den Skizzen zu!
Winkelschleifer, Bandschleifmaschine, Schleifbock.

(Scharfschleifen von Werkzeugen)

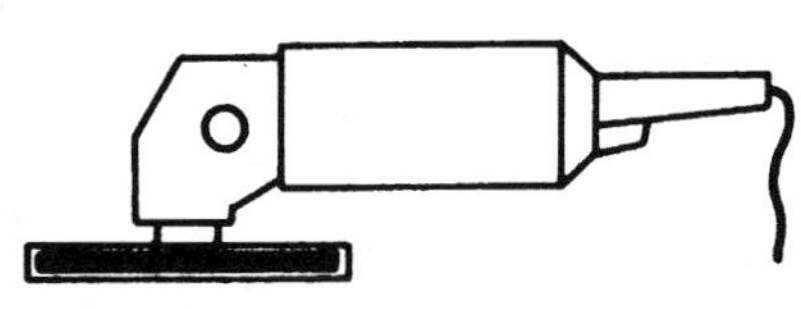

(Trennen, Entgraten, Abschleifen oder Putzen von Schweißnähten)

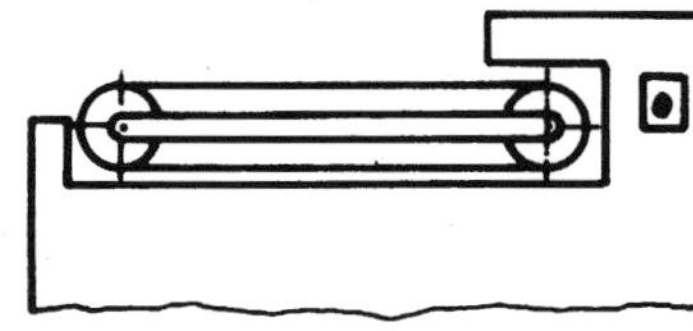

(Rostentfernung, Entgraten, Putzen)

F. Schleifbock

Montage der Schleifscheiben, Unfallverhütung

1. Die aufgehängte Schleifscheibe wird durch leichtes Anschlagen mit dem ______________ auf ______________ überprüft. Eine rissfreie Schleifscheibe klingt ______________ und ______________.
2. Die Schleifscheibe muss sich ______________ auf die Spindel schieben lassen.
3. Zwischen den gleich großen und ausgesparten Befestigungflanschen und der Schleifscheibe müssen Zwischenlagen (______________ , ______________ , ______________ , ______________) eingelegt werden.

4. Mindestdurchmesser der Befestigungsflansche sind zu beachten!

Aufgabe: Welche Flanschdurchmesser müssen eingehalten werden?

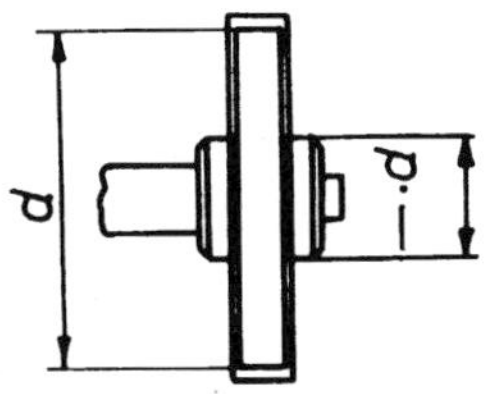

Gerade Schleifscheibe
mit Schutzhaube

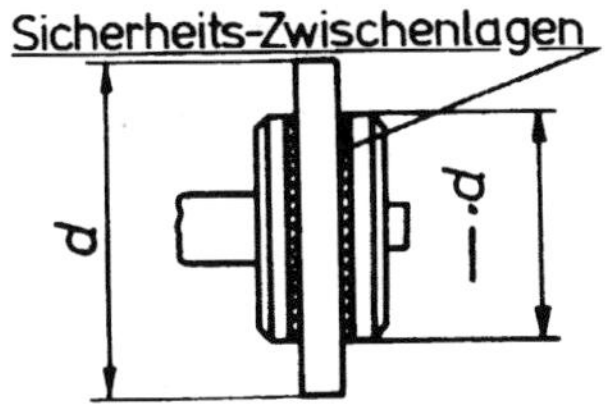

Gerade Schleifscheibe
ohne Schutzhaube

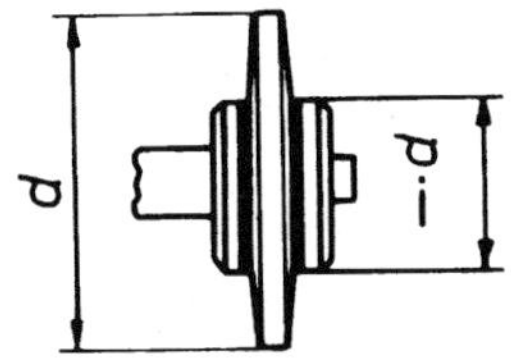

Konische Schleifscheibe
ohne Schutzhaube

5. Die Schleifscheibe muss mit voller Umfangsgeschwindigkeit ________ Minuten Probe laufen.
6. Die nachstellbaren Werkstückauflagen müssen so nahe wie möglich zur Schleifscheibe eingestellt werden.
7. Bei Schleifarbeiten ist immer die Schutz- ______________ zu verwenden.
8. Anfallender Schleifstaub gehört ____________________.

G. Abrichten der Schleifscheiben

1. Zweck

a) Die Schleifscheibe erhält einen genauen ____________ -Lauf.

b) ______________________ Oberflächen der Schleifscheiben werden entfernt.

c) Neue schneidende Schleifkörner werden freigelegt.

d) Die ________________ -Wirkung wird vermindert.

2. Abrichtwerkzeuge

Nennen Sie einige Abrichtwerkzeuge!

____

H. Kühlen

Werkstück und Schleifscheibe werden beim Schleifen stark ____________________________. Für eine ausreichende Kühlung ist zu sorgen.

I. Trennschleifen

Durch das Trennschleifen können Metalle schnell und sauber durchtrennt werden. Die Trennscheiben bestehen aus Edelkorund oder Siliciumkarbid mit einer ____________________ - oder ___________________ -Bindung.

Unfallverhütung

1. Die Schutzhauben müssen die Trennscheiben mit mind. __________ ° umfassen.
2. Trenn- und Schleifscheiben dürfen nur für die Werkstoffe verwendet werden, für die sie jeweils bestimmt sind.
3. Schleif- und Trennscheiben dürfen nur mit einer bestimmten ______________________________________ betrieben werden.

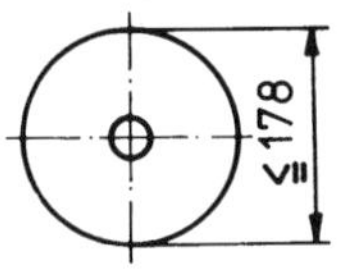

____

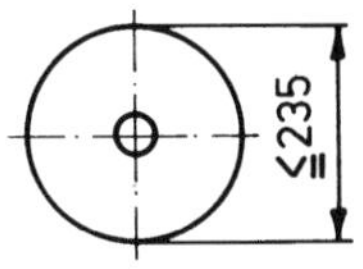

____

4. Ein ____________________ der laufenden Scheibe im Werkstück ist zu vermeiden.
5. Tragen Sie stets eine Schutz- ________________.

Farbkennzeichnung der Schleifkörper

Farbkennzeichnung				
Umfangsgeschwindigkeit	50 m/s	63 m/s	80 m/s	100 m/s
Farbkennzeichnung	grün-blau	blau-rot	grün-rot	gelb-rot
Umfangsgeschwindigkeit	160 m/s	140 m/s	225 m/s	180 m/s

3.2 Thermisches Trennen

A. Autogenes Brennschneiden

1. Beschreibung

Beim autogenen Brennschneiden wird der Stahl auf ______________ -Temperatur gebracht und dann in reinem ______________ sehr schnell verbrannt. Die flüssigen ______________ werden durch den Sauerstoffstrahl aus der Schnittfuge herausgeblasen. Durch das Bewegen des Schneidbrenners entsteht eine Schnitt- ______________ .

2. Voraussetzungen

a) Der Werkstoff muss in reinem ______________ brennbar sein.

b) Die Entzündungstemperatur des Werkstoffes muss ______________ als die Schmelztemperatur sein.

c) Die Wärmeableitung des Werkstoffes muss ______________ sein.

Eisen, Stahlguss, unlegierte und niedrig legierte Stähle erfüllen diese Voraussetzungen.

Brennschneidbarkeit der unlegierten Stähle

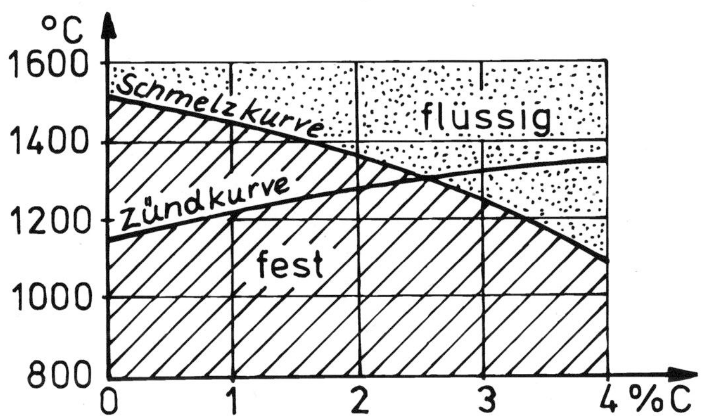

a) In welchem Bereich muss der Kohlenstoffgehalt der Stähle liegen, damit sie durch Brennschneiden getrennt werden können?

Tragen Sie die Markierung in das Diagramm ein!

b) Ist Gusseisen mit Lamellengraphit (z.B. EN-GJL-200) durch das autogene Brennschneiden trennbar?

a) ____

____

b) ____

3. Handschneidbrenner

Schematische Darstellung

Ordnen Sie die aufgeführten Benennungen der Skizze zu!
Brenngasventil, Schneiddüse, Schneidsauerstoff, Brenngas (z.B. Acetylen), Brenngas-Sauerstoff-Gemisch, Heizsauerstoff, Schneidsauerstoffventil, Sauerstoff, Heizsauerstoffventil.
Zeichnen Sie den Gasdurchgang farbig in die Skizze ein!

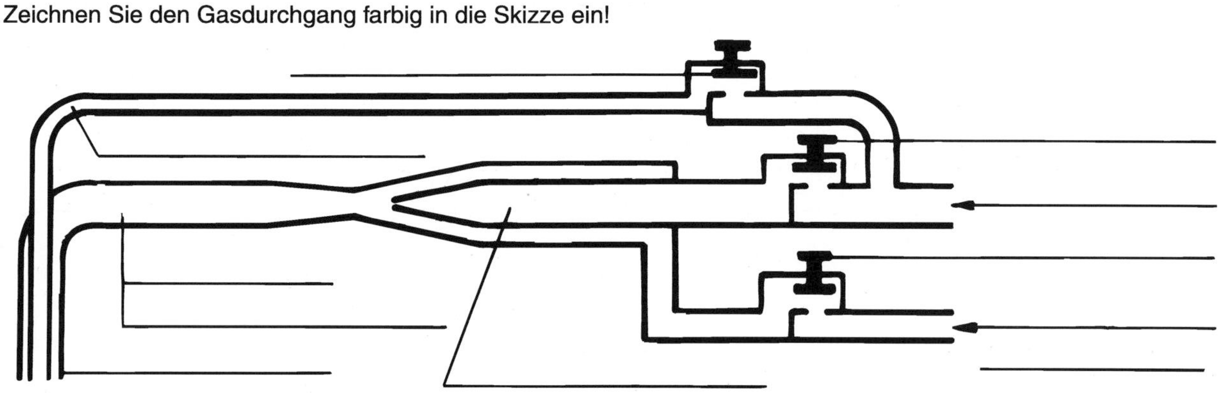

Schneidbrennerausführungen

a) ______________ -Schneidbrenner

b) ______________ -Schneidbrenner (anstelle des Schweißeinsatzes wird der Schneideinsatz am Griffrohr befestigt).

4. Schneiddüsen

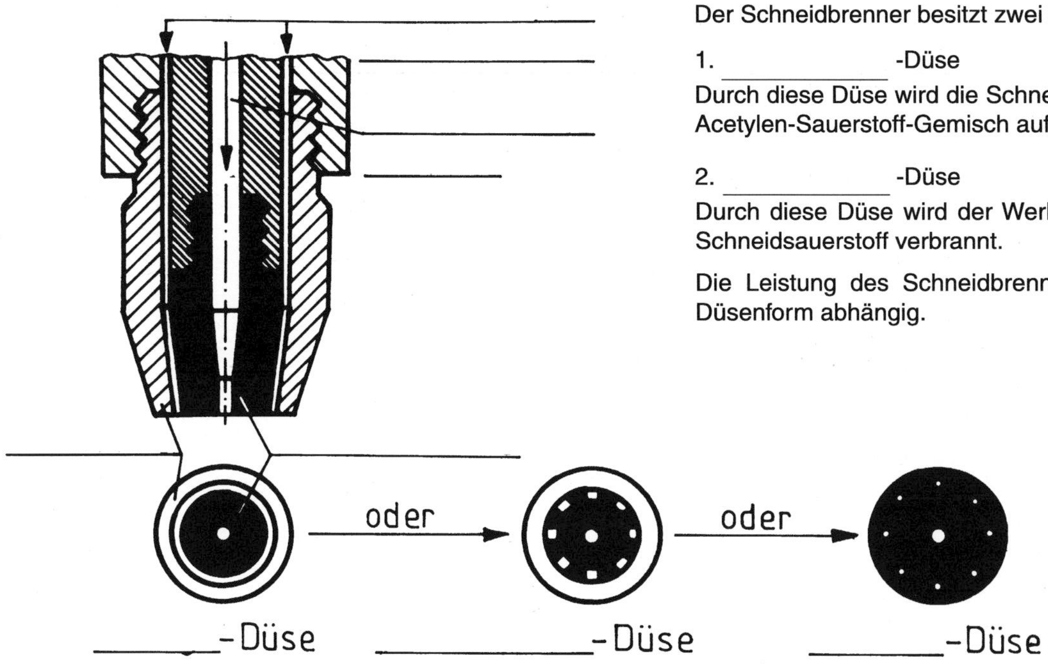

Der Schneidbrenner besitzt zwei Düsen:

1. ______ -Düse
Durch diese Düse wird die Schneidstelle mit dem Acetylen-Sauerstoff-Gemisch aufgeheizt.

2. ______ -Düse
Durch diese Düse wird der Werkstoff durch den Schneidsauerstoff verbrannt.

Die Leistung des Schneidbrenners ist von der Düsenform abhängig.

Die Qualität des Brennschnittes ist abhängig:

a) Von der Heizflammen- ______ ($C_2H_2 + O_2$)
b) Vom Sauerstoff- ______ (bar)
c) Von der Schneid- ______ (mm/min)
d) Vom ______ Schneiddüse-Werkstück (mm)
e) Von der ______ des Schneidbrenners (sondern →)

5. Hilfsmittel

Benennen Sie die skizzierten Hilfsmittel, und geben Sie jeweils ein Verwendungsbeispiel an!

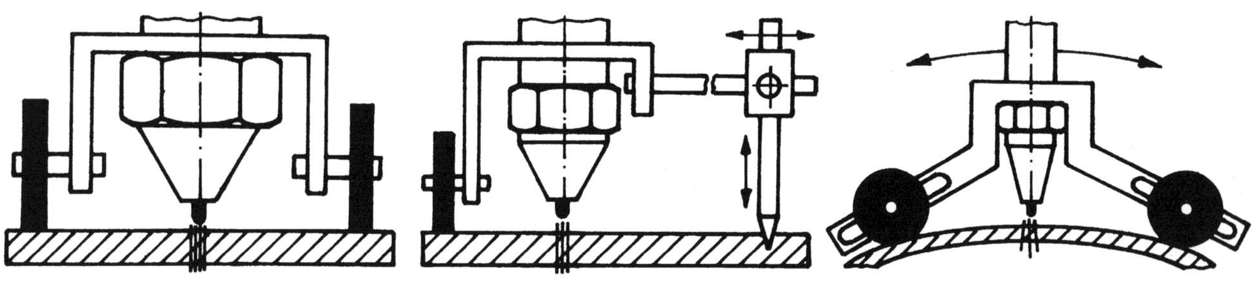

______ ______ ______

______ ______ ______

6. Einfluss der Schneidgeschwindigkeit

Beurteilen Sie die skizzierten Brennschnitte!

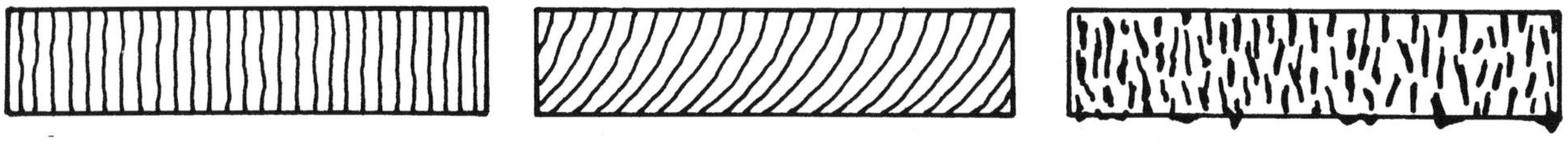

______ Schneidgeschwindigkeit | ______ Schneidgeschwindigkeit | ______ Schneidgeschwindigkeit

7. Maschinelles Brennschneiden

Das maschinelle Brennschneiden liefert ______, ______ und ______-kantige Schnittfugen.

Verfahren

a) Magnetrollensteuerung
b) Fotoelektrische Steuerung
c) CNC-Steuerung

Technologie Konstruktionsmechaniker und Metallbauer	Datum:	Trennen	F 1
Name:	Klasse:		3

8. Fugenhobeln (Brennfugen)

Ein Fugenhobler ist ein ____________________ mit Spezialdüse. Mit ihm werden muldenförmige Fugen (Ausarbeitungen) in die Werkstückoberfläche gebrannt.

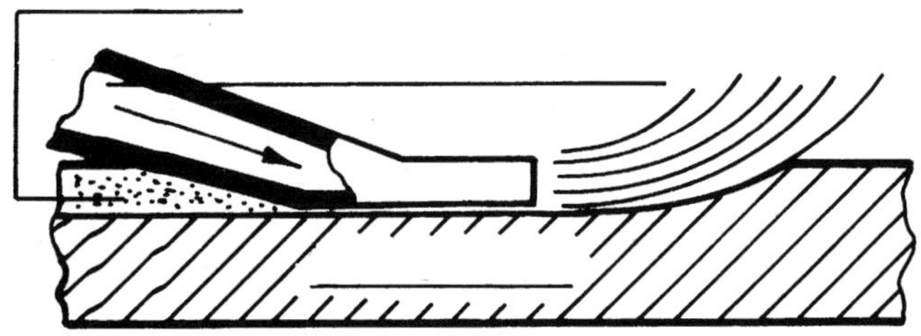

Anwendung:

a) „Aushobeln" von ____________________

b) Vorbereiten von ____________________

Vorteile:

a) ____________________

b) ____________________

c) ____________________

B. Plasmaschneiden

Brennschneidbare Stähle und Metalle, die autogen nicht brennschneidbar sind (z.B. Al, Cu, legierte Stähle) können durch einen Plasmastrahl getrennt werden. Unter Plasma versteht man ein elektrisch leitendes Gas aus ungebundenen Ionen und Elektronen.

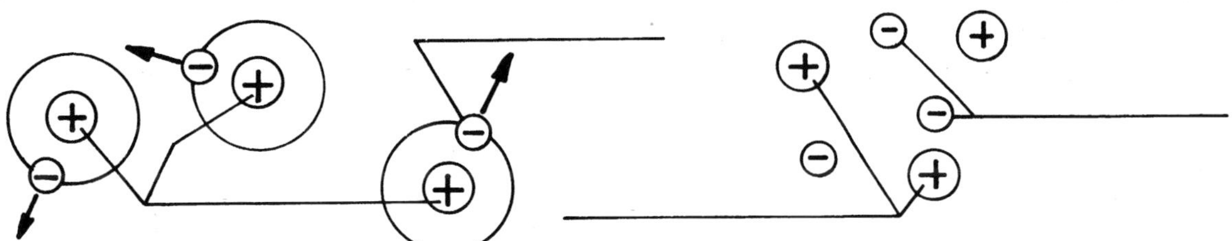

Gas-Atome

Das Plasmaschneiden kann von Hand oder maschinell ausgeführt werden.

Vorteile:

a) ____________________

b) ____________________

Vergleich:

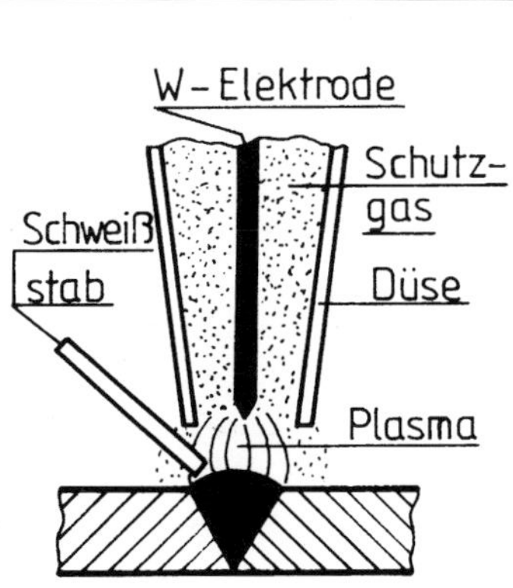	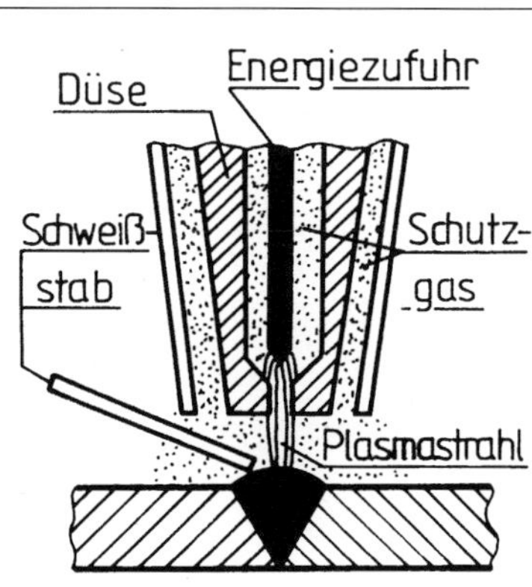	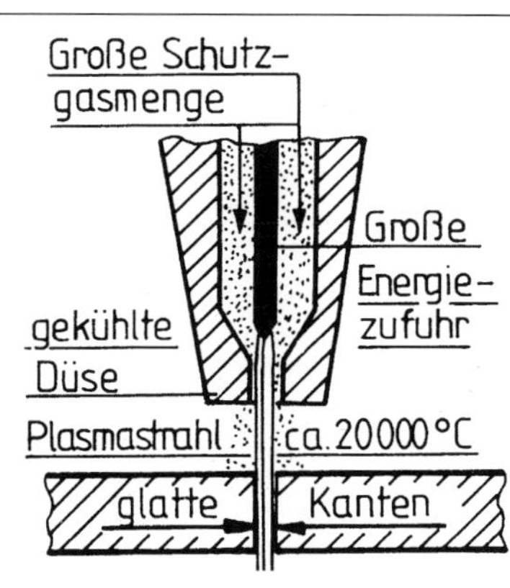

C. Laserschneiden

Durch Laserschneiden können beliebige metallische Werkstoffe bis ca. 10 mm Dicke und nichtmetallische Werkstoffe bis ca. 30 mm Dicke getrennt werden. Unter einem Laser versteht man einen energiereichen gebündelten ______________ . Es entstehen sehr hohe Temperaturen, der Werkstoff wird zum Schmelzen gebracht und das flüssige Material mit einem ______________ aus der Schneidfuge geblasen.

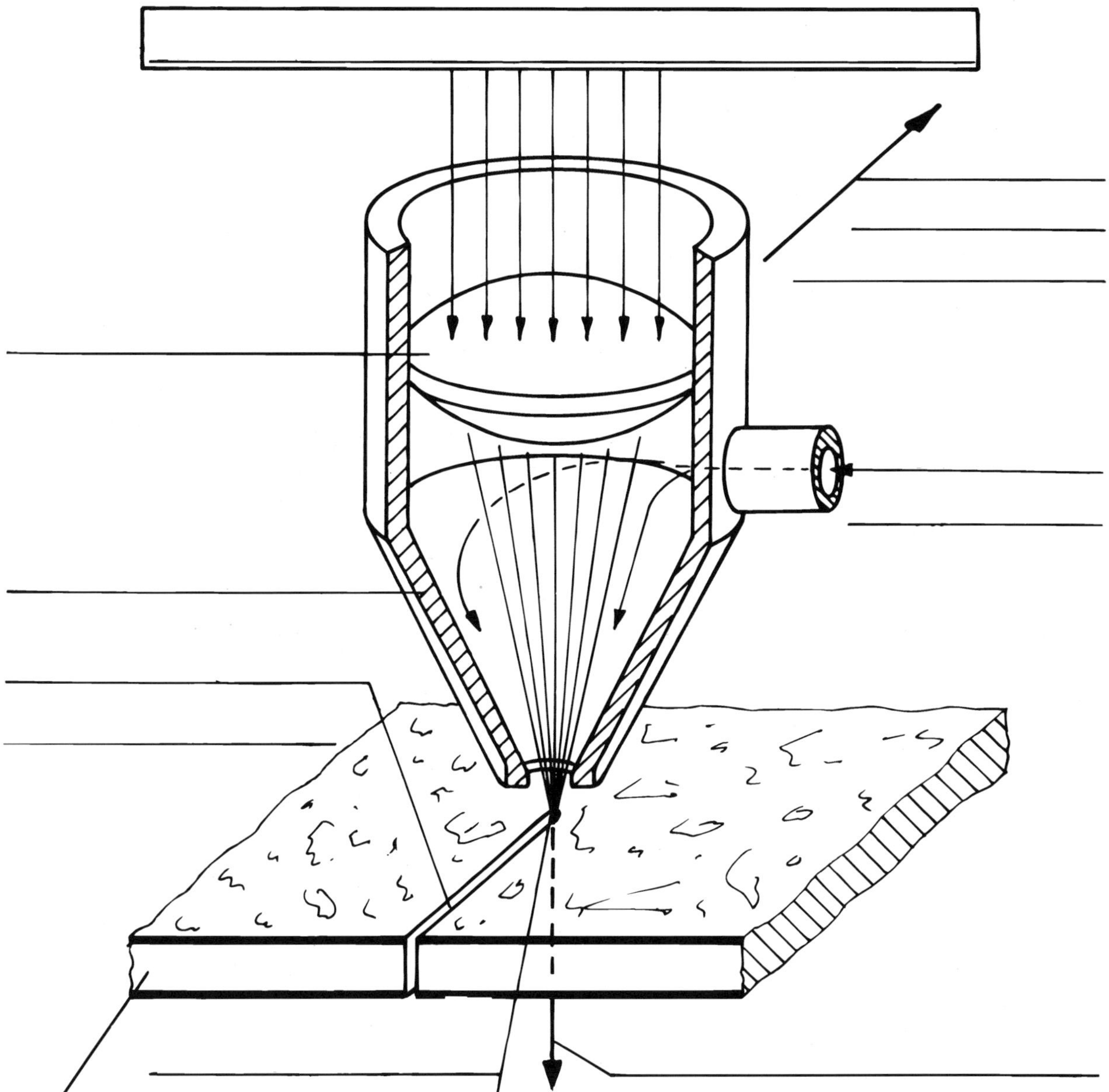

Werkstoffe (Auswahl):

Durch die Wärmebehandlung der Metalle werden mechanische Eigenschaften (z.B. ______________ ______________) verbessert.

4.1 Kristallaufbau, Eisen-Kohlenstoff-Diagramm

A. Der Kristallaufbau der Metalle

Die positiv geladenen Atome (Ionen) der festen Metalle sind in Form eines regelmäßigen ____________ -Gitters angeordnet. Diese Atomanordnung wird als ____________ Struktur bezeichnet. Festes Glas (Nichtmetall) besitzt eine unregelmäßige Ionenanordnung. Diese Ionenanordnung wird als ____________ Struktur bezeichnet.

B. Kristallgitterarten der Metalle

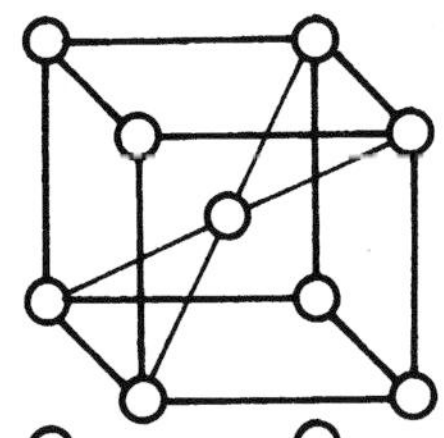

Gittertyp: ____________ (krz)
Grundkörper: ____________
Ionenanzahl: ____________
Werkstoffbeispiele: ____________
____

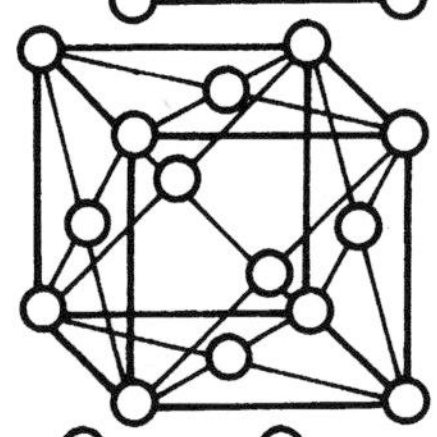

Gittertyp: ____________ (kfz)
Grundkörper: ____________
Ionenanzahl: ____________
Werkstoffbeispiele: ____________
____

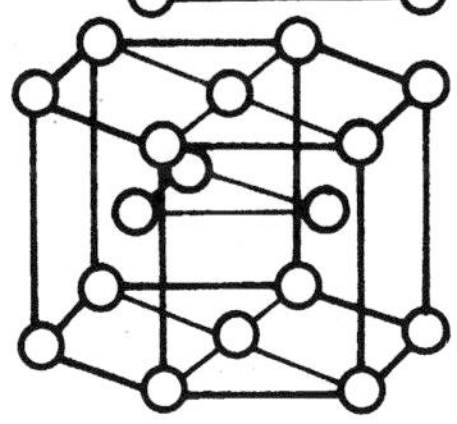

Gittertyp: ____________ (hex)
Grundkörper: ____________
Ionenanzahl: ____________
Werkstoffbeispiele: ____________

C. Eisen-Kohlenstoff-Diagramm (begrenzt für unlegierten Stahl, C-Gehalt: 0 bis 2 %)

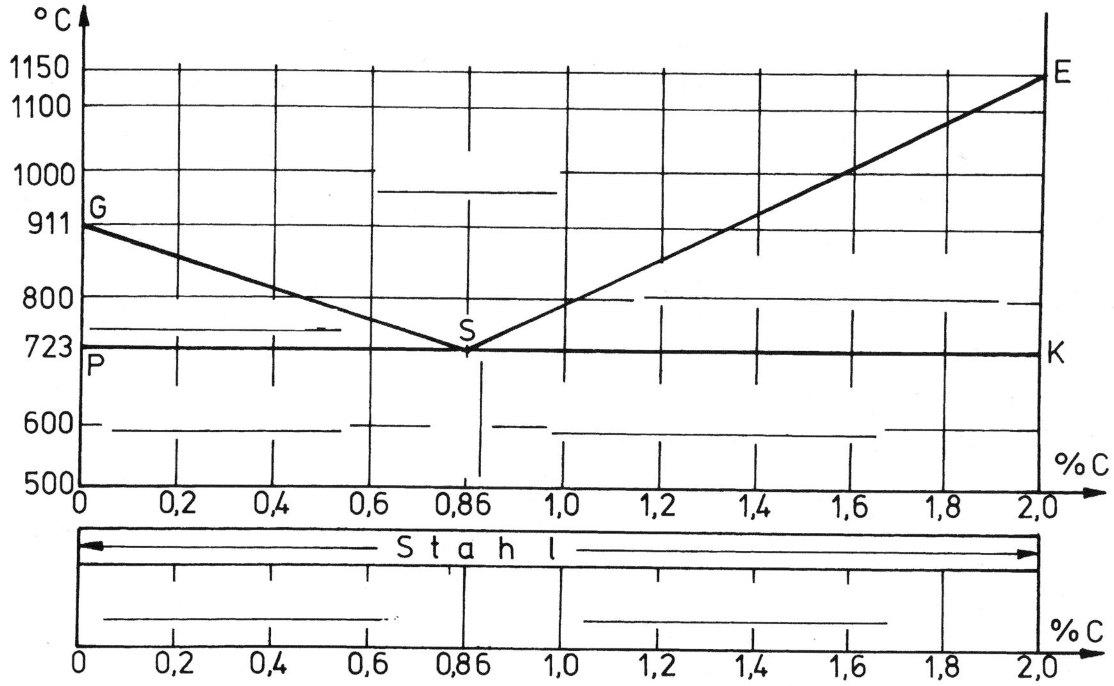

1. Gefügearten

Aufgabe: Vervollständigen Sie die Tabelle!

Gefügeart	Gefügeaufbau	Eigenschaften
______________	Eisen ohne Kohlenstoff (reines Fe)	Sehr weich, magnetisch, leicht umformbar
______________	Chemische Verbindung von Eisen (Fe) und Kohlenstoff (C), z.B. Fe_3C (Eisenkarbid)	Sehr hart und spröde
______________	Ausgeglichenes Ferrit- und Zementitgemenge	Mittelhart
______________	Eisen mit gelösten Kohlenstoffatomen (feste Lösung)	Weich, unmagnetisch, leicht umformbar

2. Gefügebetrachtungen

a) Kohlenstoff

Stahl mit 0,86 % C-Gehalt

Dieser Stahl bildet durch sein ausgeglichenes Gemenge von Ferrit und Zementit einheitliche Kristalle (__________-__________ Stahl). Wegen seines perlmuttartigen Schliffbildes wird dieses Gefüge als __________ bezeichnet. Diagrammeintrag: Perlit, eutektoid.

Stahl mit niedrigem C-Gehalt (unter 0,86 %)

Auch dieser Stahl bildet Perlit-Kristalle. Wegen des geringen C-Gehaltes kann er nur einen kleinen Teil in ______-______-Kristalle umbilden (__________ Stahl). Es bleiben __________-Kristalle übrig. Dieses Gefüge wird als __________-__________ bezeichnet.

Diagrammeintrag: Ferrit-Perlit, untereutektoid.

Stahl mit hohem C-Gehalt (über 0,86 %)

Auch dieser Stahl bildet Perlit-Kristalle. Wegen des hohen C-Gehaltes bleiben __________-Kristalle übrig (__________ Stahl). Dieses Gefüge wird als __________-__________ bezeichnet.

Diagrammeintrag: Perlit-Zementit, übereutektoid.

b) Temperatur

Stahl mit 0,86 % C-Gehalt

Das Perlitgefüge ist bis ______ °C beständig. Der Zementitanteil im Perlit zerfällt, d.h., der gesamte Kohlenstoff löst sich im festen Eisen auf; es entsteht eine ______ Lösung. Dieses Gefüge wird als __________ bezeichnet.

Diagrammeintrag: Austenit.

Stahl mit kleinem C-Gehalt (unter 0,86 % C)

Beim Erwärmen auf über 723 °C entsteht aus dem gesamten Perlit ein __________-Gefüge (Dreieck PSG). Es bleibt __________ übrig. Dieses Gefüge wird als Austenit-Ferrit bezeichnet. Der Restferrit wird oberhalb der Linie GS in Austenit umgewandelt.

Diagrammeintrag: Austenit-Ferrit.

Stahl mit großem C-Gehalt (über 0,86 % C)

Beim Erwärmen auf über 723 °C entsteht aus dem gesamten Perlit ein __________-Gefüge (Dreieck SKE). Es bleibt __________ übrig. Dieses Gefüge wird als __________-__________ bezeichnet. Der Restzementit wird oberhalb der Linie SE in Austenit umgewandelt.

Diagrammeintrag: Austenit-Zementit.

Merke: a) Durch langsames Abkühlen entsteht wieder das __________-Gefüge.

b) Eisen mit mehr als 2 % C-Gehalt wird als __________ bezeichnet.

4.2 Härten

Durch das Härten werden Stähle __________ und __________.

A. Härtungsvorgang

Ordnen Sie den Skizzen zu!
Heizspirale, Glühkammer (z.B. 780 °C), Abschreckflüssigkeit (z.B. Wasser, 20 °C), Härteofen, Werkstück (z.B. C100).
Benennen Sie die drei skizzierten Härtestufen!

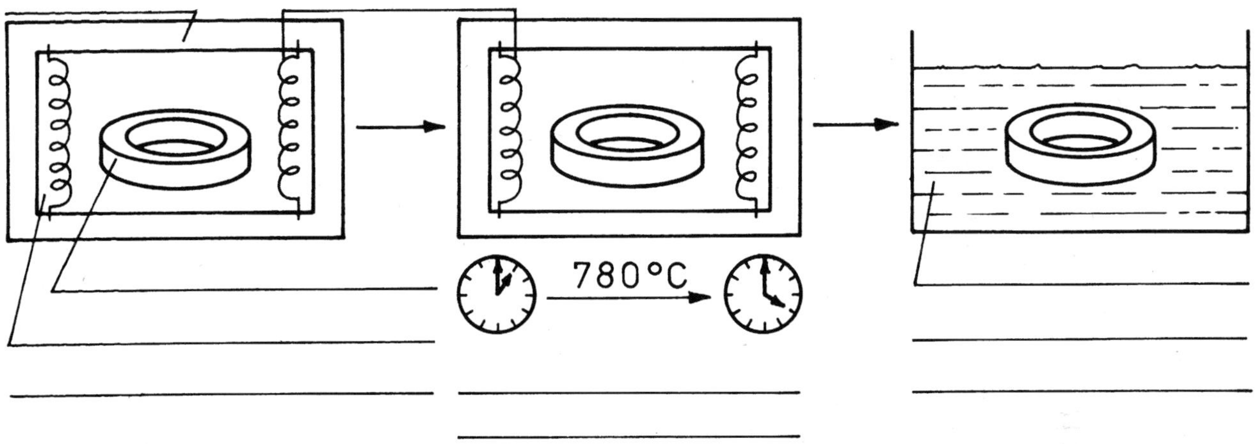

B. Härtungsvorgang im Kristallgitter

(O = Eisenion, ● = Kohlenstoffatom)

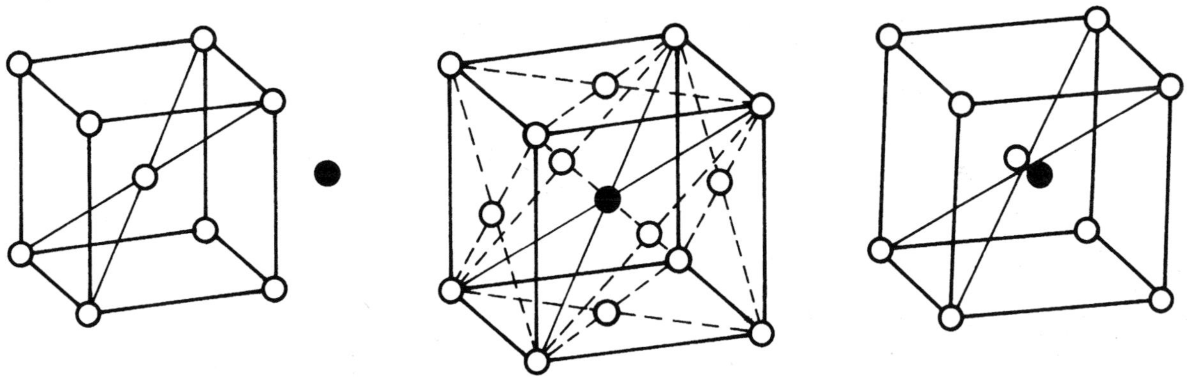

Langsames Erwärmen	Halten der Härtetemperatur	Abschrecken
__________	__________	__________
Gitter	Gitter	Gitter
Gefüge: __________	Gefüge: __________	Gefüge: __________
Würfelmitte: __________	Würfelmitte: __________	Würfelmitte: __________

C. Härtestufen

1. Erwärmen

Das Stahlwerkstück wird im Härteofen (Glühofen) __________ auf 700 °C erwärmt.

Schädliche Auswirkungen einer zu schnellen Erwärmung:

a) Es entstehen große Wärme- __________. Das anschließende Härten bewirkt Härte- __________.

b) Es entstehen große __________ -Unterschiede. Das anschließende Härten bewirkt einen Härte- __________.

Damit die Bildung eines grobkörnigen Gefüges vermieden werden kann, wird das Werkstück zwischen 700 °C und Härtetemperatur __________ erwärmt.

c) Härtetemperatur

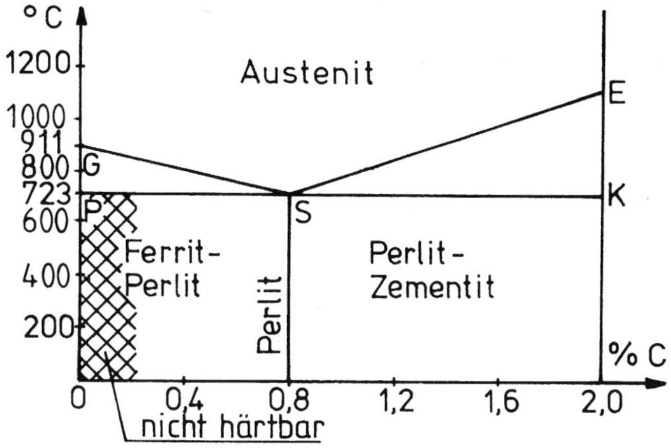

Der Vorgang des Härtens beruht auf der gleichmäßigen Verteilung des ______________ im ______________ -Gefüge. Damit sich der gesamte Perlit in Austenit verwandelt, muss die Härtetemperatur ____ bis ____ °C über der Linie GSK im Eisen-Kohlenstoff-Diagramm liegen.

Aufgabe:

a) Zeichnen Sie die Härtetemperatur in das Diagramm ein!
b) Bestimmen Sie die Härtetemperatur für C 60 und C 120!

C 60: ca. ________ °C

C 120: ca. ________ °C

2. Halten der Härtetemperatur

Das Gefüge kann sich im ______________ Stahlwerkstück in ______________ verwandeln.

3. Abschrecken (rascher Wärmeentzug)

a) Abschreckmittel

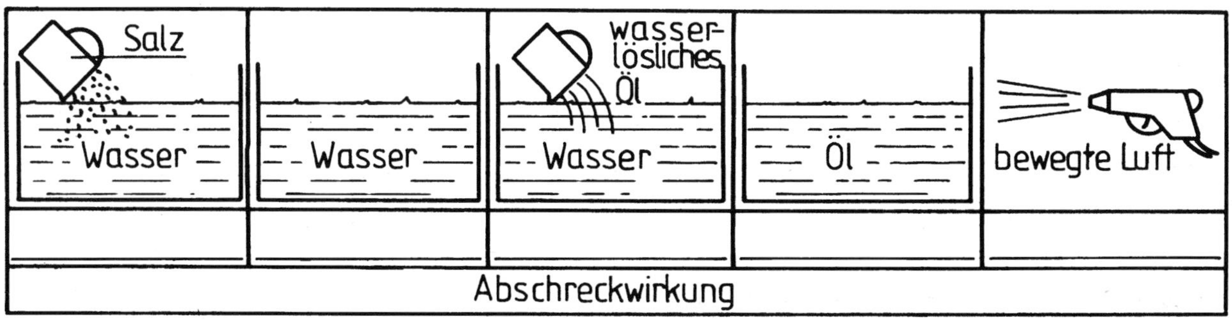

b) Richtiges und falsches Eintauchen der Werkstücke

Aufgabe: 1) Streichen Sie falsche Eintauchtechniken durch!
2) Ergänzen Sie die Tauchbewegungen durch Pfeile!

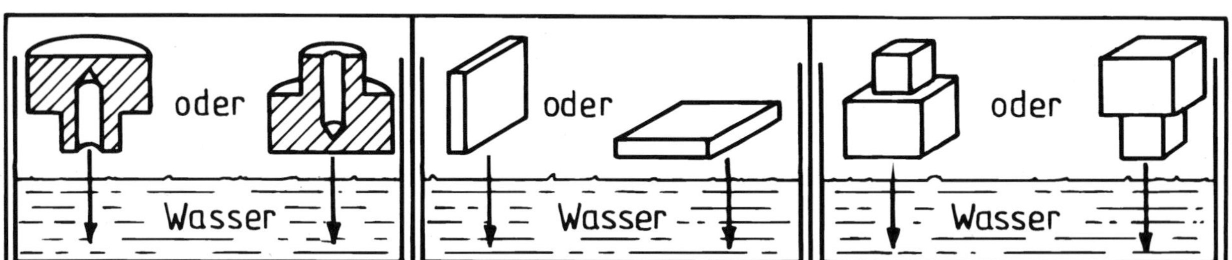

Grund- oder Sackbohrungen nach oben offen eintauchen.	Schmale Flächen voraus eintauchen.	Großes Volumen voraus eintauchen.

Aufgabe: Vervollständigen Sie die Tabelle!

Stahlart	Abschreckmittel	Härtetemperatur	Härtetiefe	Arbeitstemperatur
Unlegierte Werkzeugstähle (0,6 – 1,5 % C)				bis 200 °C
Niedriglegierte Werkzeugstähle (0,2 bis 1,5 % C) ____5 % Legierungsbestandteile				bis 400 °C
Hochlegierte Werkzeugstähle (bis 2 % C)____5 % Legierungsbestandteile				bis 600 °C

4.3 Anlassen und Glühen

A. Anlassen

Unter Anlassen versteht man ein ______________________ der gehärteten Stahlwerkstücke (Glashärte).

1. Zweck

a) Verminderung der ____ und der

______________________.

b) Erhöhung der ______________.

2. Beschreibung

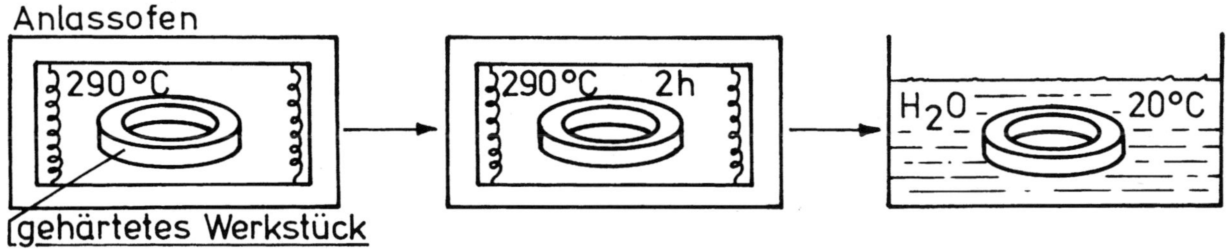

______________________ ______________________ ______________________

______________________ ______________________ ______________________

____

3. Anlasstemperaturen und Temperaturmessung

Vervollständigen Sie die Tabelle!

Stahlart	Werkstoffbeispiele	Anlasstemperatur	Temperaturmessung
______________ Stähle	C 100, C 80	200 bis 350 °C	Anlass-______________ auf der blanken Stahloberfläche
______________ Stähle	145 CrV6	200 bis 350 °C	______________
______________ Stähle	X120CrMo 1-2	bis 650 °C	______________

4. Arbeitsverfahren

a) Anlassen von außen (______________ -Wärme)

Wärmezuführung

Benennen Sie die skizzierten Wärmequellen!

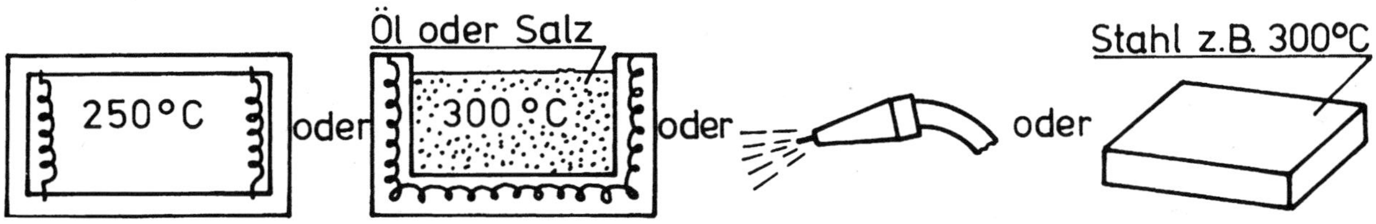

______________ ______________ ______________ ______________

____

Arbeitsbeispiele: ____

b) Anlassen von innen (______________ -Wärme)

Wärmezuführung

Aus der ______________ -Wärme des zum Teil abgeschreckten (gehärteten) Werkstückes.

Arbeitsbeispiele: ____

Härten und Anlassen eines Flachmeißels

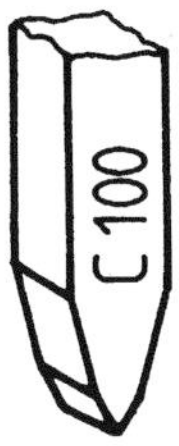	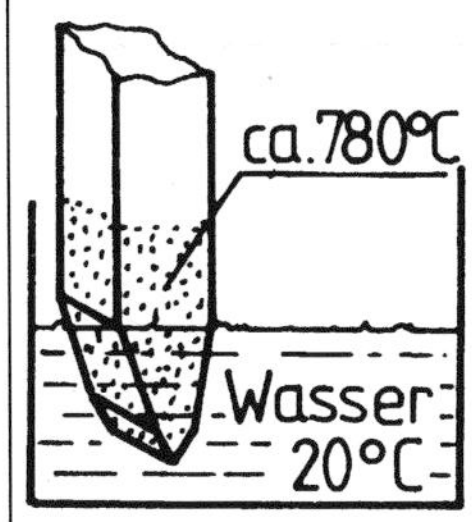	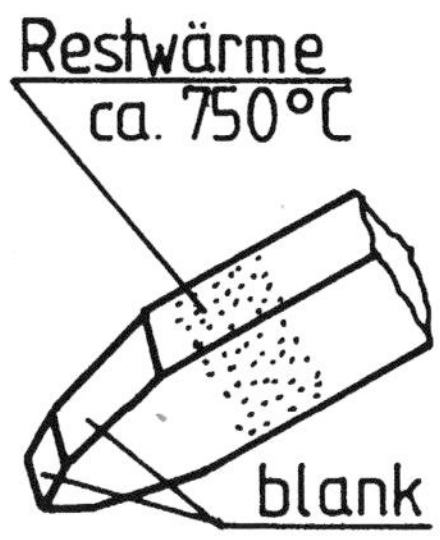	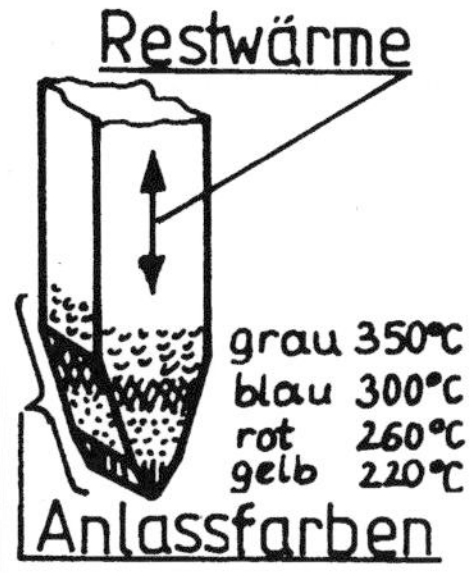	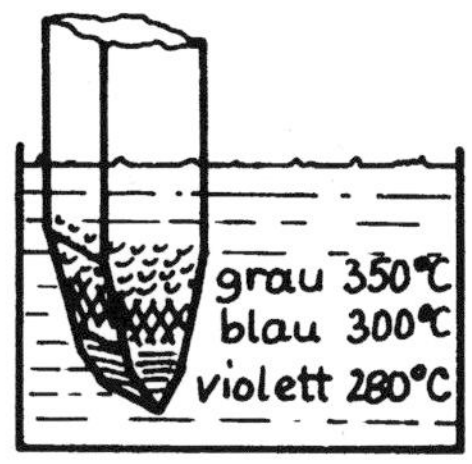
1. Geschmiedeter Flachmeißel wird durch ___ auf Form gebracht.	2. Durch das Härten ist der Flachmeißel ___.	3. Mit dem ___ wird der Flachmeißel blank gemacht.	4. Infolge der Restwärme laufen die ___ ___ zur Schneide.	5. Richtige Anlassfarbe an der Schneide und endgültiges Abschrecken = ___

B. Glühen

1. Vorgang

a) Langsames Erwärmen	b) Halten der Temperatur	c) Langsames Abkühlen
Das Werkstück muss bis zum ___ erwärmt werden.	Das gesamte Werkstoff-___ muss sich umwandeln können.	Das Glühergebnis wird dadurch ___

2. Wichtige Glühverfahren

a) Spannungsarm-Glühen

Walzen, Schmieden, Schweißen und Gießen sind Fertigungsverfahren, die im Werkstückinneren ___ ___ hervorrufen. Durch das Glühen der Werkstücke bei ___ - ___ °C (bis 2 Stunden) werden diese schädlichen Spannungen verringert.

b) Weich-Glühen

Gehärteter oder kaltverfestigter Stahl wird durch mehrstündiges Glühen bei 680 °C bis 750 °C ___ gemacht. Er ist dadurch sowohl für die ___ (z.B. Drehen) als auch für die ___ Formgebung (z.B. Pressen) leichter bearbeitbar.

c) Normal-Glühen (Normalisieren)

Durch Walzen, Gießen, Schmieden oder Einsetzen (Glühbehandlung) können Werkstücke ein ___ oder ___ Korn (unregelmäßig begrenzte Kristalle) erhalten. Die Gefügeneubildung entsteht nach steigendem Kohlenstoffgehalt im Temperaturbereich von 950 °C → 750 °C.

3. Weitere Glühverfahren: Rekristallisations-Glühen, Diffusions-Glühen

4. Glühtemperaturen

Aufgabe: Zeichnen Sie alle Glühtemperaturbereiche in das Schaubild ein, und benennen Sie sie!

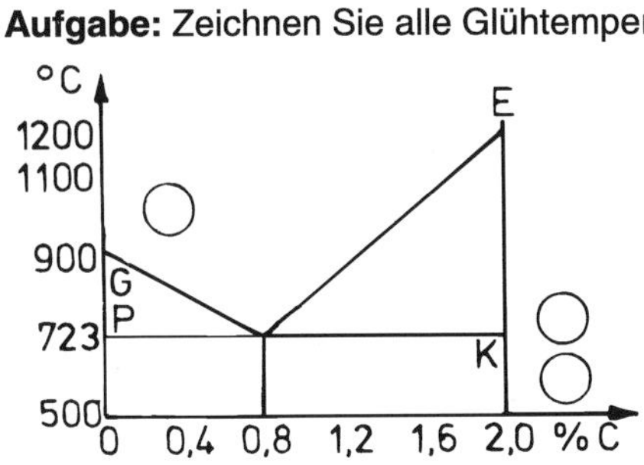

① Spannungsglühen
② Weichglühen
③ Normalglühen

5. Glühfehler

Ergänzen Sie die Auswirkungen der aufgeführten Glühfehler!

Zu niedrige Temperatur	Zu hohe Temperatur oder richtige Temperatur bei zu langer Glühdauer	Zu niedrige Temperatur
Keine ___ -Umwandlung	Stahl wird ___ -körnig	Stahl ___

4.4 Flamm-, Induktions- und Tauchhärten

A. Beschreibung

Beim Randschichthärten (Oberflächenhärten) wird das Werkstück nur in der Randschicht gehärtet. Dadurch erhält man eine ______________, ______________________ Oberfläche und einen ______________, __________________ Kern.

B. Härtungsarten

1. Flammhärten

Ordnen Sie den Skizzen zu!
Linienhärtung (Vorschubhärtung), Mantelhärtung (Umlaufhärtung), Ringhärtung (Umlauf-Vorschubhärtung).

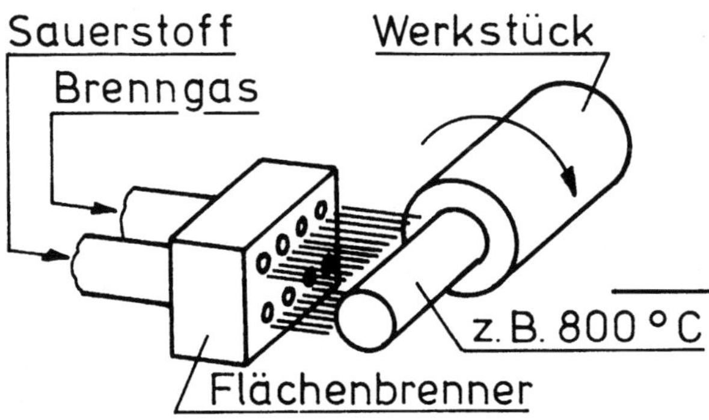

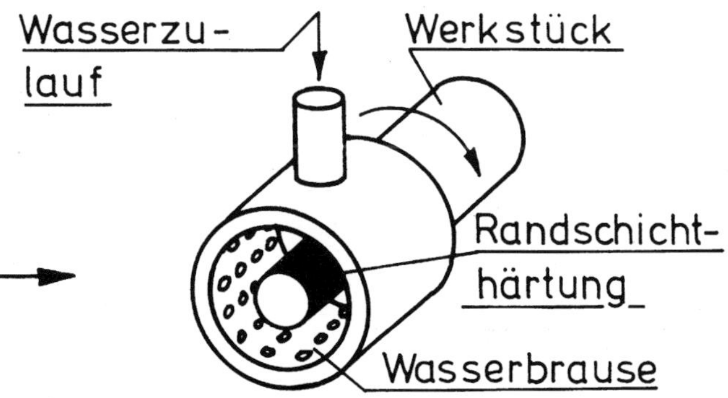

Randschichterwärmung auf ______________________ mit Wasser

____

____

Merke: Je ______________ die Randschicht erwärmt wird, desto tiefer wird die Dicke der gehärteten Randschicht.

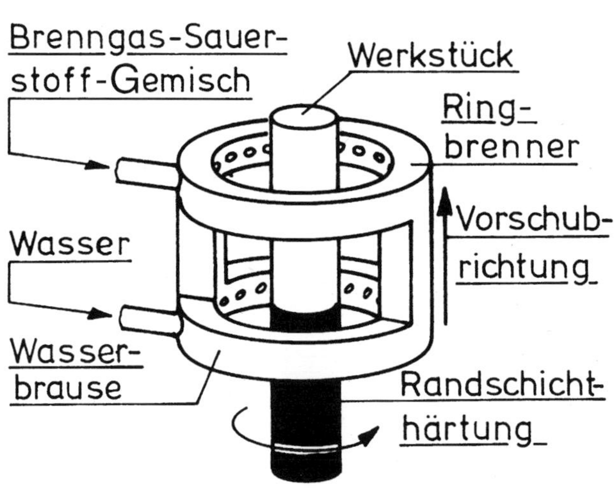

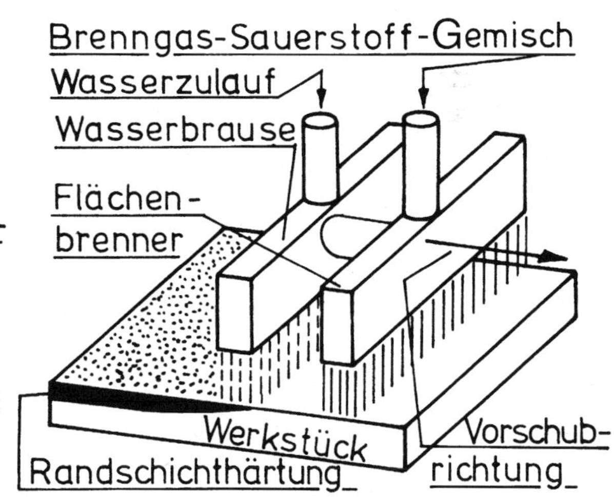

____ ____

Merke: Je größer der Vorschub, desto ______________________ wird die Dicke der gehärteten Randschicht.

Werkstoffe

Es eignen sich ______________ Stähle (z.B. 2C45) und ______________ Stähle (z.B. 50 Cr Mo 4).
Der Werkstoff muss härtbar sein (0,2 bis 2 % C).

2. Induktionshärten

Im Gegensatz zum Flammhärten wird beim Induktionshärten die Wärme durch hochfrequente, elektrisch induzierte

______________ -Ströme in der ______________ des Werkstückes erzeugt.

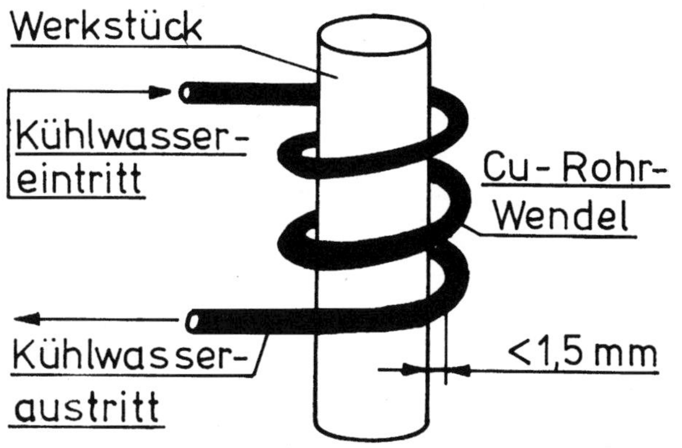

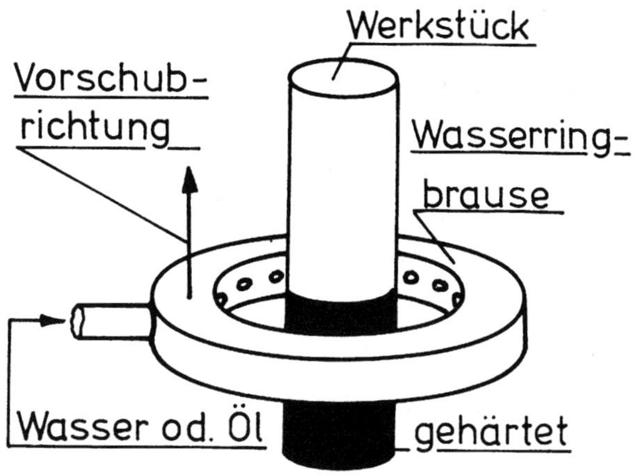

Randschichterwärmung auf ______________. Abschrecken mit ______________ oder ________.

Merke: Je größer die Frequenz, desto ______________ ist die Glühtiefe.

Vor- und Nachteile

Ergänzen Sie die folgenden Stichwörter und ordnen Sie ein!
Aufwärmzeit, Maschinenkosten, Stromverbrauch, Maschinenbedienung, Härtetiefe, Massenfertigung.

Vorteile:	**Nachteile:**
______________	______________
______________	______________
______________	______________
______________	______________

3. Tauchhärten

Die Wärme wird dem Werkstück durch ein neutrales ______________ zugeführt.

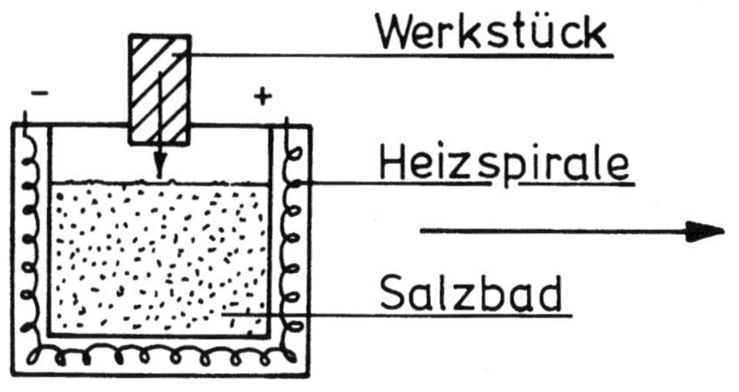

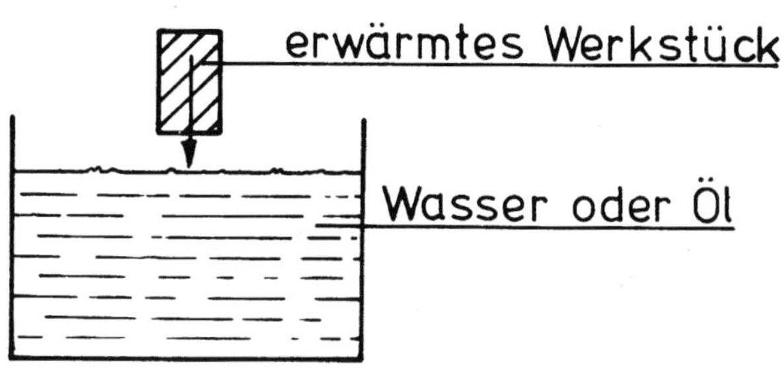

______________ ______________

Die rasche und gleichmäßige Erwärmung des Werkstückes erfolgt unter ______________.

4.5 Einsatz- und Nitrierhärten, Vergüten

Mit diesem Härteverfahren können ______________________ -arme Stähle in der Randschicht gehärtet werden.

Es muss also dem Stahl in die Randschicht ______________________ zugeführt werden.

Kohlenstoffzufuhr →

Kohlenstoffabgebende Mittel →

A. Einsatzhärten

1. Härtungsvorgang

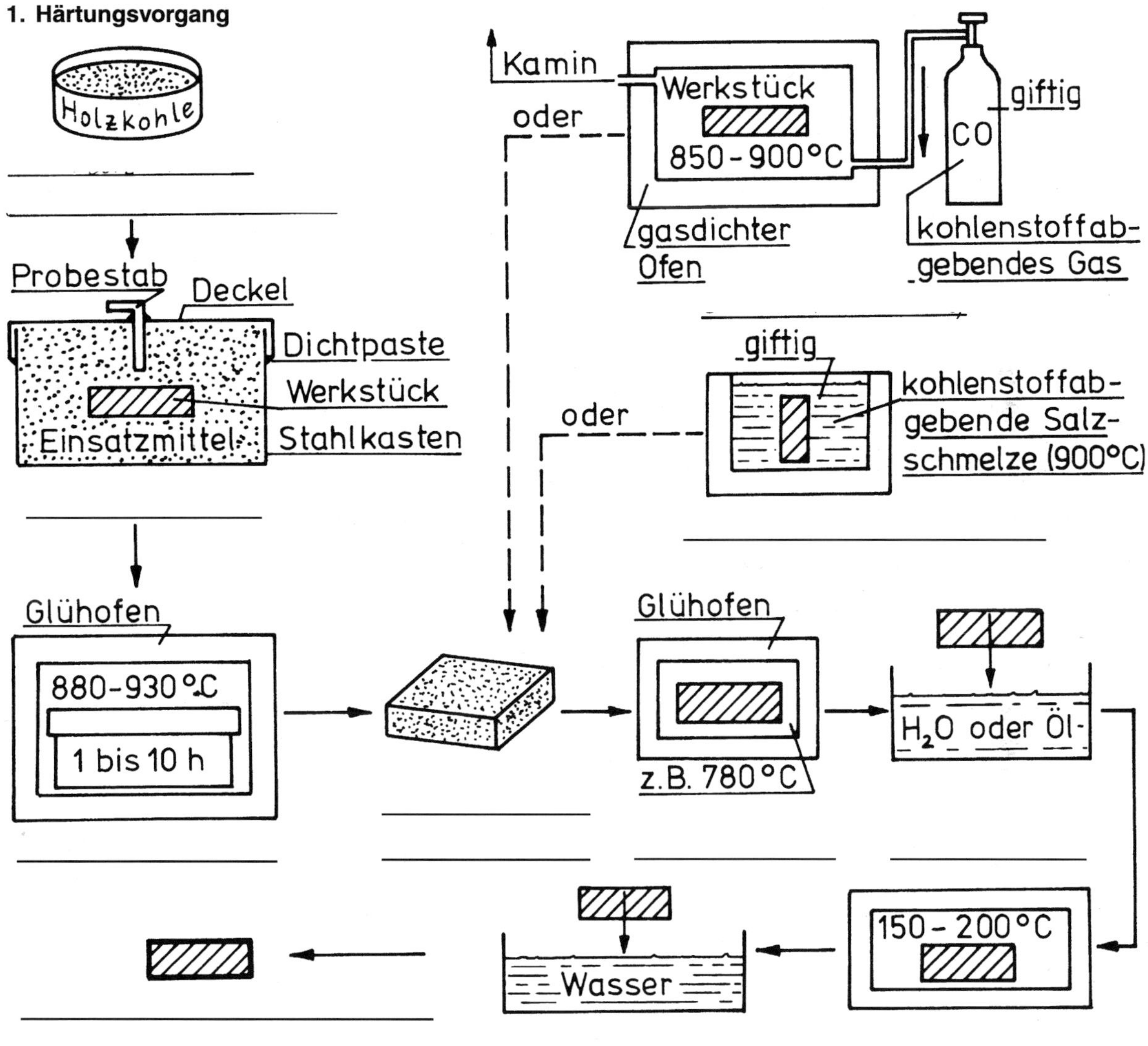

Vorteile des Gas- und Salzbadaufkohlens

a) ______________________ Einsatzzeit

b) ______________________ Aufkohlung

c) ______________________ Arbeitsverfahren

d) ______________________ Werkstückverzug

2. Werkstoffe

Vervollständigen Sie die Tabelle!

Stahlart	Werkstoffe	C-Gehalt in %	Einsatzdauer	Härtetiefe
______________ Stähle	C 10, C 15		1 bis 10 h	bis 1,8 mm
______________ Stähle	15 Cr Ni 6			

Zum Randschichthärten eignen sich nur ______________________ Werkstoffe.

3. Möglichkeiten einer Teilhärtung

Dürfen bestimmte Stellen der Werkstückoberfläche nicht gehärtet werden, muss man an diesen Stellen die ________ - ________ verhindern.

Ordnen Sie den Skizzen zu!
Galvanisations-Verfahren, Abdeck-Verfahren, Aufmaß-Verfahren.

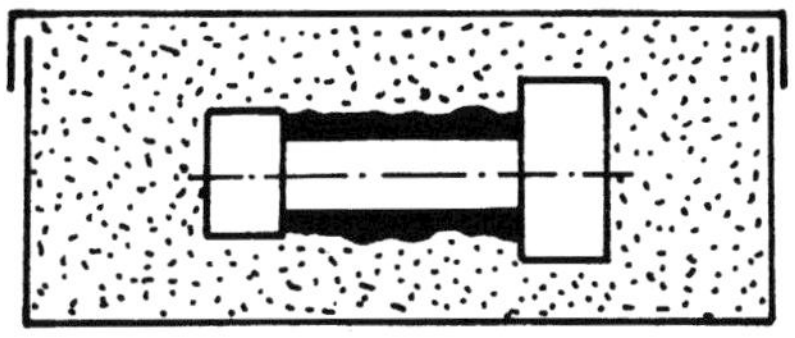

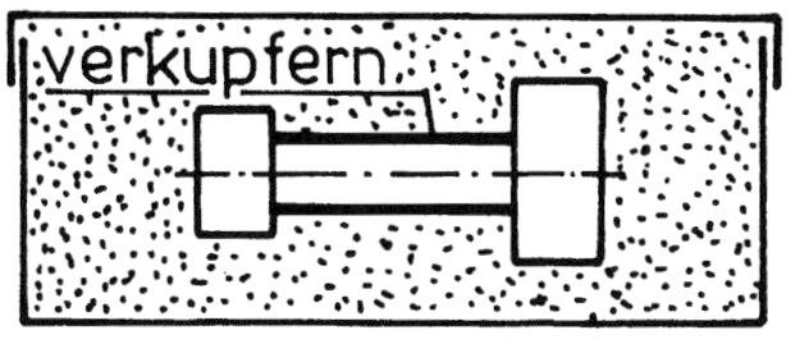

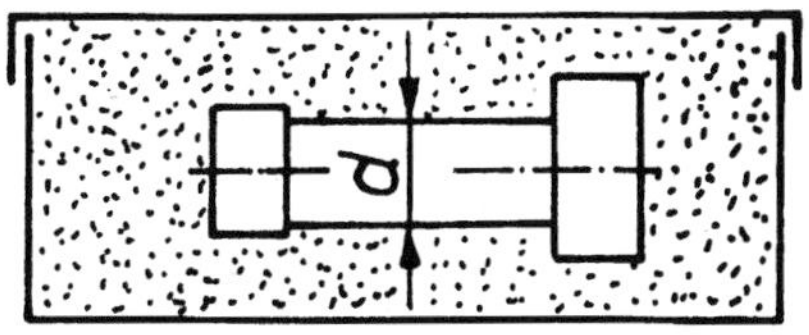

________________ ________________ ________________

Wegen des größeren Werkstückdurchmessers beim Aufmaß-Verfahren kann die ________________ - Schicht abgedreht werden.

B. Nitrierhärten (Nitrieren oder Aufsticken)

Der Randschicht des Stahles wird ________________ (Nitrogenium N) zugeführt. Es bilden sich sehr harte, feinnadelige ________ - ________ -Verbindungen (Nidride).

1. Vorgang

Ordnen Sie den Skizzen zu! Salzbadnitrieren, Gasnitrieren.

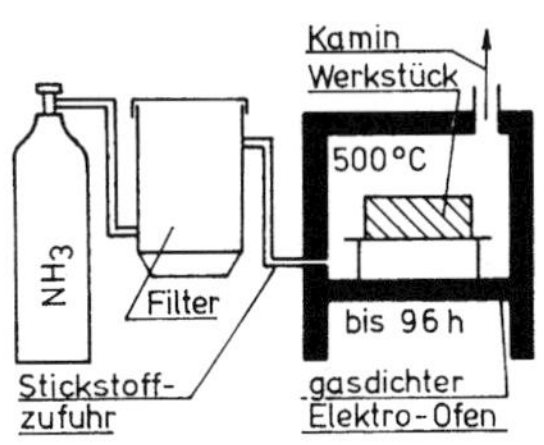

________________ ________________

________________ ________________

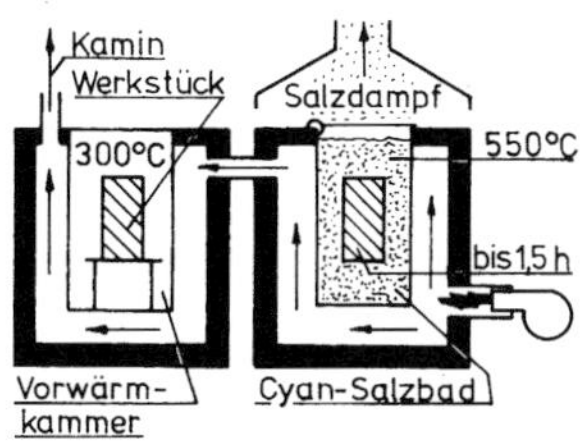

Nach dem Nitrieren wird das Werkstück nicht ________________ .

2. Vor- und Nachteile des Nitrierens

Ergänzen Sie die folgenden Stichwörter und ordnen Sie ein!
Härtetiefe, Werkstückverzug, Verzunderung, Fertigungskosten, Abschrecken, Härtebeständigkeit, Legierungen im Nitrierstahl, Werkstoffzugabe.

Vorteile:

____
____
____
____
____

Nachteile:

____
____
____
____
____

3. Verwendung

z.B. ________________ (Messschraube), ________________ (Verbrennungsmotor)

C. Vergüten

1. Aufgabe

Durch das Vergüten erhält der Stahl eine hohe ________________ (z.B. ________________ ________________).

2. Vorgang

Das Vergüten ist ein Härten mit nachfolgendem Anlassen auf ________________ Temperaturen. Vergütungsstähle: 0,2 bis 0,6 % C-Gehalt.

Stahlart	Anlasstemperatur	Festigkeit	Werkstoffe
________ Stähle	530 °C	bis 1000 N/mm²	C 45, C 60
________ Stähle	670 °C	bis 1400 N/mm²	34 Cr Mo 4

4.6 Glühen und Aushärten von Aluminium

A. Zweck

Durch die Wärmebehandlung wird das ____________________ umgeformt.

Dies bedingt eine Änderung der ____ und der

__________________________.

B. Arten der Wärmebehandlung

1. Glühen

a) Aufgabe

Ergänzen Sie die folgenden Stichwörter!
Dehnung, Umformbarkeit, Härte, Festigkeit.

____

____

b) Vorgang

Ordnen Sie den Skizzen zu!
Umformen, Zwischenglühen, Weichglühen.

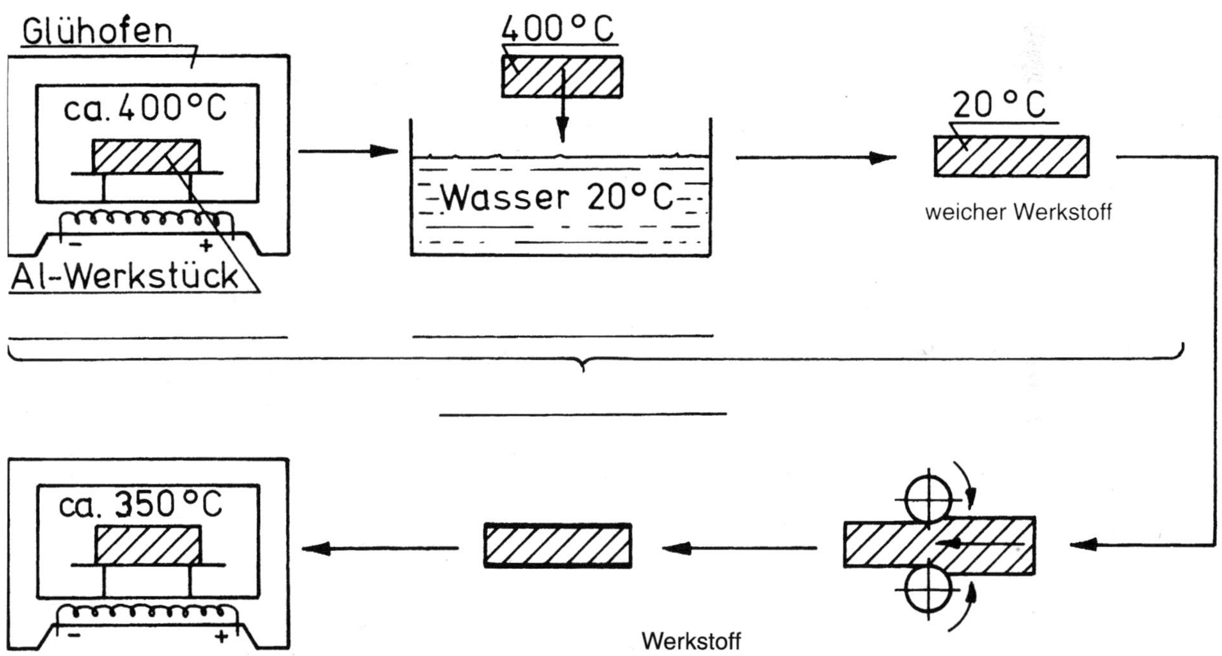

____________ Werkstoff
durch Kaltverfestigung

____

z.B. ____________________

____

(Rekristallisations-Glühen), Entfernung

der ____________ -Verfestigung

2. **Aushärten** (Ausscheidungshärten)

Die Festigkeit einer Al-Legierung kann durch die Legierungsbestandteile Cu, Zn, Mg und Si ____________________

werden. Eine Steigerung der Härte bewirkt eine Verringerung der ____________________.

Aushärtungsvorgang

Ordnen Sie den Skizzen zu!
Kaltauslagern, Lösungsglühen, Warmauflagern, Abschrecken.

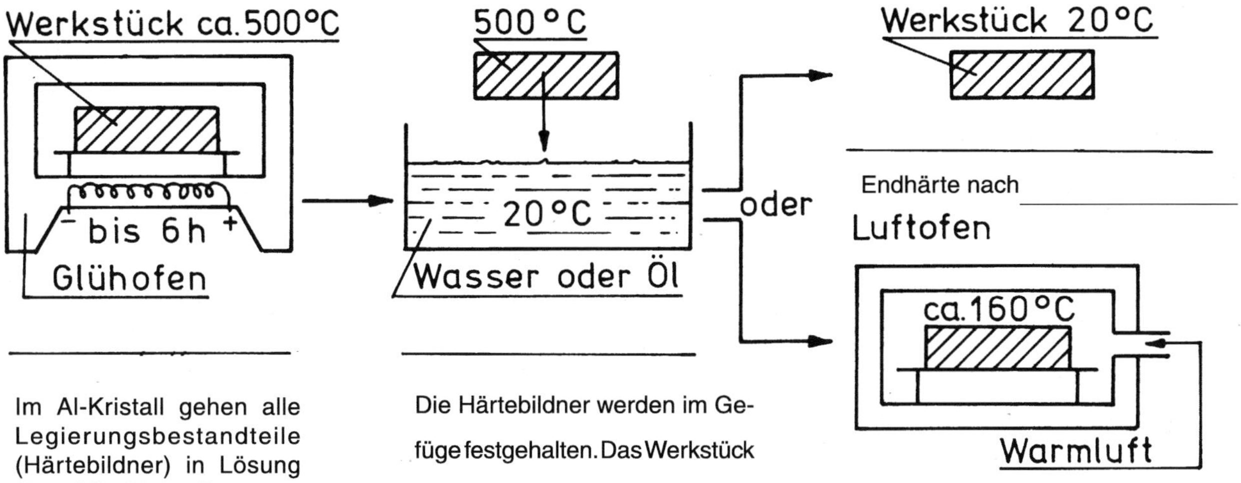

Im Al-Kristall gehen alle Legierungsbestandteile (Härtebildner) in Lösung über (Mischkristall).

Die Härtebildner werden im Gefüge festgehalten. Das Werkstück ist noch ______ und leicht ______

Durch das Auslagern wird das Gefüge verspannt; ______ und ______ erhöhen sich.

Merke: Eine Wiedererwärmung (z.B. Schweißen, Löten) der Al-Legierung nach dem Auslagern hat eine Abnahme von ______ und ______ zur Folge.

Die Aushärtung kann beliebig oft wiederholt werden.

3. Aushärtbare Werkstoffe

Aufgabe: Wählen Sie aus den gegebenen Al-Legierungen aushärtbare Werkstoffe aus!

EN AW–Al 99,98	EN AW–Al Cu4Mg1	EN AW–AlMn1
EN AC–Al Si12Mg2	EN AW–Al Mg4Mn0,7	EN AW-Al Mg3 Si1

______

4. Aushärtungs-Schaubild

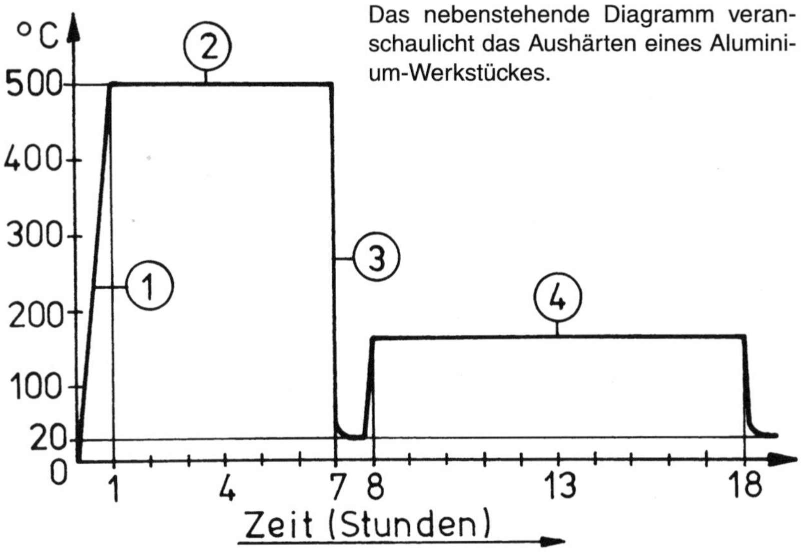

Das nebenstehende Diagramm veranschaulicht das Aushärten eines Aluminium-Werkstückes.

Aufgabe:

a) Welche Auslagerungsart wurde angewendet?

______

b) Ordnen Sie die aufgeführten Benennungen den Zahlen zu!

(9) Abschrecken

(9) Erwärmen

(9) Auslagern

(9) Lösungsglühen

5.1 Korrosion

A. Beschreibung

Durch Korrosion werden Metalle ____________________.

Man unterscheidet zwei Korrosionsursachen:

1. ____________________ Korrosion
2. ____________________ Korrosion

B. Chemische Korrosion

Die Oberfläche der Metalle verbindet sich mit dem ____________________ der Luft. Dieser Vorgang heißt ____________________. Bei manchen Metallen ist diese Schicht ______________ und porös, z.B. Eisen. Man spricht von einer gleichmäßigen Flächenkorrosion (z.B. Oxidation beim Schmieden = Verzundern).

Andere Metalle bilden eine ______________ und ______________ Schicht, z.B. ____________________ ____________________ usw.

Hier verhindert die Oxidschicht eine weitere Korrosion; sie wird deshalb auch ______________ -Schicht genannt.

Auch Säuren, Laugen oder Salzlösungen zerstören Metalle.

C. Elektrochemische Korrosion

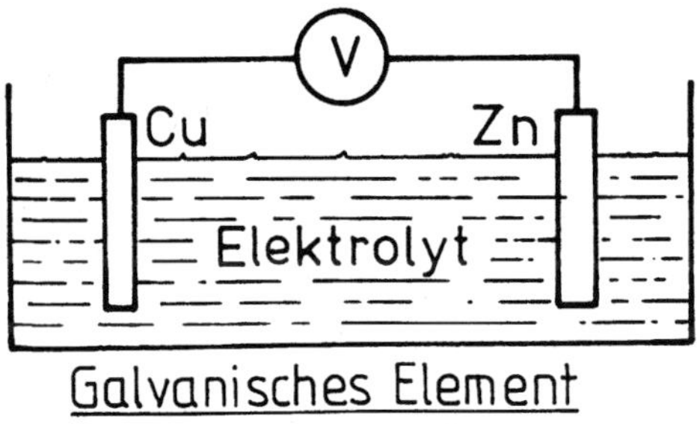

Galvanisches Element

Kommen ____________________ Metalle und eine elektrisch leitende Flüssigkeit (______________) zusammen, entsteht zwischen den Elektroden eine elektrische ____________________.

Spannungsreihe der Metalle (Auswahl)

◄ ______________ **Metalle**							______________ **Metalle** ►				
Au	Ag	Cu	H	Pb	Sn	Ni	Fe	Cr	Zn	Mn	Al
+1,42V	+0,8V	+0,34V	0V	–0,14V	–0,14V	–0,25V	–0,44V	–0,71V	–0,76V	–1,05V	–1,67V

Aufgabe: Welche Spannung zeigt das Voltmeter in der obigen Skizze an?
Welches Metall wird zerstört?

____

____

Das ______________ Metall (________) wird dabei zerstört.

D. Korrosions-Arten

1. Lochfraß-Korrosion

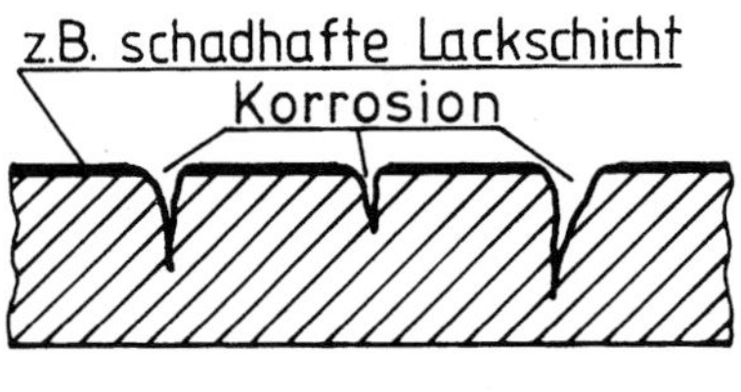

Es entstehen ______________ -förmige Krater und ______________ - ______________ im Werkstoff. Diese Korrosionsart führt zu großen Schäden (z.B. ____________________ ____________________).

2. Kontakt-Korrosion (Berührungs-Korrosion)

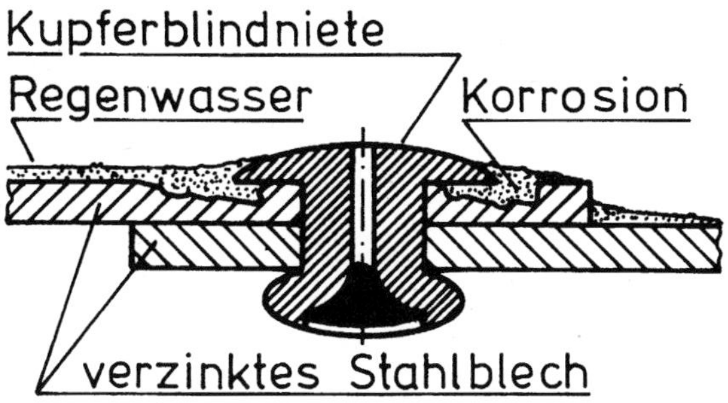

Die Verbindung ______________ Metalle (__________) durch einen Elektrolyten (__________-__________) bewirkt ein galvanisches Element (______________-Element). Das unedlere Metall (______) wird an der ______________-Stelle (Berührungsstelle) zerstört.

Aufgabe: Nennen Sie Beispiele von Kontakt-Korrosionen!

____

____

____

____

3. Interkristalline Korrosion

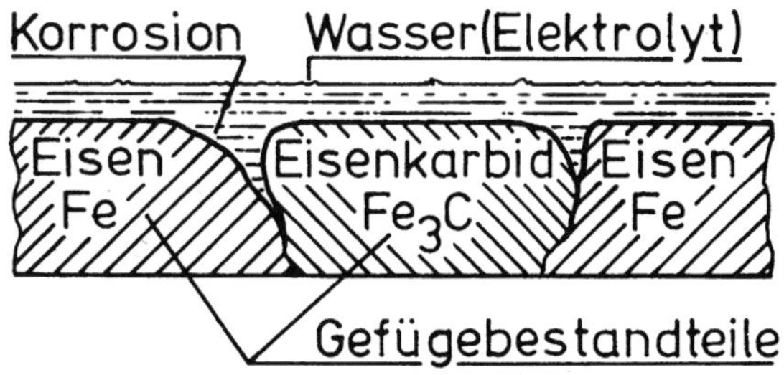

Metallwerkstoffe bestehen aus ______________ Gefügebestandteilen. Durch das Wasser (Elektrolyt) baut sich eine ______________ auf, d.h., die ______________ der Kristalle werden zerstört. Diese oft unsichtbaren Risse führen bei ______________ zum Bruch des Werkstoffes.

4. Transkristalline Korrosion

Diese Korrosionsart tritt ______________ der Metallkristalle auf.

Die Ursache liegt in der Kristall-______________ (Verunreinigungen der Schmelze werden beim Erstarren gehäuft in den Kern des Werkstückes verdrängt).

5.2 Korrosionsschutz

Chemische und elektrochemische Reaktionen verursachen im Stahlbau Zerstörungen an Werkstoffen (__________ - __________). Dadurch entstehen große wirtschaftliche Schäden. Maßnahmen zur Erhöhung der Korrosionsbeständigkeit werden als Korrosions-__________ bezeichnet.

A. Konstruktive Forderungen

1. Die zu schützende Stahloberfläche ist __________ zu halten.
2. Ein starker __________-Einsatz der Konstruktion ist zu vermeiden.
3. Unterschiedliche __________-Paarung ist zu unterlassen.
4. Unzugängliche Stellen sind dauerhaft vor Korrosion zu schützen.
5. Die Konstruktion muss leicht instand zu halten sein.
6. Es sind __________ und geschlossene Flächen anzustreben.
7. Waagrechte Flächen, Fugen und Spalten sind zu vermeiden.
   Eventuell Wasser- __________ vorsehen.
8. Bei einem Winkelstahleinsatz soll der waagrechte Schenkel __________ liegen.
9. Profile mit wenigen __________ verwenden.
   Winkelstahlprofile sind günstiger als U-Stahlprofile, U-Stahlprofile sind günstiger als I-Stahlprofile.
10. Hohlprofile (z.B. __________) sind luftdicht zu verschweißen oder völlig offen zu lassen oder mit Abfluss- und Entlüftungslöchern zu versehen.
11. Schweißen ist dem Nieten oder Verschrauben vorzuziehen.
12. Stahlkonstruktionen sind immer auf __________-Fundamente zu stellen. Das Regenwasser muss vom Fundament ablaufen können.
13. Anstrichflächen müssen __________ sein.
14. Konstruktionsteile und Verbindungsmittel müssen den __________ Korrosionsschutz erhalten (z.B. __________ __________).

B. Korrosionsschutz-Verfahren

Vorbehandlung der Oberflächen

Damit ein guter Haftgrund für den Korrosionsschutz erreicht wird, müssen __________ - und __________-Schichten entfernt werden.

1. Mechanische Oberflächenvorbehandlung

a) Handentrostung

z.B. ____

b) Maschinelle Entrostung

Ordnen Sie den Skizzen zu! Bürsten, Strahlen, Waschen, Ultraschallreinigen.

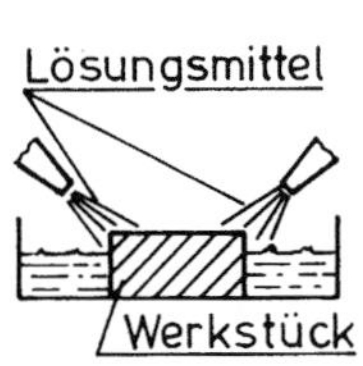

oder

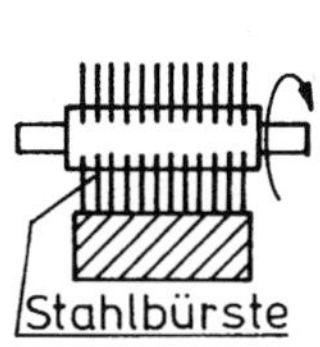

oder

oder

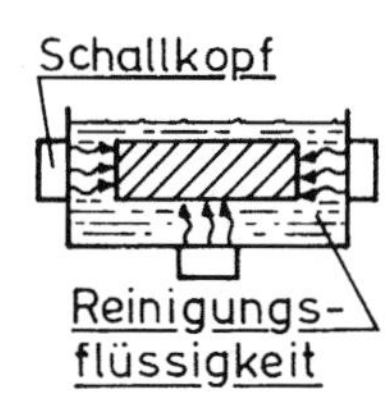

__________ __________ __________ __________

2. Chemische Oberflächenvorbehandlung (Auswahl)

a) Beizen **z.B.** ____

b) Entfetten **z.B.** ____

c) Phosphatieren

Eine gut haftende, porige Eisenphosphatschicht. Die Poren müssen mit einer ________ -Schicht verschlossen werden.

d) Rostumwandler

e) Abwittern (Walzhautentfernung durch Unterrostung) **und anschließende Rostentfernung**

3. Thermische Oberflächenvorbehandlung

Flammstrahlen (Breitbrenner mit ____________________ - ______________________ -Flamme).

4. Oberflächenbeschichtung mit Lackfarben

a) Grundanstrich

Der zweifache Grundanstrich muss bei trockener Witterung sofort nach der ____________________ und Reinigung der Stahlkonstruktion ausgeführt werden. Vorsicht! Bleimennige ist ________________________________ !

b) Deckanstrich

Der zweifache Deckanstrich (wetterbeständiger Kunststoff-Lack) dient der __________ -Gebung. Er erfolgt nach guter Durchtrocknung des Grundanstriches.

Stahlkonstruktionen sind elastisch. Die Oberflächenbeschichtung muss ebenfalls ________________________ sein.

5. Überzüge aus Metall

a) Feuerverzinken

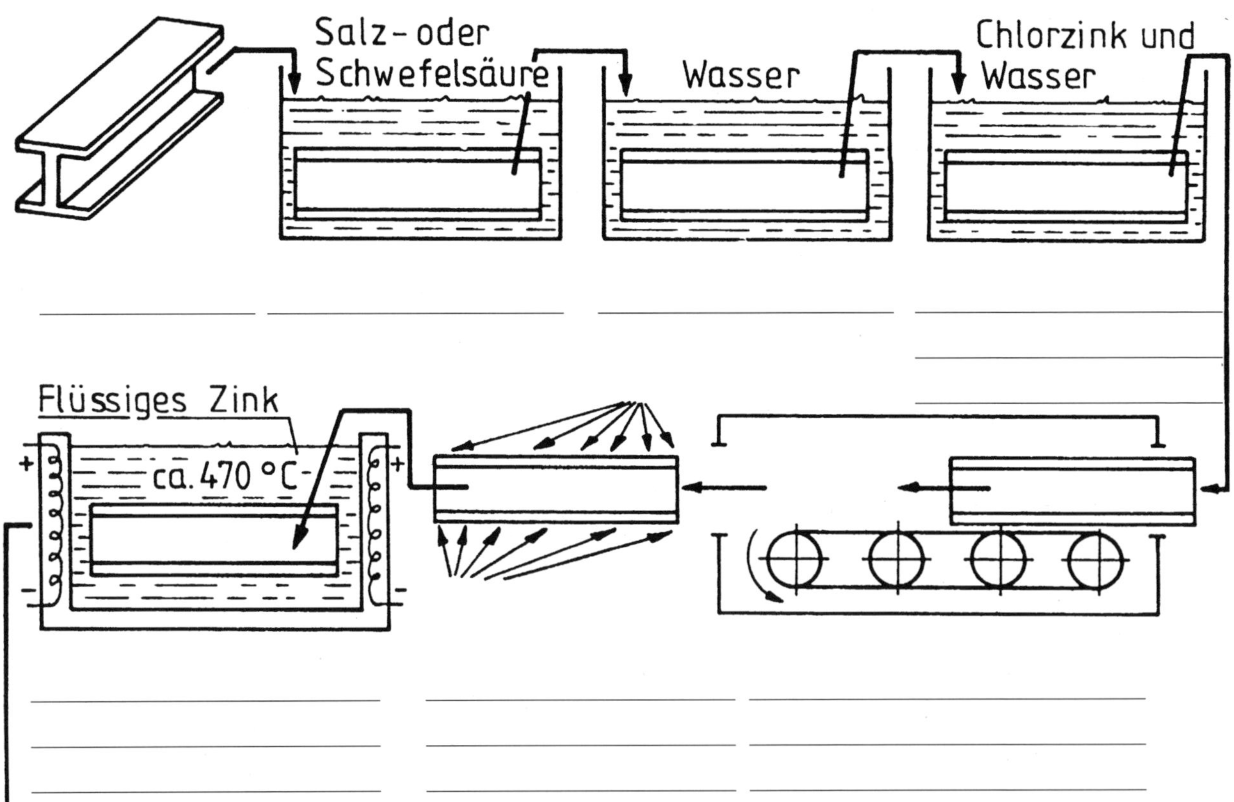

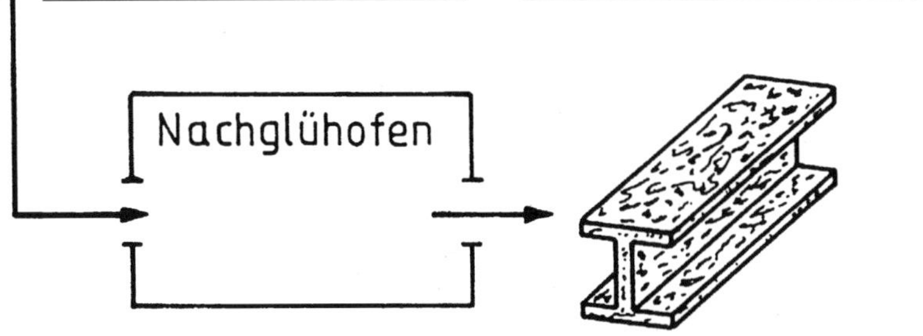

Merke: Bei einer Verletzung der Zinkschicht wird bei Zutritt von Feuchtigkeit die ________ -Schicht zerfressen. Eine ______________ - ____________ ist ausgeschlossen (vgl. Spannungsreihe der Metalle).

b) Flammspritzen (Spritzmetallisieren)

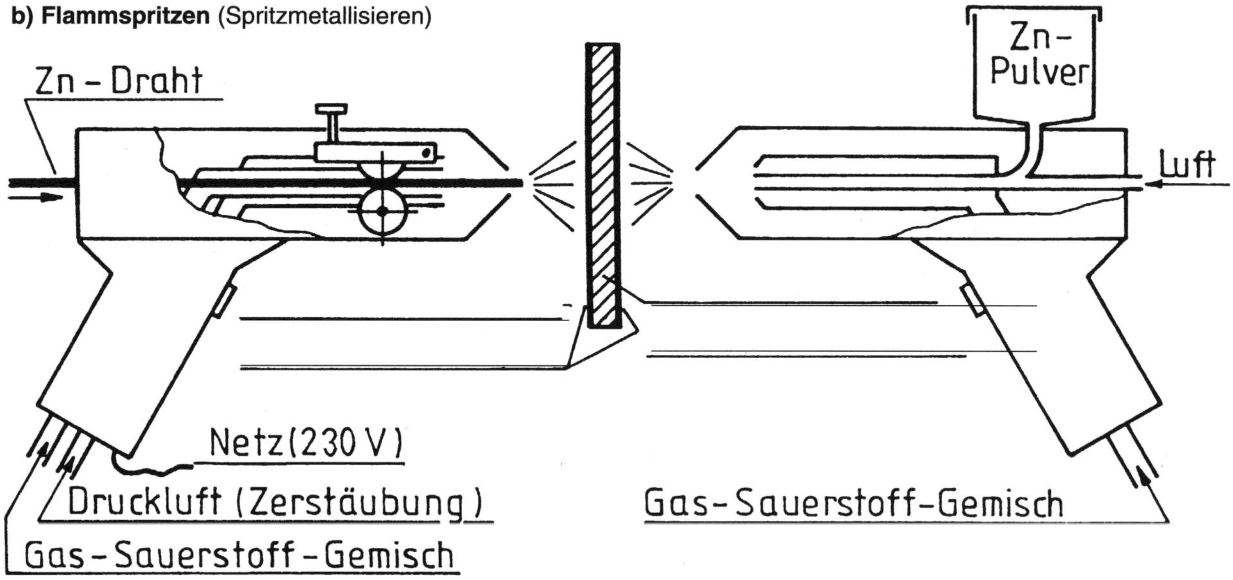

Vor dem Flammspritzen muss die Stahlwerkstück-Oberfläche gut gesäubert und z.B. durch ______________ aufgeraut werden.

c) Galvanisieren (z.B. ______________)

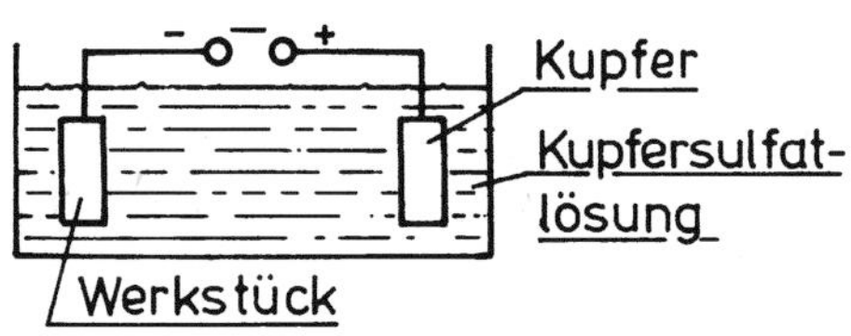

Aufgabe: Ein Metallwerkstück soll vernickelt werden. Vervollständigen Sie die Skizze!

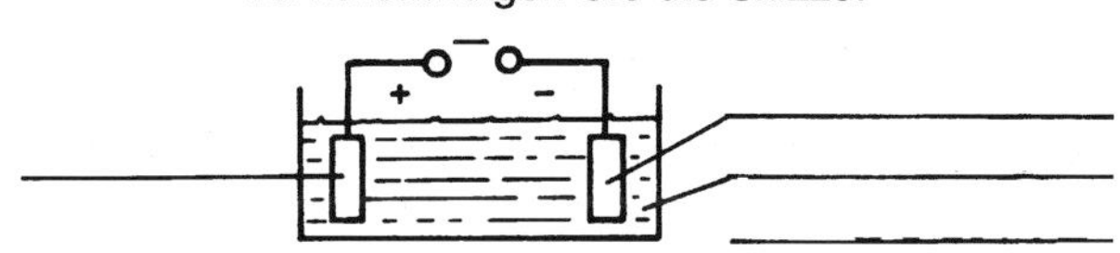

d) Plattieren

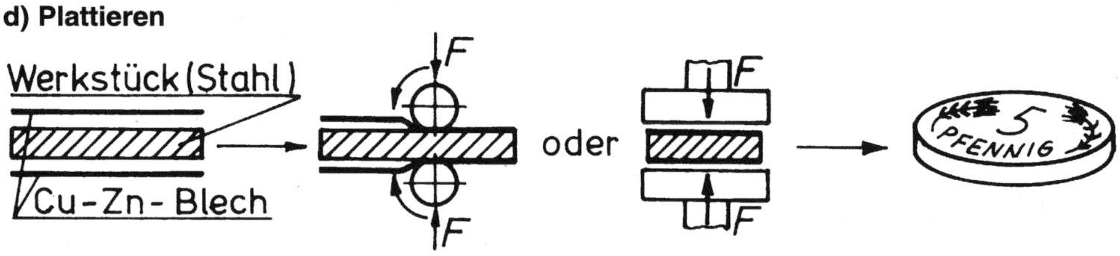

______________ ______________ ______________ ______________

6. Anodisieren

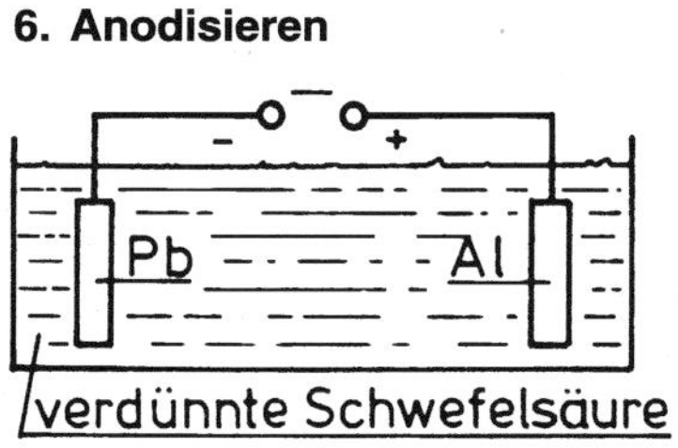

Die Oberfläche von Aluminium wird elektrisch ______________

(______________ -Schicht).

In die Oberfläche können ______________ -Stoffe eingelagert werden.

Anwendung: Nur für ______ oder ______ -Legierungen.

Eigenschaften: ______________

____

7. Emaillieren

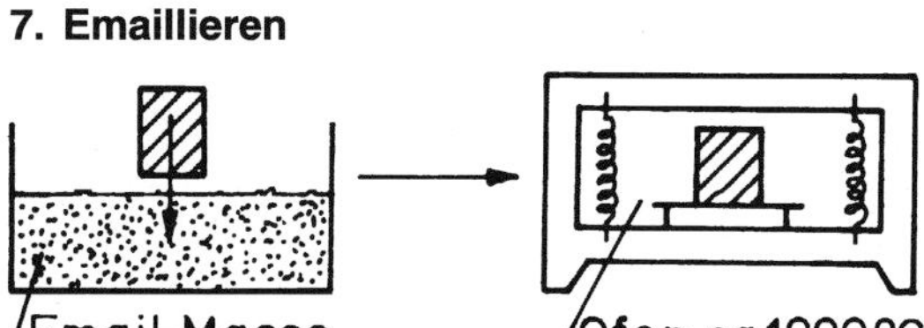

______________ ______________

Vorteile: ______________

____

____

Nachteile: ______________

____

8. Brünieren

Durch das Eintauchen in heiße Salzbäder entstehen schwarze Eisenoxidschichten. Anschließend muss die Oberfläche eingeölt werden.

9. Kunststoffüberzüge

Eigenschaften: ______________ -schützend, elektrisch ______________ .

Kunststoffauftrag

Ordnen Sie den Skizzen zu!
Wirbelsintern, Flammspritzen.

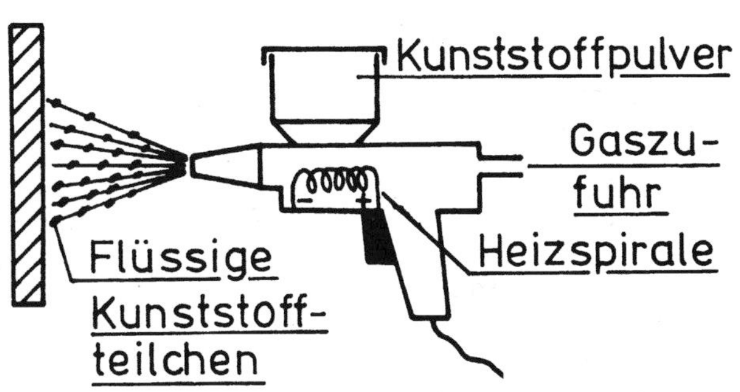

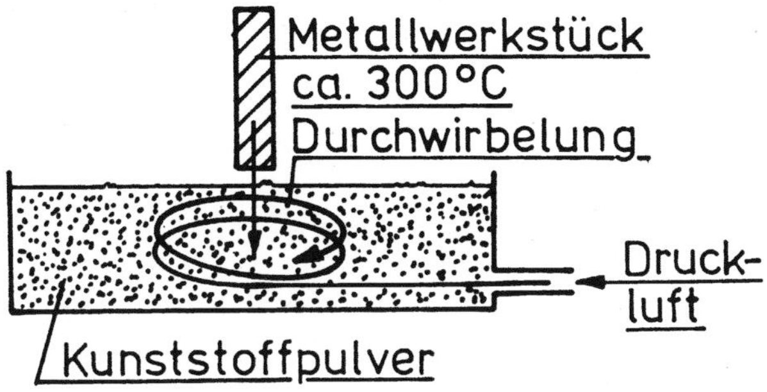

______________ (Thermoplaste: ______) ______________ (Thermoplaste: ______)

10. Schutzgas-Atmosphäre

Geeignet für die Lagerung oder für den Versand von

__________ - oder ______________ -Fertigprodukten.

6.1 Aufbau pneumatischer Grundschaltungen

A. Funktionsbeschreibung

Durch ein Fallmagazin werden durch einen pneumatischen Zylinder abgelängte Flachstahl-Profile auf ein Förderband geschoben. Am Ende des Förderbandes fallen die Werkstücke in einen Behälter. Der Schweißer entnimmt sie und verwendet sie als Grundplatte für eine Schweißkonstruktion.

Aufgabe 1a: Benennen Sie die einzelnen Bauteile des Schaltplanes und erklären Sie ihre Funktionen!

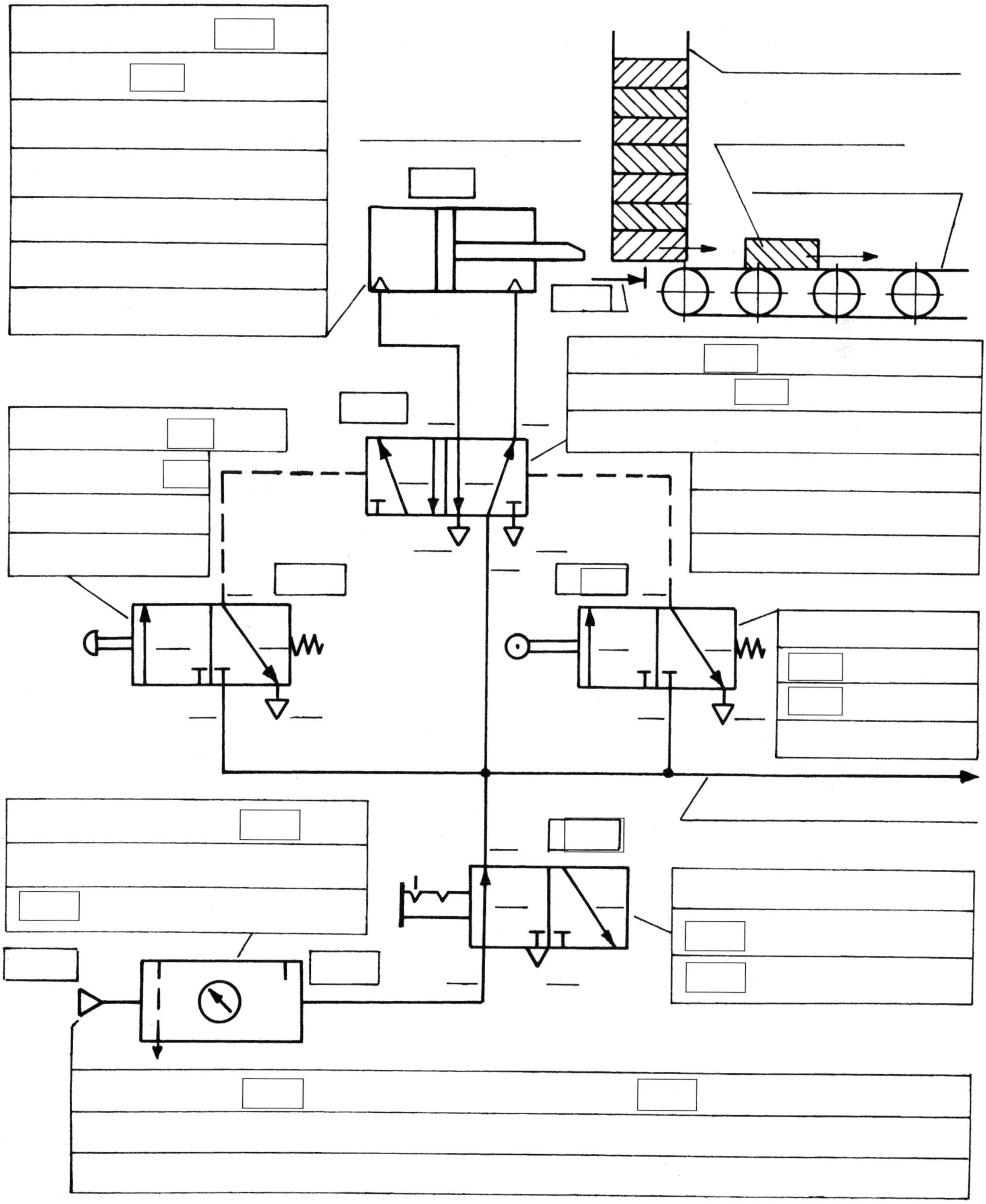

B. Funktionsdiagramm

Im Funktionsdiagramm kann der Bewegungsablauf und das Zusammenwirken der einzelnen Bauteile einer pneumatischen Schaltung dargestellt werden. Außerdem ist das Diagramm ein wichtiges Hilfsmittel für die Fehlersuche bei Störungen. Für das Zeichnen von Funktionsdiagrammen verwendet man genormte Symbole.

Symbol (Auswahl)	Erklärung	Symbol (Auswahl)	Erklärung
		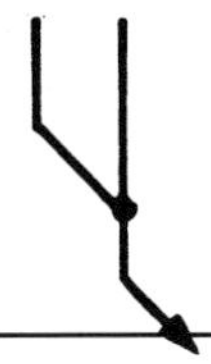	

Aufgabe:

Erstellen Sie für den auf Seite 93 gegebenen Schaltplan (Fallmagazin) ein Funktionsdiagramm für die Bauteile 0V1, 1A1 und 1V1!

Bezeichnung	Benennung	Zustand	Lage, Wert	Schritt 0	1	2	3	4	5	6
0V1	Hauptventil	schaltet Druckluft in die Anlage	a							
			b							
1A1	Doppeltwirkender Zylinder	ausgefahren	2							
		eingefahren	1							
1V1	5/2-Wegeventil	Schaltstellung	a							
		Schaltstellung	b							

Technologie Konstruktionsmechaniker und Metallbauer	Datum:	Steuerungstechnik	F 1
Name:	Klasse:		6

Aufgabe 1b:

Ändern Sie den Schaltplan (Fallmagazin)!
Folgende Bedingungen sollen erfüllt werden:

- Start durch 1S1
- Kolbenrücklauf in Ausgangsstellung durch ein federbelastendes 3/2-Wegeventil (1S3) mit Hebelbetätigung (= Notfall) oder automatischer Kolbenrücklauf durch Ventil 1S2 mit Rollenbetätigung (= ODER-Funktion).

Welches Bauteil benötigen Sie noch zusätzlich?

____

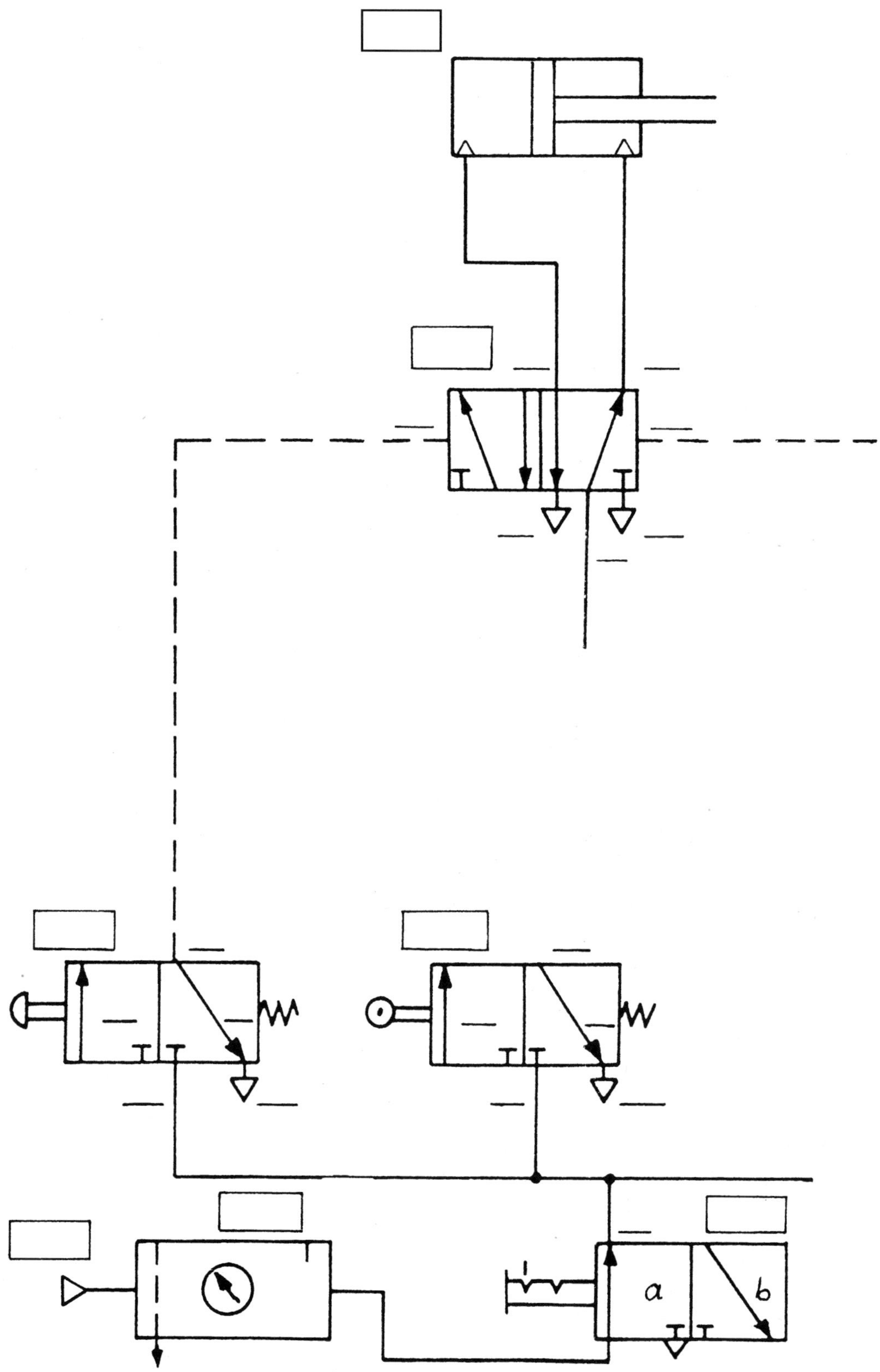

Ergänzen Sie das Funktionsdiagramm!

Bezeichnung	Benennung	Zustand	Lage, Wert
0V1	Hauptventil	schaltet Druckluft in die Anlage	a b
1A1	Doppeltwirkender Zylinder	ausgefahren eingefahren	2 1
1V2	5/2-Wegeventil	Schaltstellung Schaltstellung	a b

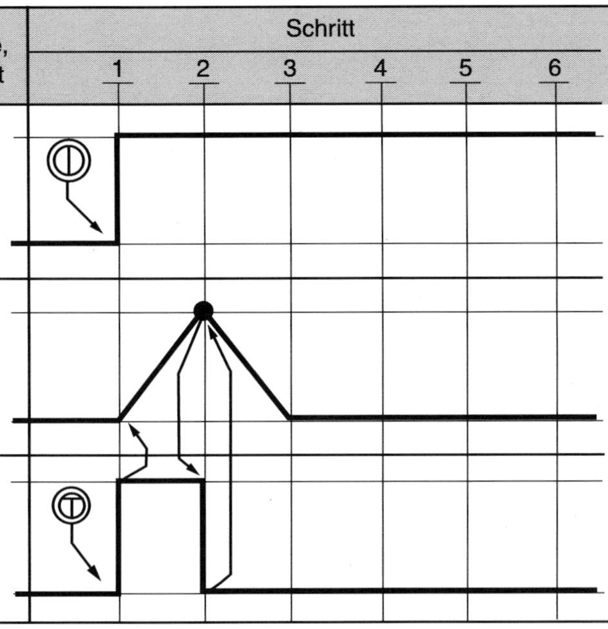

Aufgabe 2:

Ein Gartentor soll verzinkt werden. Vor dem Aufbringen des Korrosionsschutzes wird das Tor gebeizt, mit Wasser reingespült und in ein Flussmittelbad getaucht.

Ein pneumatischer Hebezylinder soll von zwei Kommandostellen aus das Tor in ein flüssiges Zinkbad senken. Die Senkgeschwindigkeit muss einstellbar sein.

Mit einer einstellbaren Hubgeschwindigkeit soll das Tor durch gleichzeitiges Drücken von zwei Kommandostellen aus der Zinkschmelze gehoben werden.

Vervollständigen Sie den pneumatischen Schaltplan!

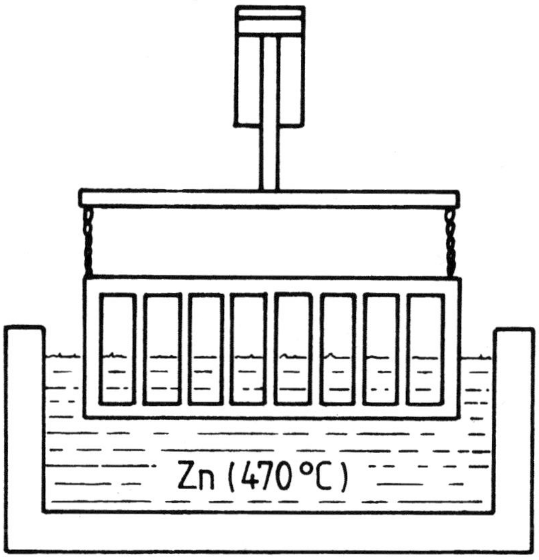

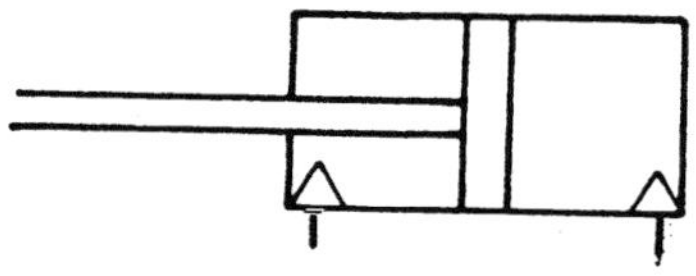

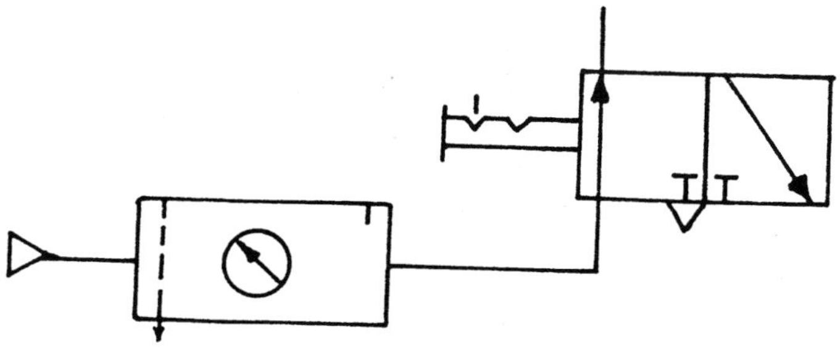

Aufgabe 3:

Abgelängte Stahl-Blechstreifen sollen in einer Vorrichtung mechanisch gespannt und anschließend durch Druckluft U-förmig gebogen werden. Vervollständigen Sie den Schaltplan!

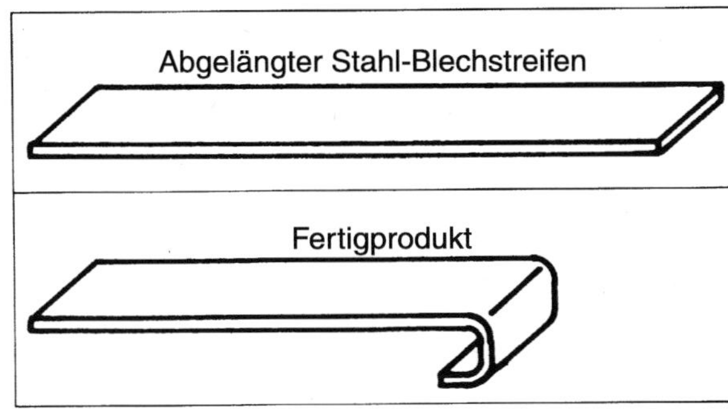

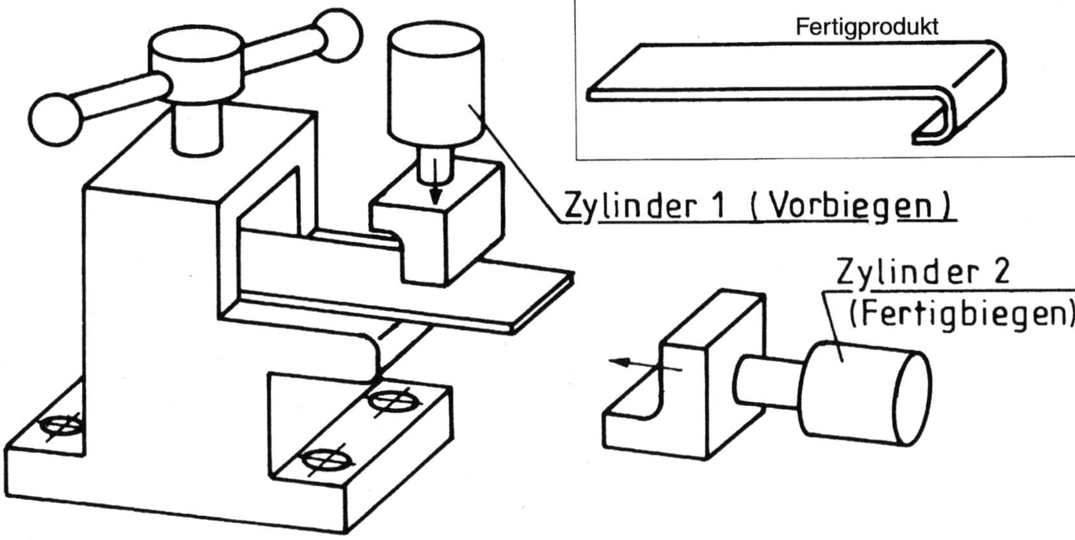

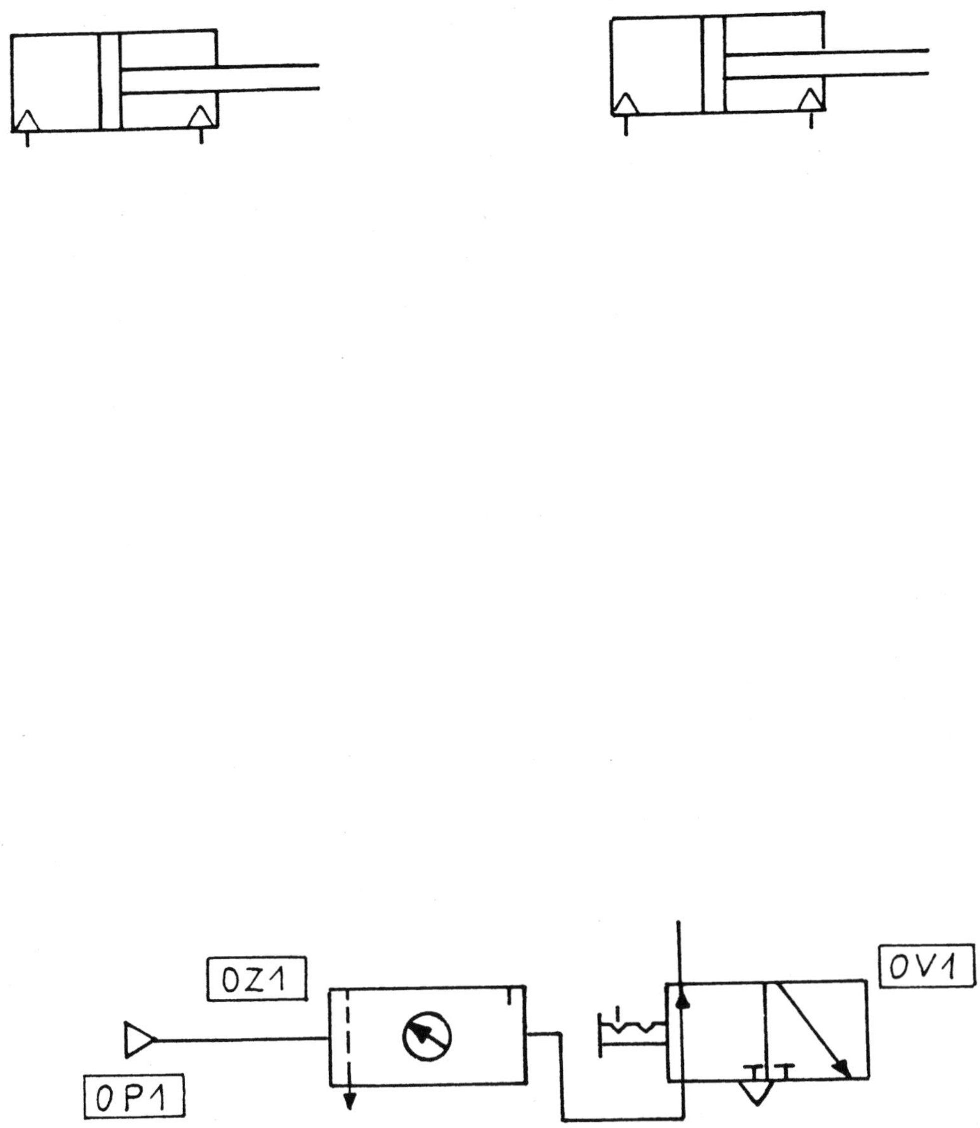

6.2 Vergleich hydraulischer und pneumatischer Grundschaltungen

Benennen Sie alle Bauteile der pneumatischen Steuerung!

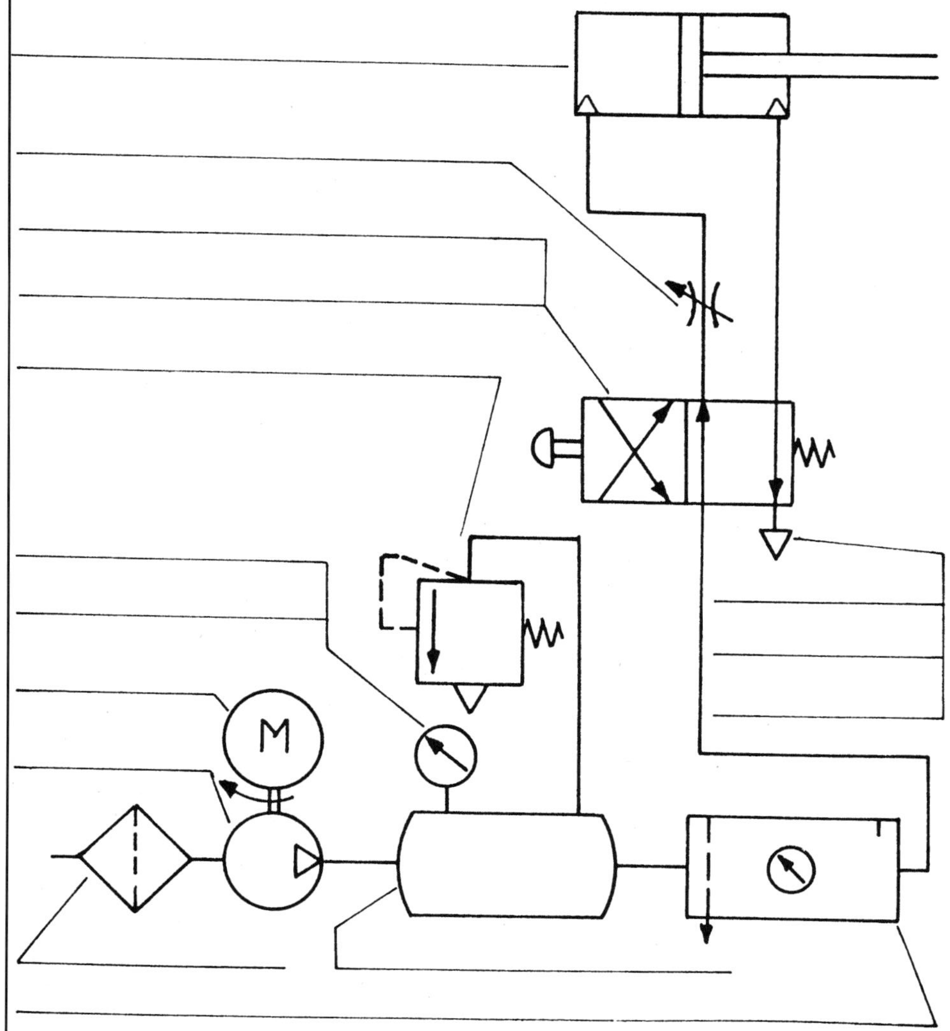

Zeichnen Sie die gegebene pneumatische Schaltung als hydraulische Schaltung!

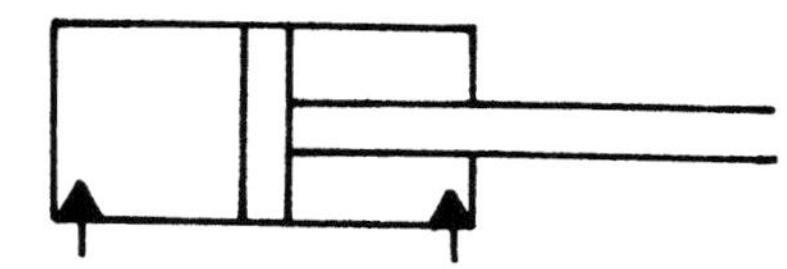

Erkenntnisse:

Ergänzen Sie die hydraulische Schaltung! Verwenden Sie anstelle des 4/2-Wegeventils ein 5/2-Wegeventil mit Pedalbetätigung. Die Ausfahrgeschwindigkeit des Kolbens soll mit einem Drosselrückschlagventil einstellbar sein.

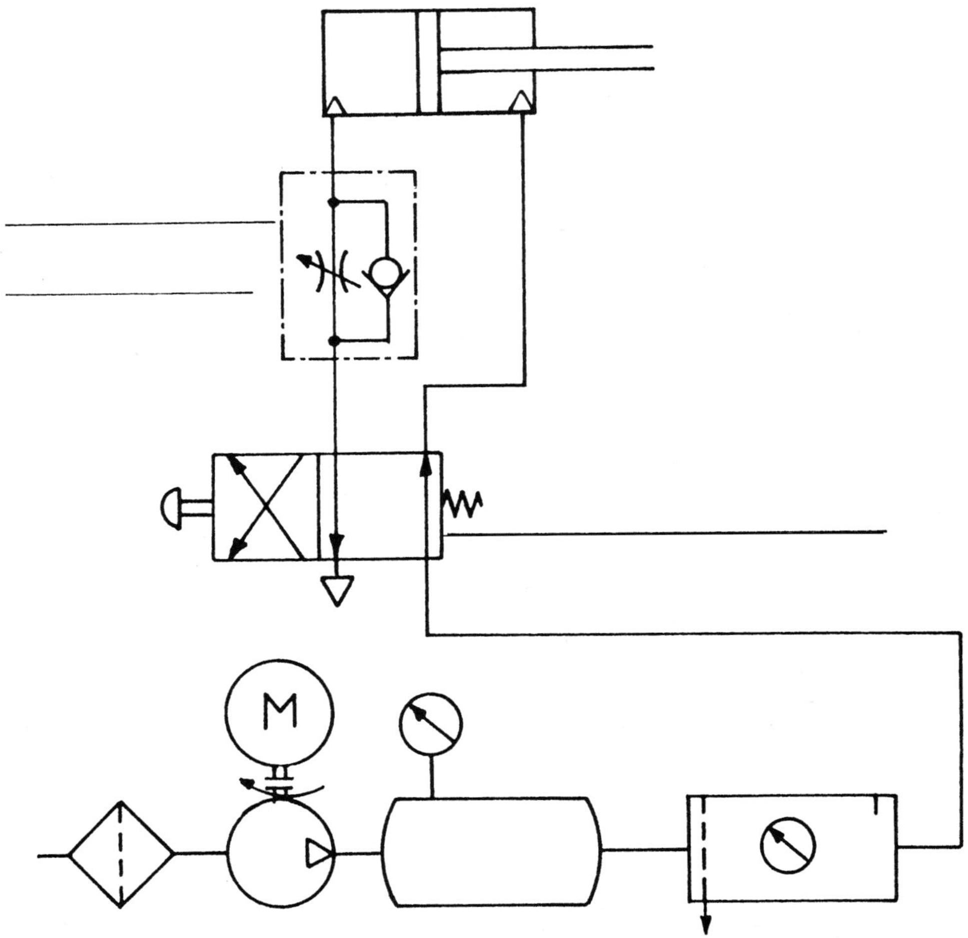

Beim Einfahren des Kolbens kann mit dem Drosselrückschlagventil die Geschwindigkeit eingestellt werden.

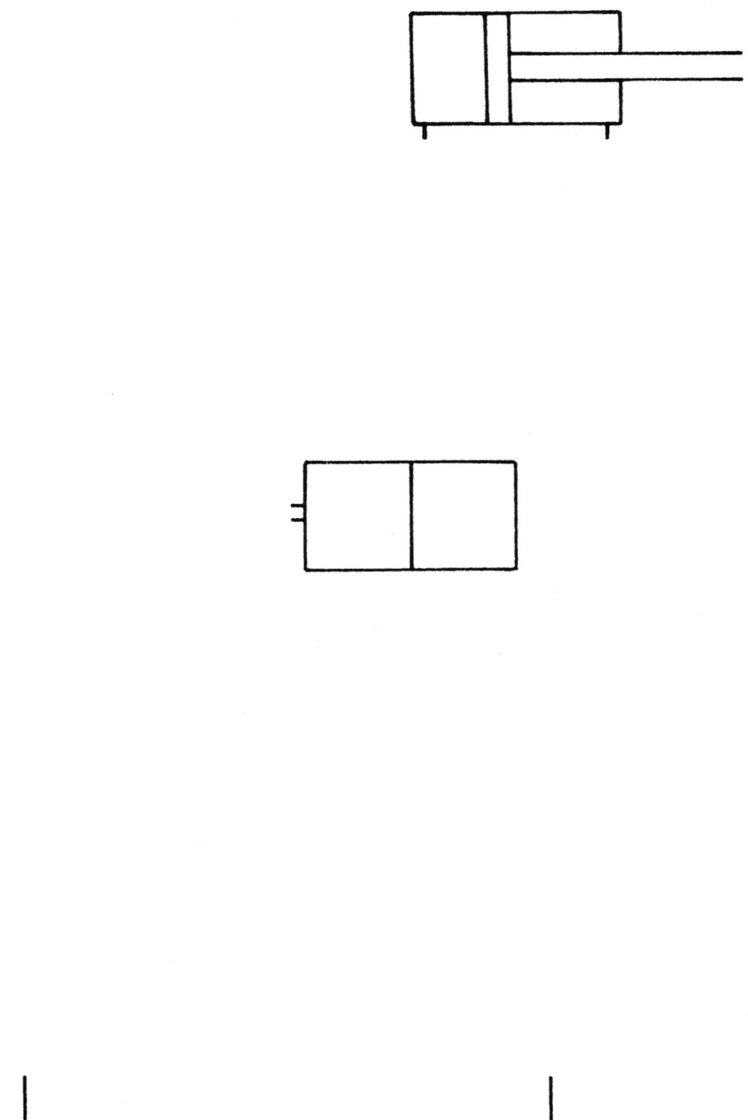

6.3 Elektrische Steuerungen

A. Elektrische Betriebsmittel (Bauteile)

1. Taster (Tastschalter)

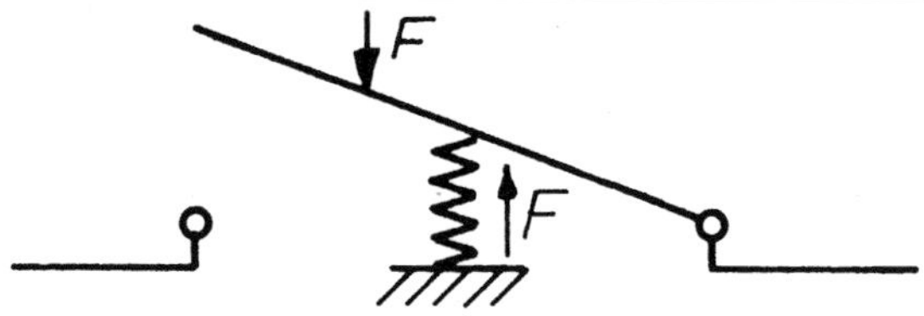	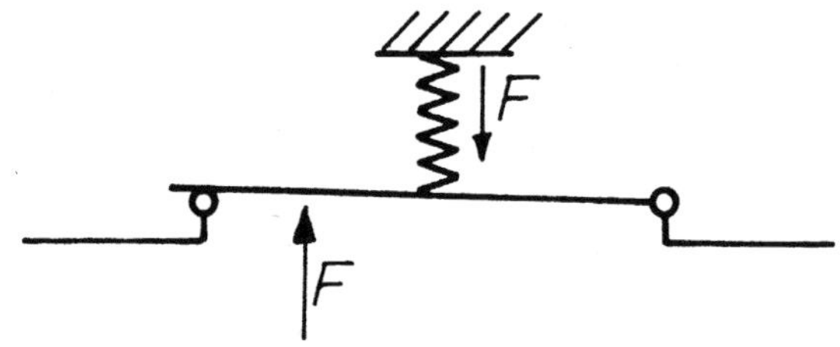
______________________	______________________
 Symbol für Tastschalter mit Schließer, Handantrieb, Betätigung durch Drücken	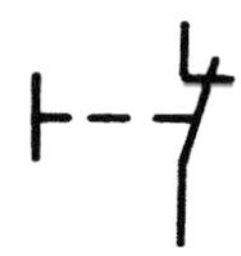 Symbol für Tastschalter mit Öffner, Handantrieb, Betätigung allgemein

Merke: Tastschalter (z.B. Klingelknopf) wirken nur während der ______________ und werden nach dem Loslassen durch eine Druckfeder in die ______________ gebracht.

2. Stellschalter

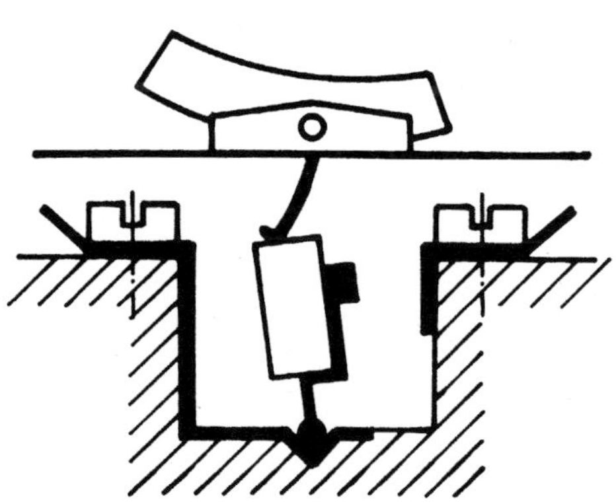

Symbol für Stellschalter, Betätigung durch Kippen.

Merke: Stellschalter (Kippschalter) bleiben nach der Betätigung in der ______________.
Sie haben zwei Schaltstellungen: ______________

____

3. Weitere Schaltsymbole (Auswahl)

		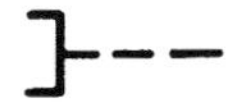	
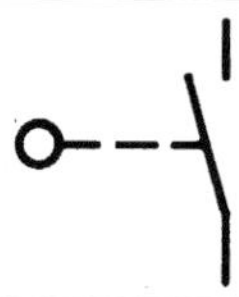		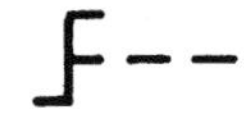	
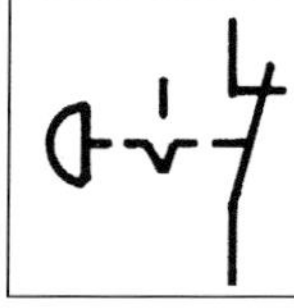			

4. Magnetismus

a) Naturmagnet

Ein Naturmagnet zieht ______ an. Diese ______-Kraft ist an den ______ am größten.

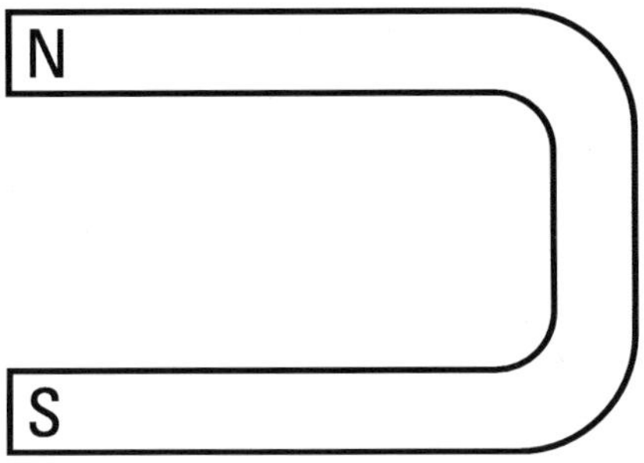

Versuch: Ein Naturmagnet wird mit Eisenfeilspänen bestreut.

Erkenntnis: Der Magnet ist von einem Magnetfeld umgeben, welches in Kraftlinien verläuft.

Gleiche Pole ______. Ungleiche Pole ______.

b) Künstlicher Magnet

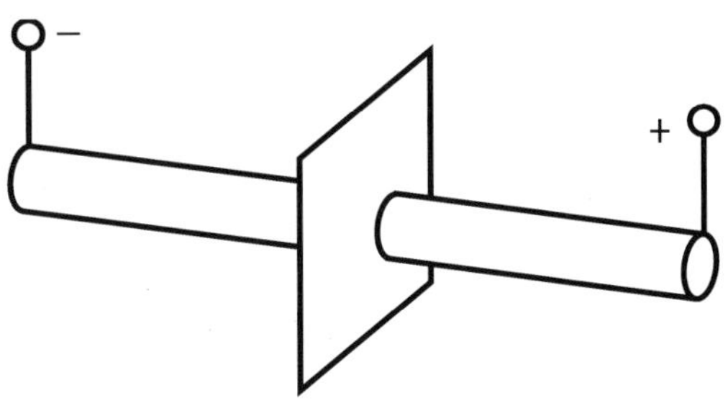

Fließt in einem elektrischen Leiter Strom, so baut sich um ihn herum ein ______ auf.

Das Magnetfeld wird umso größer, je mehr ______-______ die ______ enthält. Wird in die Spule ein ______ eingeschoben, so sammeln sich dort die ______.

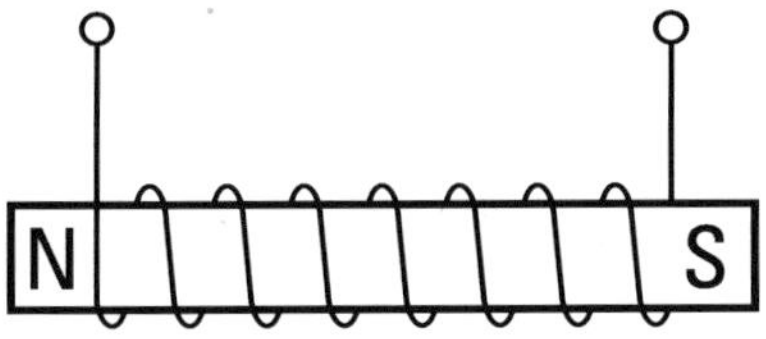

c) Elektromagnetische Wirkung

Versuch: Über einen Naturmagneten wird eine Spule geschoben. An die Spule wird Spannung angelegt.

Beobachtung: ______

Erkenntnis: Aus ______ wird ______.

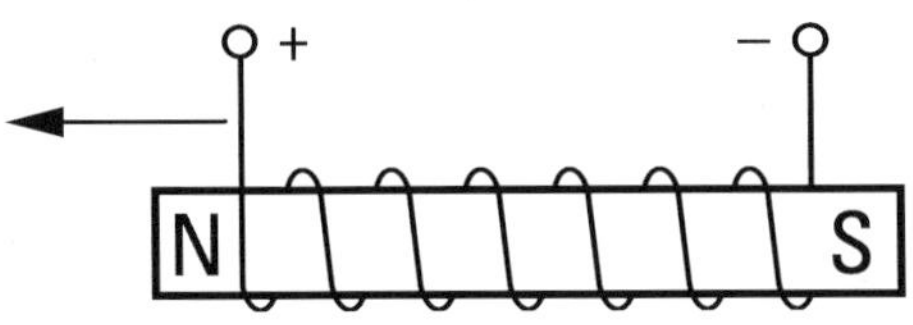

d) Induktionswirkung

Versuch: Die Spule wird an einen Strommesser angeschlossen und über den Naturmagneten geschoben.

Beobachtung: ______

Erkenntnis: Aus ______ wird ______.

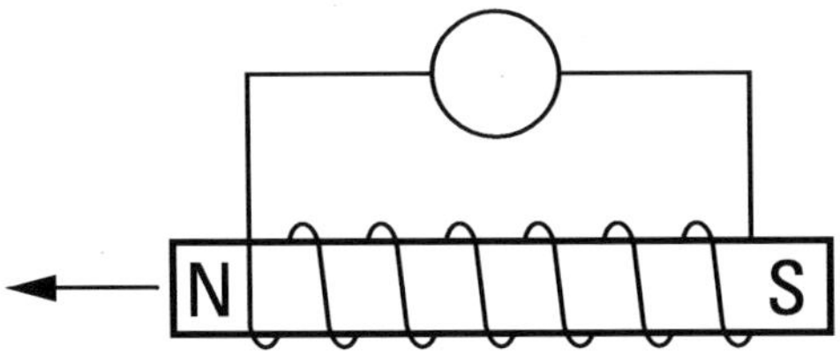

Technologie Konstruktionsmechaniker und Metallbauer	Datum:	Steuerungstechnik	F 1
Name:	Klasse:		6

5. Relais und Schütze

Relais und Schütze sind ______________________________ betätigte Kontakte.

______________________________	______________________________
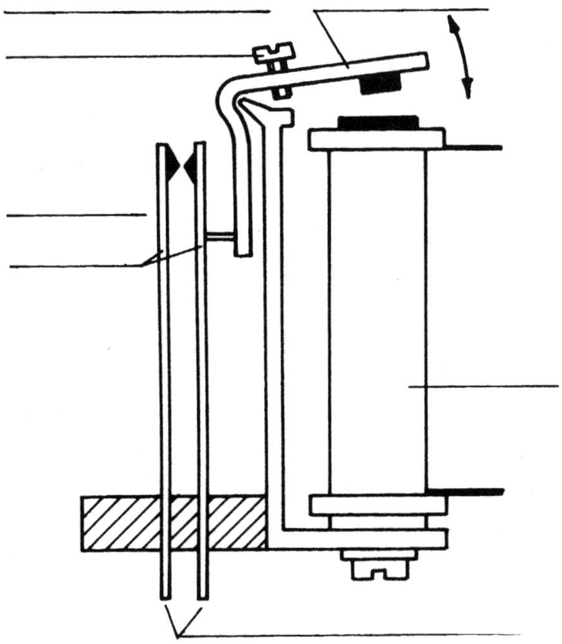	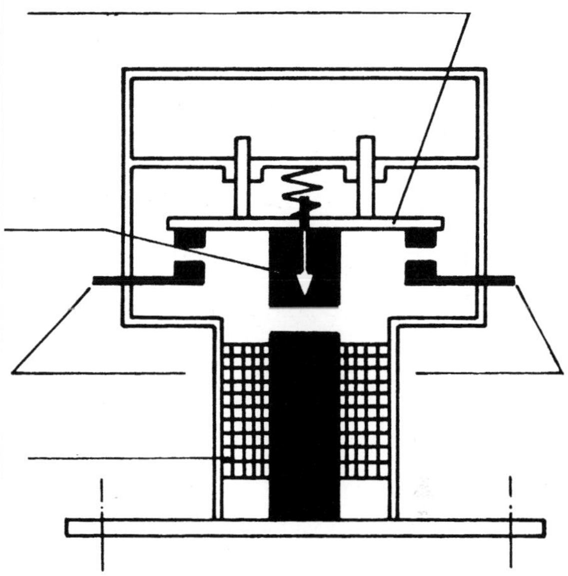
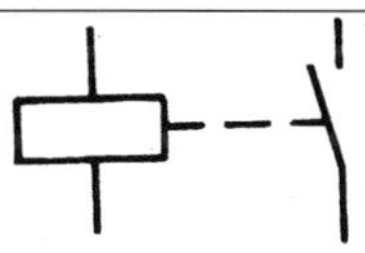 ______________ -Symbol	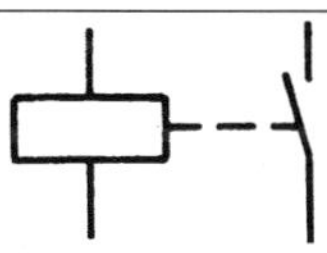 ______________ -Symbol
Schaltleistung: bis _____ kW	Schaltleistung: _____ kW bis _____ kW

Wird die Spule vom elektrischen Strom durchflossen, bildet sich ein elektrisches ______________. Dabei wird der ______________ angezogen und schließt die Kontakte.

Anwendungsmöglichkeiten:

____

____

____

____

____

____

____

6. Elektromotor

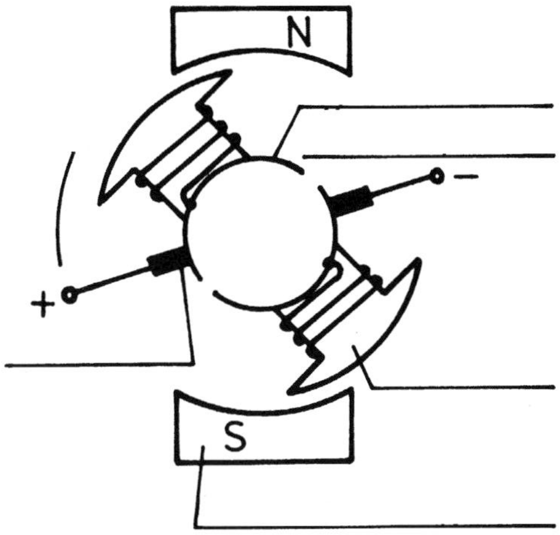

a) Gleichstrommotor

Fließt über die ________ Strom durch die Spulen eines ________, so baut sich ein ________-________ auf. Die Pole des Naturmagneten und die Pole des Läufers ________. Wenn sich die ________ Pole gegenüberstehen, werden die Pole des Läufers ________. Dies übernimmt der ________ Kollektor oder ________. Durch diese anziehende bzw. abstoßende Wirkung entsteht eine ________-Bewegung. Die Dauermagnete haben stets die gleiche Polarität; dieser Motor ist daher nur für ________-Strom geeignet.

b) Wechselstrommotor

Soll der Motor auch mit Wechselstrom betrieben werden, muss der Naturmagnet durch einen ________-________ Magneten ersetzt werden. Der Motor erhält neben der Läuferwicklung noch eine ________-Wicklung. Ändert sich die Polarität in der Läufer-wicklung, so ändert sie sich ________ in der Feldwicklung. Der Läufer wird ________-________ bzw. ________; die ________ bleibt erhalten.

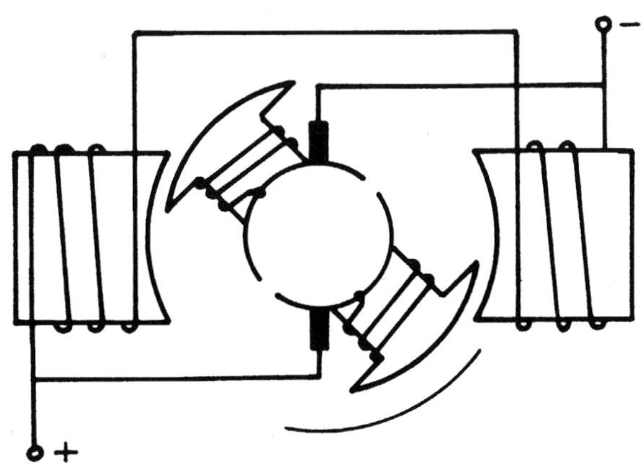

Elektromotoren finden wir im Arbeitsbereich des Schlossers als

____

____

____

Elektromotor-Symbole (Auswahl)

Kurzzeichen	Schaltzeichen	Erklärung
	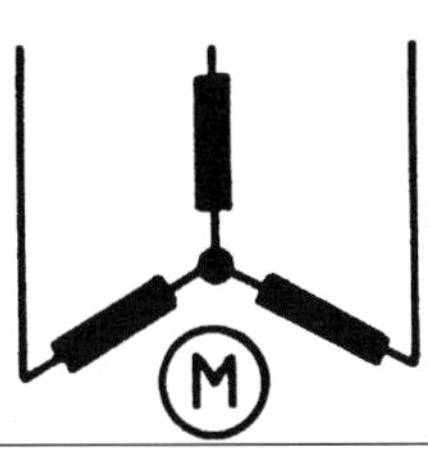	

B. Elektrische Grundschaltungen

Vergleichen Sie!

Mechanischer Funktionsplan	Pneumatischer Schaltplan	Elektrischer Stromlaufplan
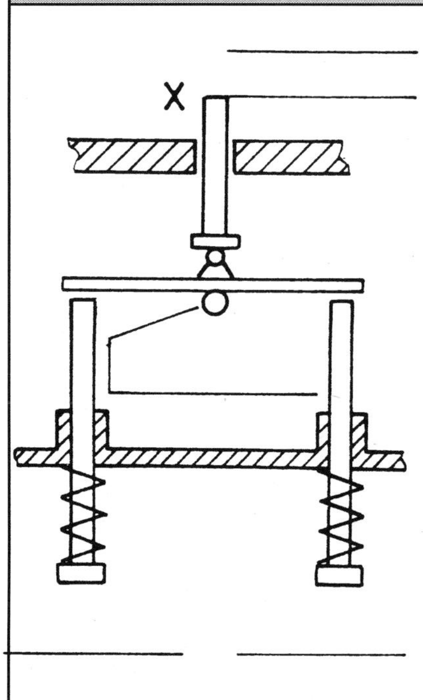	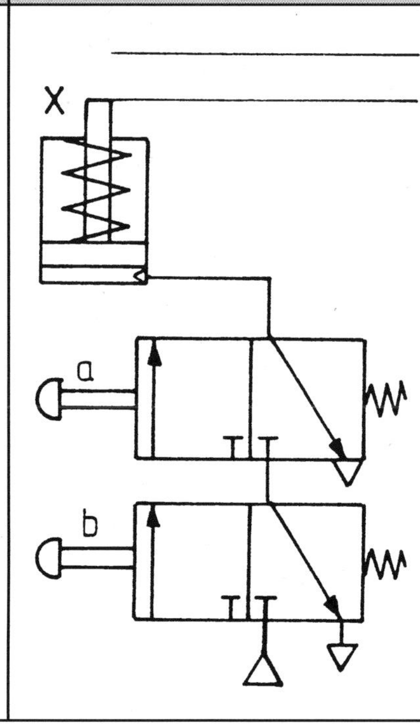	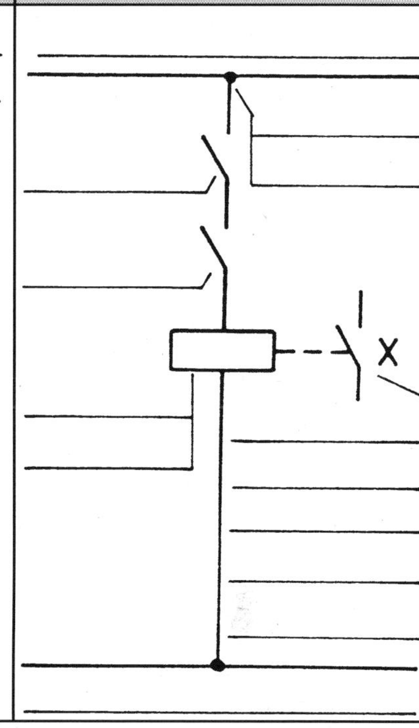

Merke:

Elektrische Schaltstellung 1 (Schließer x ist geschlossen) kann nur durch Drücken von ____________

erreicht werden = ____________ -Schaltung.

Die Relaisspule wird vom Strom durchflossen, der Anker betätigt den Schließer x.

Vergleichen Sie!

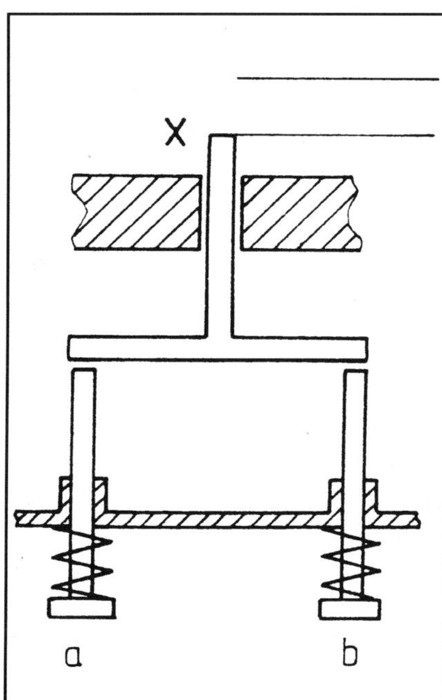	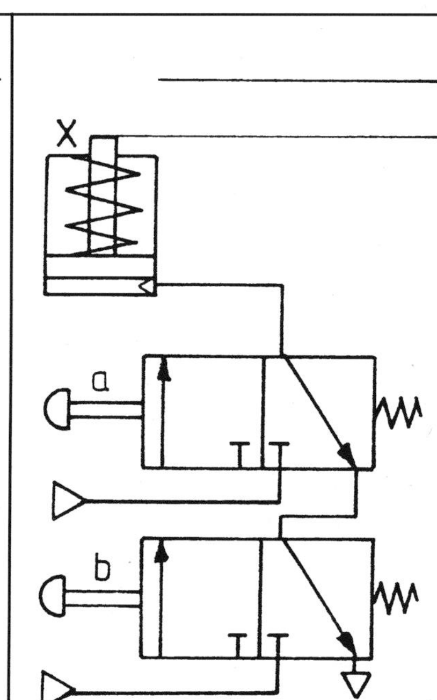	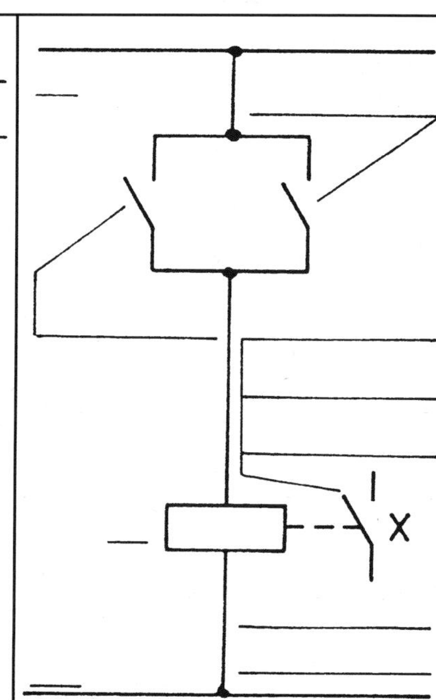

Merke:

Elektrische Schaltstellung 1 (Schließer x ist geschlossen) kann durch Drücken von ____________

erreicht werden = ____________ -Schaltung.

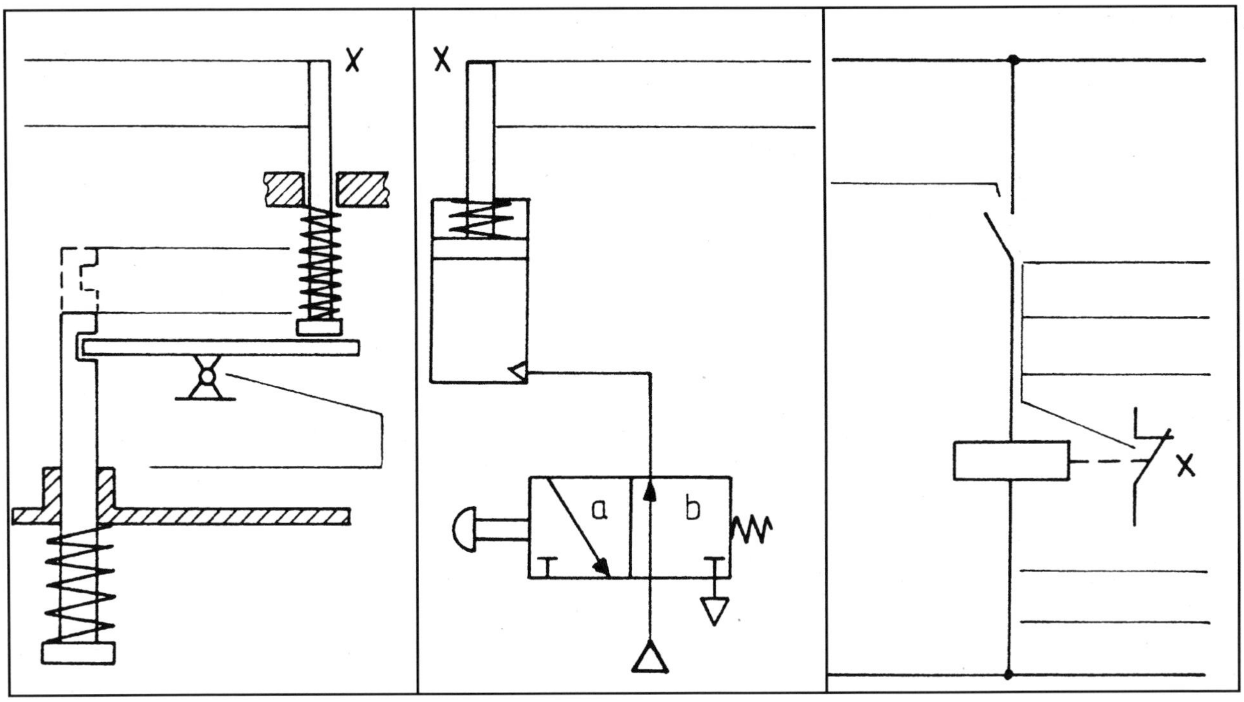

Merke:

Die elektrische Schaltstellung 1 (Öffner x ist geöffnet) kann durch Drücken von Schließer a erreicht werden.

Schließer a offen = x geschlossen

Schließer a geschlossen = x offen

Bei dieser Schaltung wird eine ________________ erreicht: Wenn der Schließer a offen ist, ist x geschlossen, also ____________ offen. Diese Schaltung wird als ______________ -Schaltung bezeichnet.

Stromlaufpläne sind immer im ______________ -Zustand zu zeichnen. Dies ist in der Regel der ____________ Ruhezustand.

C. Einfache elektropneumatische Steuerungen

Werden in einer pneumatisch gesteuerten Anlage die Stellglieder (z.B. Ventile) durch Elektromagnete betätigt, so spricht man von ______________________________ Steuerungen. Den pneumatischen Schaltplan und den elektrischen Stromlaufplan zeichnet man in der Regel getrennt.

Aufgabe 1:

Ein doppeltwirkender Pneumatikzylinder soll mit einem elektromagnetisch betätigten 4/2-Wegeventil gesteuert werden. Die Gleichspannung im Steuerstromkreis beträgt 24 Volt. Gestartet wird mit einem Taster S1 durch Drücken. Die Ausgangsstellung soll mit einem Taster S2 durch Ziehen erreicht werden.

Ergänzen Sie den pneumatischen Schaltplan!	Zeichnen Sie den Stromlaufplan!
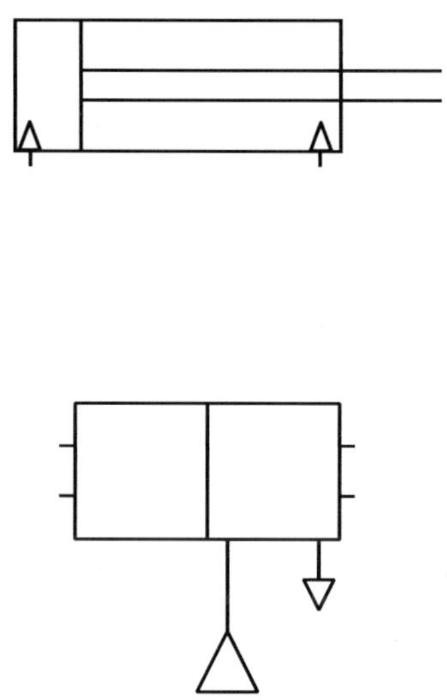	

Y	Elektrisch betätigte Einrichtung, z.B. Magnetventil		Ventil
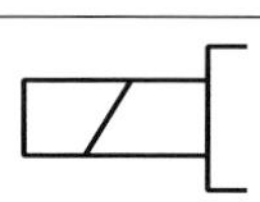	Betätigung eines Ventils durch einen Elektromagneten	S	Schalter, Taster
		K	Schütz, Relais

Funktionsbeschreibung:

____

____

____

____

____

Aufgabe 2:

Ein doppeltwirkender Pneumatikzylinder Z1 (gesteuert über ein elektromagnetisches 4/2-Wegeventil mit Federrückstellung) soll in seiner Endlage über einen rollenbetätigten Taster S2 den Kolben eines doppeltwirkenden Zylinders Z2 (ebenfalls über ein elektromagnetisches 4/2-Wegeventil mit Federrückstellung) ausfahren.

Gestartet wird mit Taster S1. Eine Raste soll eine selbsttätige Rückkehr des Tasters S1 in die Ausgangsstellung verhindern. Die Gleichspannung im Stromkreis beträgt 24 Volt. Die Ausgangslagen der beiden Zylinder werden durch das Entriegeln von S1 erreicht.

Ergänzen Sie den pneumatischen Schaltplan.

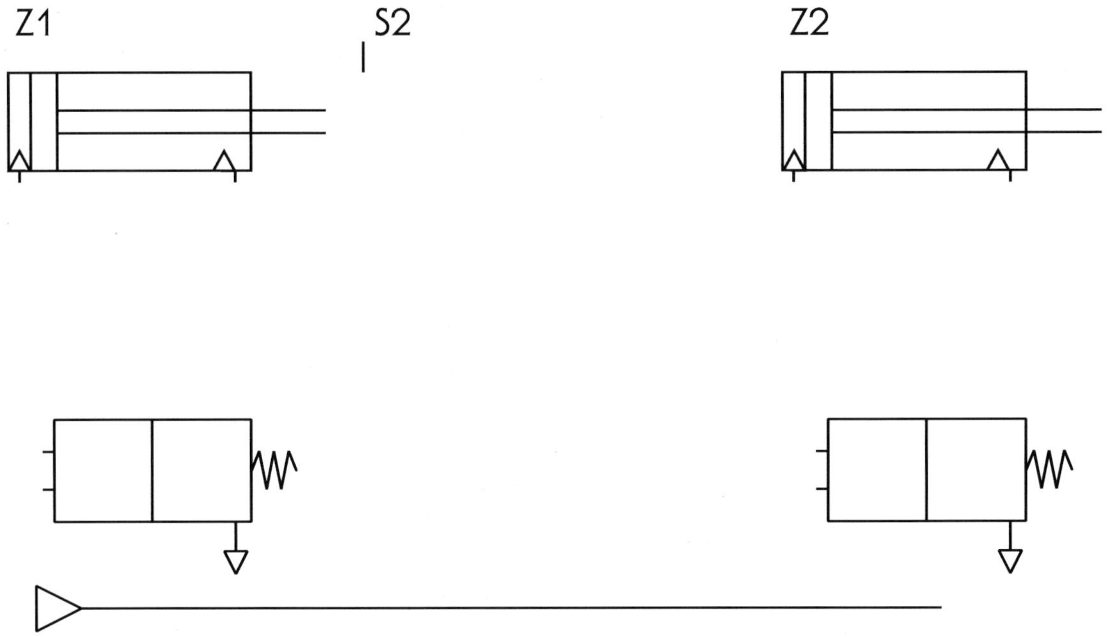

Zeichnen Sie den Stromlaufplan.

Technologie Konstruktionsmechaniker und Metallbauer	Datum:	Regelungstechnik	F 1
Name:	Klasse:		7

7 Regeleinrichtungen

A. Aufgabe einer Regelung

Mit einer Regeleinrichtung können technische Vorgänge ohne menschliche Einwirkung ______________ ablaufen.

B. Steuer- und Regeleinheiten

1. Steuereinheit

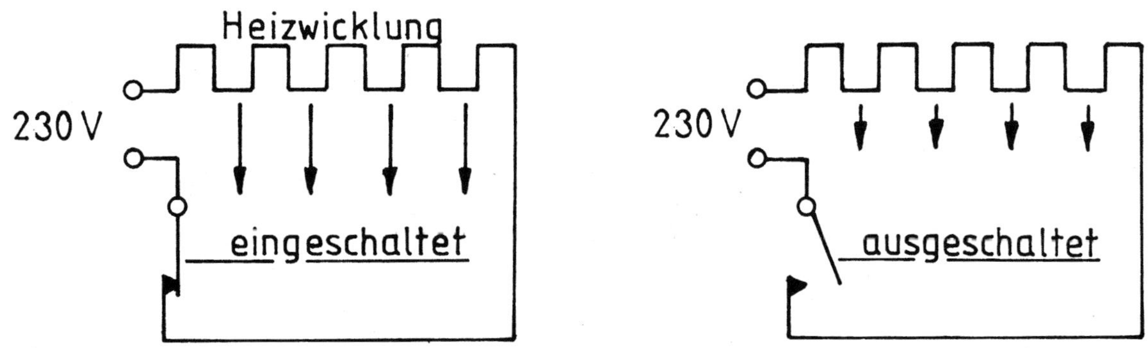

Bei zu niedriger Temperatur muss der Stromkreis mit Hilfe des Schalters ______________ eingeschaltet, bei zu hoher Temperatur wieder ______________ werden. Die Eingangsgröße (= ______________) wird von der Ausgangsgröße (= ______________) ______________ beeinflusst → ______________ Wirkungsablauf.

2. Regeleinheit

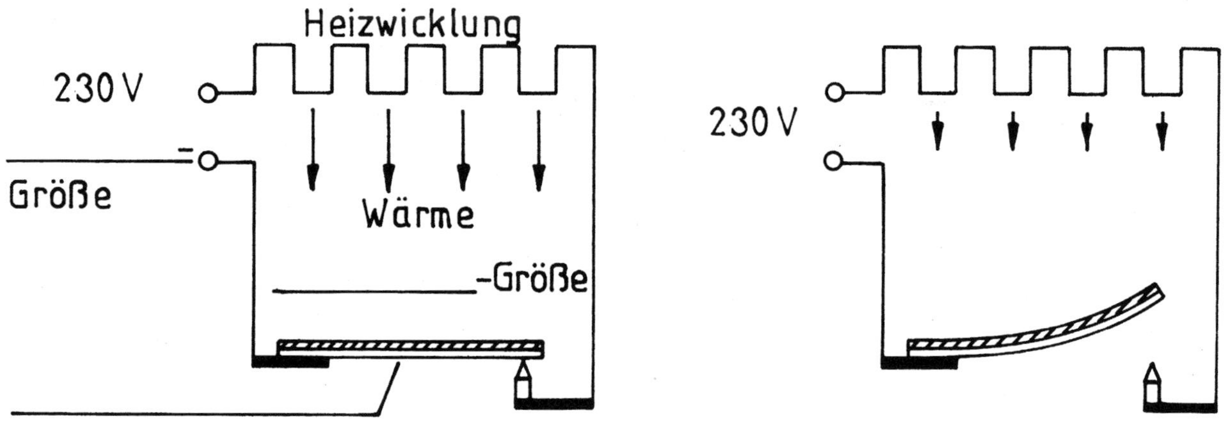

Die Energiezufuhr wird vom Bimetall ständig ______________ ; es stellt sich eine konstante Temperatur ein. Die Eingangsgröße wird von der Ausgangsgröße ______________ beeinflusst → ______________ Wirkungsablauf.

C. Aufbau einer Regeleinheit

Eine Regelung spielt sich immer ______________ -förmig ab:

Dieser Regelkreis kann in genormten Symbolen dargestellt werden:

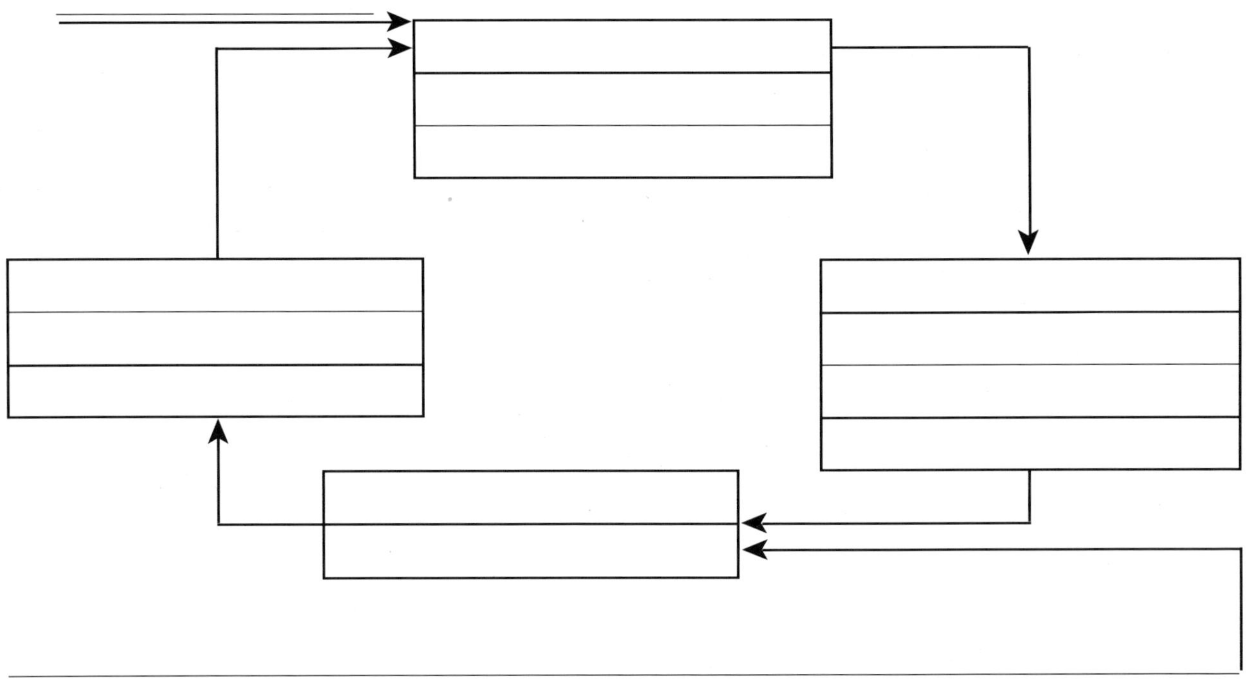

D. Reglerarten

Glühofen	Spülkasten
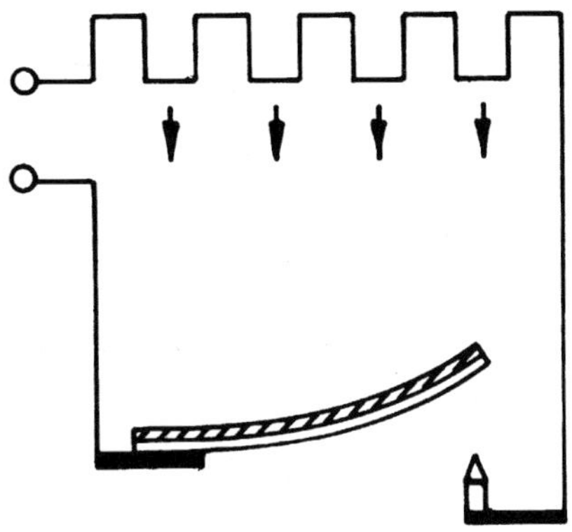	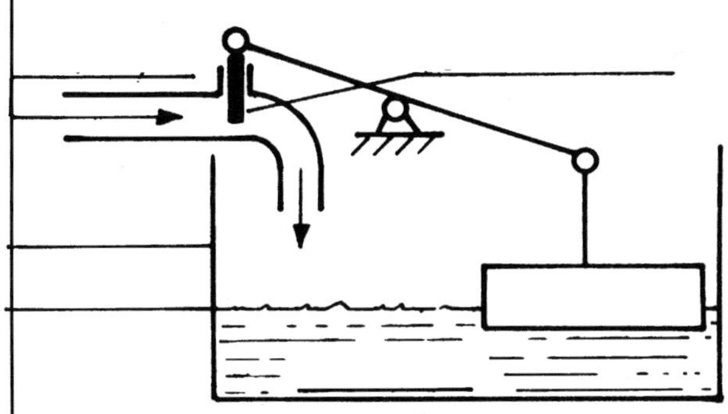
Die Regeleinheit hat zwei Schaltpunkte: ____ ____ = ____ Regelung Benennung: ____ -Regler oder ____ Regler	Die Regeleinheit arbeitet ____ = ____ Regelung Benennung: ____ Regler

Merke:

Wird durch eine Regelung ein fester Wert erreicht und gehalten (z.B. 200 °C), so bezeichnet man diese Regelungsart als ____ -Regelung. Wird die Regelgröße (z.B. Temperatur) nach einem festgelegten Programm verändert, so spricht man von einer ____ -Regelung.

Berechnen Sie den Querschnitt (in mm²) und das Volumen (in mm³) der gezeichneten 800 mm langen V-Naht.

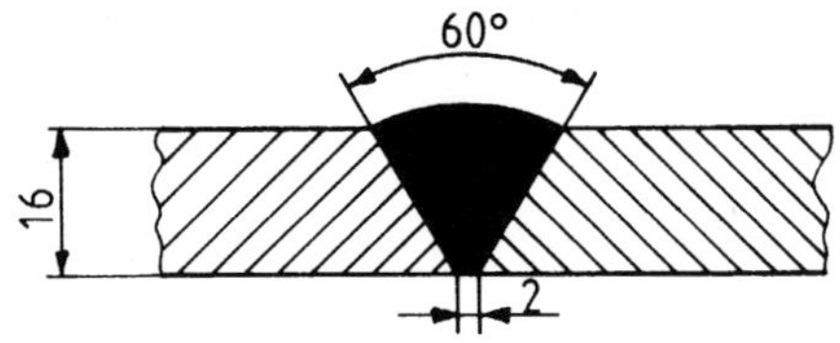

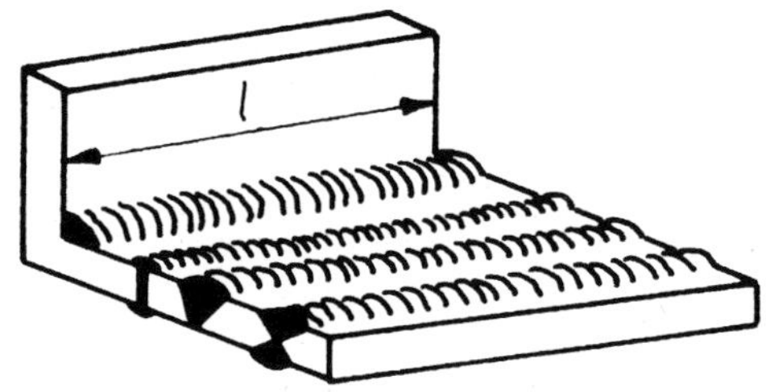

Der Elektrodenverbrauch beim Schmelzschweißen hängt ab

- von der ______________ der Schweißnaht und
- von ihrem ______________________________.

A. Nahtquerschnitt

Maßgebend für die Größe der Querschnittfläche ist die ______________ der Schweißnaht.

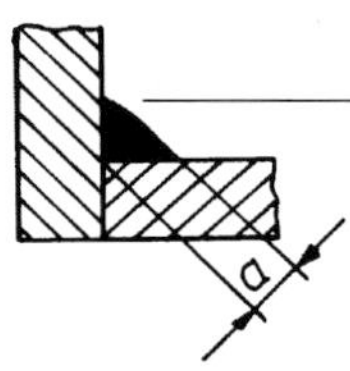 ______________ -Naht A_N = ______	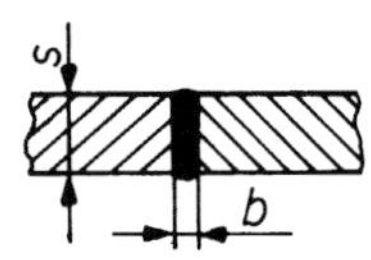 ______ -Naht A_N = ______
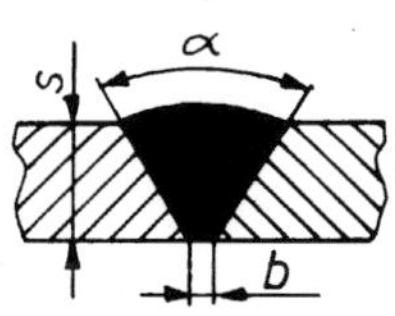 ______ -Naht A_N = ______________	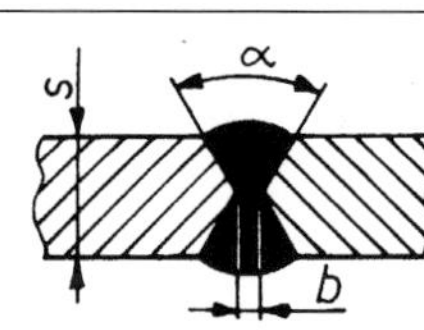 ______ -Naht A_N = ______________

Geg.: ______________________________

Ges.: ______________________________

____

____

____

____

B. Nahtvolumen

Das Nahtvolumen wird auch ______________ -Volumen genannt. Schweißnähte haben die Form von ______ - ______; ihr Volumen wird deshalb auch wie diese berechnet:

V_N = ______________

Geg.: ______________________________

Ges.: ______________________________

____

____

____

1. Aufgabe: Berechnen Sie den Nahtquerschnitt (in mm^2) und das Abschmelzvolumen (in mm^3) einer 2 mm breiten I-Naht mit 8 mm Blechdicke und 120 cm Länge.

2. Aufgabe: In die Montageskizzen für die Schweißarbeit an einem Rohr mit 400 mm Durchmesser ist das folgende Symbol eingezeichnet:

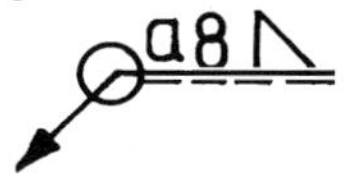

Berechnen Sie das Nahtvolumen in mm^3!

3. Aufgabe: Die skizzierte X-Naht ist 420 mm lang.
Berechnen Sie ihr Abschmelzvolumen in mm^3.

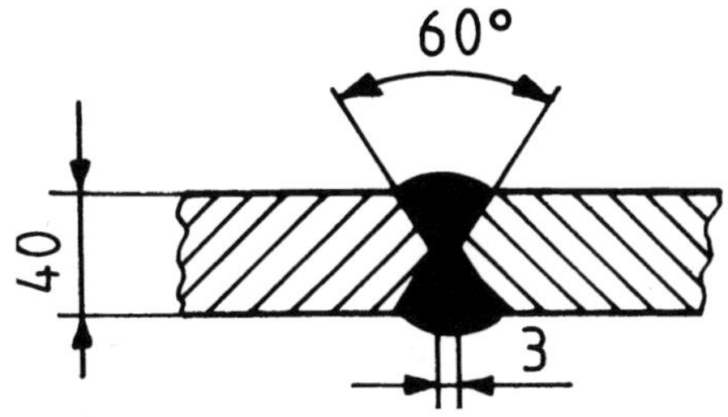

Eine V-Naht hat ein Volumen von 143 840 mm³. Wie groß ist die Anzahl der verbrauchten Stabelektroden (Ø 5 mm, 450 mm lang), wenn die nutzbare Elektrodenlänge 430 mm beträgt?

Volumen der Schweißnaht = Volumen aller ____________________

| ______ = ________ |

Meist soll die Anzahl der verbrauchten Stabelektroden berechnet werden:

| i = |

Stabelektroden haben die Form eines ____________________ :

| V_E = |

Stabelektroden sind nach Durchmesser und Länge genormt:

d (mm)	1,5	2,0	2,5	3,2	4,0	5,0	6,0	8,0
l (mm)	200	250		350			450	

Die nutzbare Elektrodenlänge ist um etwa ______ mm geringer als die Elektrodenlänge.

Geg.: ____________________

Ges.: ___

1. Aufgabe: Für eine I-Naht wurden 19,2 cm³ Abschmelzvolumen berechnet.
Wie viel Elektroden, Ø 2,5 mm, müssen in Rechnung gestellt werden?

2. Aufgabe: Eine Doppel-Kehlnaht ($a = 6$ mm) mit 720 mm Länge soll mit Stabelektroden (Ø 4 mm) geschweißt werden. Wie viel Elektroden werden dazu benötigt?

3. Aufgabe: Stahlbleche, 5 mm dick, werden mit einer 3 mm breiten I-Naht mit Stabelektroden (Ø 3,2 mm) verschweißt. Wie viel Meter Naht können mit einem Paket (= 75 Stück) Elektroden gefertigt werden?

Schweißzeiten

Für eine Fügearbeit wurden 20 Stabelektroden verschweißt. Die Abschmelzzeit für eine Elektrode beträgt nach Tabellenbuch 90 s. Die verwendete Schweißmaschine hat eine Einschaltdauer (ED) von 60 %.

a) Berechnen Sie die gesamte Lichtbogenbrennzeit (in min).
b) Wie viel Minuten beträgt die gesamte Einschaltdauer?
c) Wie lange (in min) sind bei der genormten Einschaltdauer von 5 Minuten die Lichtbogenbrennzeit und die Kühlzeit?

Geg.: ______________________

Ges.: a) gesamte Lichtbogenbrennzeit
b) gesamte Einschaltdauer
c) Lichtbogenbrennzeit und Kühlzeit in 5 Minuten

a) 1 Elektrode ——▶ ______

____ Elektroden ——▶ ______ = ______

= ______ gesamte Lichtbogenbrennzeit

b) ____ % = ______ min

1 % = ______ min

____ % = ______ = ____ min gesamte Einschaltdauer

c) ____ % = ______ min

1 % = ______ min

____ % = ______ = ____ min ______________ -Zeit

____ min ______________ -Zeit

bei ____ min Einschaltdauer

1. Aufgabe: Mit einer Schweißmaschine, Einschaltdauer 80 %, sollen 12 Stabelektroden mit 78 s Abschmelzzeit je Elektrode verschweißt werden.

Berechnen Sie (in min)
a) die gesamte Lichtbogenbrennzeit und
b) die Einschaltdauer für diese Schweißarbeit.

2. Aufgabe: In einer Stahlkonstruktion sollen 12 Doppel-Kehlnähte ($a = 5$ mm) mit je 280 mm Länge hergestellt werden. Verschweißt werden Stabelektroden mit 4 mm Durchmesser, 320 mm nutzbarer Stablänge und einer Abschmelzdauer von 90 s/Elektrode. Am verwendeten Elektroschweißgerät ist eine Einschaltdauer von 75 % angegeben.

Berechnen Sie den Elektrodenverbrauch, die gesamte Lichtbogenbrennzeit und die gesamte Einschaltdauer (in min). Wie lange (in min) darf innerhalb von 5 Minuten der Lichtbogen brennen?

Elektrische Leistung bei Schweißmaschinen

A. Leistung bei Wechselstrom mit induktiver Belastung (z. B. durch Spulen) oder mit kapazitiver Belastung (z.B. durch Kondensatoren)

Der Wechselstrommotor eines Schweißumformers nimmt bei 230 V die Stromstärke von 6 A auf. Sein Leistungsfaktor beträgt 0,85. Wie groß ist seine Leistung (in W)?

Um Wechselstrom handelt es sich dann, wenn der Strom in bestimmten ________________ seine ________________ ändert. Unsere Netzspannung wechselt die Richtung in einer Sekunde ____-mal, d.h., seine ____________ beträgt ____________.

Diese Änderung der Fließrichtung wird durch den Leistungsfaktor ________ (cosinus phi) berücksichtigt. Sein Wert liegt bei induktiver und kapazitiver Belastung zwischen 0,5 und 0,9, bei ohmscher Belastung ist der cos φ = ____.

Geg.: ________________________________

Ges.: ____

Der Leistungsfaktor beträgt 0,85; Faktoren werden ________________:

P = ________________	(____)

U in ______

I in ______

P = ________________

P = ________________

B. Leistung bei Drehstrom

Der Drehstrommotor eines Schweißumformers ist an 400 V angeschlossen und nimmt einen Strom von 5 A auf. Der Leistungsfaktor des Motors beträgt 0,86.
Berechnen Sie die Motorleistung in Watt.

Drehstrom ist eine Verkettung von drei Einphasenwechselströmen (= Dreiphasenwechselstrom). Die Zusammenfassung dieser drei Einzelleistungen geschieht durch den Verkettungsfaktor ________.

Geg.: ________________________________

Ges.: ____

Der Verkettungsfaktor beträgt $\sqrt{3}$; die Formel erweitert sich:

P = ________________	(____)

U in ______

I in ______

P = ________________

P = ________________

1. Aufgabe: Ein Gerät nimmt bei einem Leistungsfaktor von 0,75 eine Leistung von 345 W auf.
Wie groß ist die Stromaufnahme (in A) bei 230 V Wechselstrom?

2. Aufgabe: Der Drehstrommotor eines Schweißaggregates soll bei einer Spannung von 400 V die Leistung von 10 kW abgeben. Der Leistungfaktor ist 0,7; der Wirkungsgrad 0,8.
Welchen Strom (in A) nimmt der Motor auf?

3. Aufgabe: Der Drehstrommotor eines Schweißumformers nimmt bei 400 V einen Strom von 12 A auf. Bei einem Wirkungsgrad von 82 % gibt er an den Gleichstromgenerator die Leistung von 5,4 kW ab.
Wie groß ist der Leistungsfaktor des Motors?

4. Aufgabe: Der Drehstrommotor eines Schweißumformers mit dem Leistungsfaktor 0,82 nimmt bei 400 V einen Strom von 20 A auf. Der Gesamtwirkungsgrad des Umformers (Drehstrommotor und Gleichstromgenerator) beträgt 70 %.

a) Welche Leistung (in W) wird vom Motor aufgenommen?
b) Wie groß ist die Ausgangsleistung (in W) des Umformers?
c) Wie viel Ampere Schweißstrom liefert der Umformer bei 30 V Schweißspannung?

Elektrische Arbeit und Energiekosten

Die aufgenommene Leistung einer Schweißmaschine beträgt 6,8 kW, die monatliche Einschaltdauer 40 Stunden. Leerlaufverluste werden nicht berücksichtigt.

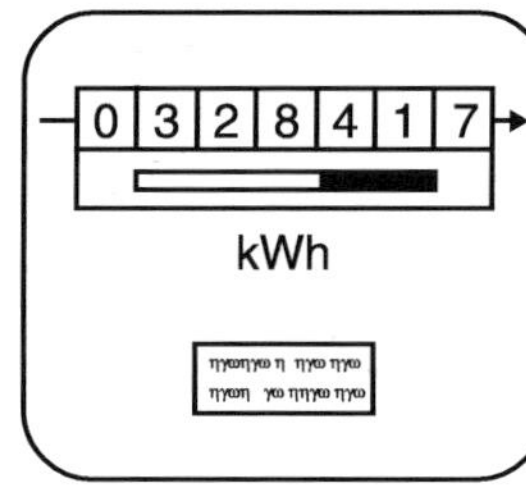

a) Wie groß ist die elektrische Arbeit (in kWh)?
b) Dem Versorgungsunternehmen (Elektrizitätswerk) müssen für die gelieferte Energie die Kosten bezahlt werden.
Wie hoch (in €) sind die monatlichen Energiekosten bei einem Arbeitspreis von 0,09 €/kWh?

Geg.: ______ = 6,8 kW, ______ = 40 h, Arbeitspreis = 0,09 €/kWh

Ges.: a) ______ b) Energiekosten

a) 1 kW in 1 h ⟶ ______

______ kW in 1 h ⟶ ______

______ kW in ______ h ⟶ ______ = ______

=	(______)	*P* in ______
		t in ______

Die elektrische Arbeit eines Gerätes ist umso größer, je größer die ______________ und je länger das Gerät ______________ ist.

Weitere Benennungen für die Arbeit W:

P in ______ , *t* in ______ ⟶ ______

P in ______ , *t* in ______ ⟶ ______

P in ______ , *t* in ______ ⟶ ______

Wie Sie wissen, lässt sich jede Energie (Arbeit) in andere Energieformen umwandeln:

______	=	______	=	______
Elektrische Energie		mechanische Energie		Wärmeenergie (Wärmemenge)

1 kWh =	______	Wh	1 Ws =	______	J
1 Wh =	______	Ws	1 kWs =	______	kJ
1 kWh =	______	kWs	1 kWh =	______	kJ

b) Für 1 kWh ⟶ ______ €

für ______ kWh ⟶ ______________ = ______

Energiekosten = ______________________________

1. Aufgabe: Rechnen Sie um.

3,4 kWh	=	______	Wh	0,6 Wh	=	______	Ws
108000 Ws	=	______	Wh	1400 Wh	=	______	kWh
4,2 kWh	=	______	kWs	8640 kWs	=	______	kWh
9360000 Ws	=	______	kWh	7 kWh	=	______	kJ
12,6 kWh	=	______	kJ	43200 kJ	=	______	kWh

2. Aufgabe: Ein Schweißtransformator (Leistungsfaktor 0,90) ist an eine Wechselspannung von 230 V angeschlossen und nimmt dabei 15 A auf. Täglich ist das Gerät 4 Stunden in Betrieb (Lichtbogenbrennzeit), die Kühlzeit bleibt unberücksichtigt. 1 kWh kostet 0,10 €.

a) Wie viel Watt hat der Schweißtransformator?
b) Wie viel kWh werden täglich verbraucht?
c) Wie hoch sind die täglichen Stromkosten (in €)?

3. Aufgabe: Welche Leistung (in kW) hat eine Schweißmaschine, wenn der Stromzähler nach 1 Stunde 36 Minuten einen Verbrauch von 12,8 kWh anzeigt?

4. Aufgabe: Der Drehstrommotor einer Schweißmaschine mit 400 V nimmt bei einem Leistungsfaktor von 0,85 den Strom von 18 A auf. Täglich ist die Schweißmaschine 4,5 Stunden in Betrieb (Leerlaufverluste werden nicht berücksichtigt). Berechnen Sie die täglichen Energiekosten (in €) bei einem Energiepreis von 0,13 €/kWh.

In der Grundstufe haben Sie kennen gelernt, wie Füllvolumen und Verbrauch von Sauerstoff und Acetylen beim Gas-Schmelz-Schweißen berechnet werden.

Füllvolumen von Sauerstoffflaschen

$$V = \frac{\Delta p \cdot V_{Fl}}{1 \text{ bar}}$$

V	Füllvolumen	l
V_{Fl}	Flaschenvolumen	l
ΔV	Volumenunterschied, Gasverbrauch	l
p	Fülldruck	bar
Δp	Druckunterschied	bar

Übliche Sauerstoffflaschen	Flaschenvolumen VFl	Fülldruck p
Leichtstahlflasche	50 l	200 bar
Normalflasche	40 l	150 bar

Gasverbrauch

Sauerstoff: $$\Delta V = \frac{\Delta p \cdot V_{Fl}}{1 \text{ bar}}$$

Acetylen: $$\Delta V = \frac{V \cdot \Delta p}{p}$$

1. Aufgabe: Das Manometer einer Normalflasche Sauerstoff zeigt einen Druck von 84 bar an.
Wie viel Liter Sauerstoff sind noch in der Flasche?

2. Aufgabe: Zum Brennschneiden wurde eine Leichtstahlflasche Sauerstoff verwendet. Der Druck fiel dabei von 106 auf 79 bar.
Wie viel Liter Sauerstoff wurden verbraucht?

3. Aufgabe: Beim Schweißen einer Kupfer-Zink-Legierung wird ein Mischungsverhältnis Sauerstoff zu Acetylen von 1,3 zu 1 eingestellt. Dabei sinkt der Druck in einer Normalflasche Sauerstoff um 26 bar.
Wie viel Liter Sauerstoff und Acetylen wurden verbraucht?

4. Aufgabe: Aus einer Acetylenflasche wurden 900 l entnommen.
Um wie viel bar sinkt der Flaschendruck, wenn bei 17 bar Fülldruck 6 m^3 eingefüllt wurden?

5. Aufgabe: Für das Schweißen eines Gussteils wurde am Brenner das Mischungsverhältnis Sauerstoff : Acetylen = 1 : 1,25 eingestellt. Der Druckabfall in einer Normalflasche Sauerstoff war 25,6 bar.
Um wie viel bar ist der Druck in einer Acetylenflasche mit 14 bar Fülldruck und 5600 l Füllvolumen bei dieser Arbeit gesunken?

Gasverbrauch, Schweißzeit und Gaskosten

3 mm dickes Stahlblech ist zu schweißen. Die Schweißnahtlänge beträgt 6,8 m.

a) Wie viel Liter Sauertoff und wie viel Liter Acetylen werden bei einem Mischungsverhältnis von 1:1 verbraucht?

b) Wie lang (Stunden, Minuten) dauert die reine Schweißzeit?

c) Wie hoch sind die Gaskosten, wenn für 1 m^3 Sauerstoff 5,10 € und für 1 m^3 Acetylen 9,70 € bezahlt werden?

Sie erinnern sich sicherlich noch!
Gasverbrauch und Schweißzeit hängen von der Größe des ________________ ab.

Stahlblechdicke	(mm)	0,5–1	1–2	2–4	4–6	6–9	9–14	14–20
Brennergröße		1	2	3	4	5	6	7
Sauerstoffverbrauch bzw.	K_l (l/m)	15	30	70	165	280	550	1000
Acetylenverbrauch /1:1)	K_t (l/h)	90	150	280	500	700	1100	1600
Schweißgeschwindigkeit	v (mm/min	100	80	65	50	40	35	25

Geg.: ________________

____

Ges.: a) ______ b) ____________ c) ____________

a) $\Delta V = K_l \cdot l$

$\Delta V =$ ________

$\Delta V =$ ________

ΔV	Gasverbrauch	l
l	Schweißnahtlänge	m
K_l	Gasverbrauch je Meter	l/m

b) $t = \frac{\Delta V}{K_t}$

ΔV	Gasverbrauch	l
t	Schweißzeit	h
K_t	Gasverbrauch je Stunde	l/h

$t =$

$t =$ ________ = ______ h ______ min

Die Schweißzeit kann aber auch mit der Schweißgeschwindigkeit berechnet werden:

$t = \frac{l}{v}$

t	Schweißzeit	min
l	Schweißnahtlänge	mm
v	Schweißgeschwindigkeit	mm/min

$t =$ ________

$t =$ ________ = ____ h ______ min

c) Sauerstoffkosten

________ l ⟶ 5,10 €

1 l ⟶

________ l ⟶

= ______ €

Acetylenkosten

________ l ⟶ 9,70 €

1 l ⟶

________ l ⟶

= ______ €

1. Aufgabe: Mit einem Schneidbrenner wird 1/4 Stunde lang mit 500 mm/min getrennt, der Brenner verbraucht dabei stündlich 2500 l.

a) Wie viel Liter Sauerstoff werden verbraucht?
b) Um wie viel bar sinkt der Flaschendruck in einer Leichtstahlflasche?
c) Wie lang (in m) ist der Schnitt?
d) Wie hoch (in €) sind die Sauerstoffkosten bei einem Preis von 4,90 €/m³?

2. Aufgabe: Für eine Schweißarbeit wurde der Brennereinsatz der Größe 4 verwendet. Vor Beginn der Schweißarbeit betrug der Druck am Inhaltsmanometer einer Normalflasche Sauerstoff 62 bar.

a) Wie viel Liter Sauerstoff wurden in 42 Minuten verbraucht?
b) Wie groß ist der Flaschendruck (in bar) nach der Arbeit?
c) Wie hoch sind die Kosten für den Sauerstoff bei einem Preis von 4,95 €/m³?

Berechnen Sie die gestreckte Länge (in mm) des gezeichneten Kropfstückes.

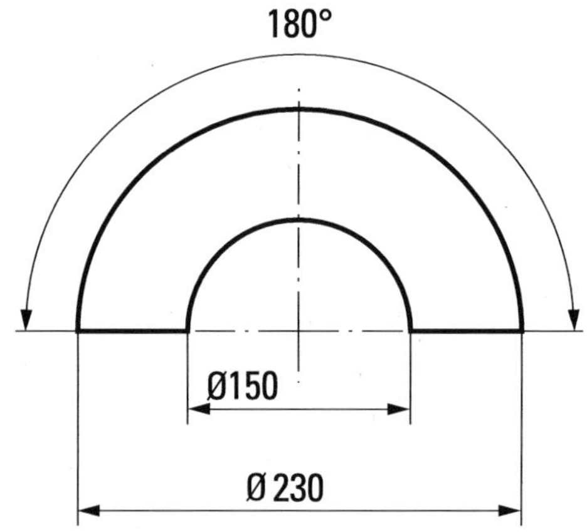

Geg.: ______________________

____

Ges.: ______________________

Die gestreckte Länge ist die Länge der ________

________. Im Beispiel ist es ein Kreis-

________ mit ____ °.

Die neutrale Faser ist die Länge, die beim Biegen weder

________ noch ________ wird.

Länge des Kreisbogens: l_B =

Überlegen Sie, welchen Durchmesser Sie einsetzen.

$d_{\_\_}$ = ________ mm

Zur Berechnung der Länge der neutralen Faser von Biegeteilen wird der ________ Durchmesser $d_{\_\_}$ eingesetzt.

$d_{\_\_}$ =	l_B =

$d_{\_\_}$ = ________ $\qquad$ l_B = ________

$d_{\_\_}$ = ________ mm $\qquad$ l_B = ________ mm

1. Aufgabe: Berechnen Sie die gestreckte Länge des Rahmens für ein Bogenfenster bei 30 mm Rahmenbreite und einem allseitigen Wandabstand von 20 mm. Die angegebenen Maße sind die Maße der lichten Maueröffnung.

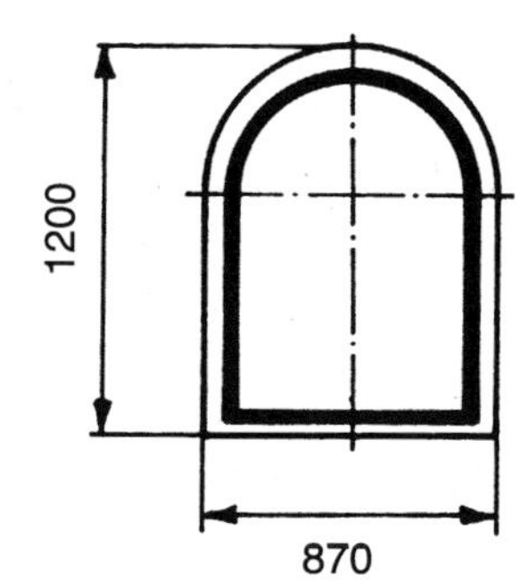

2. Aufgabe: Aus Rohren mit 50 mm Außendurchmesser sollen für einen Kinderspielplatz Turngeräte nach Skizze gebogen werden. Für die Fundamente ist eine Zugabe von je 100 cm vorzusehen.
Berechnen Sie die fehlende Länge *l* (in mm), wenn 6 m lange Rohre verarbeitet werden.

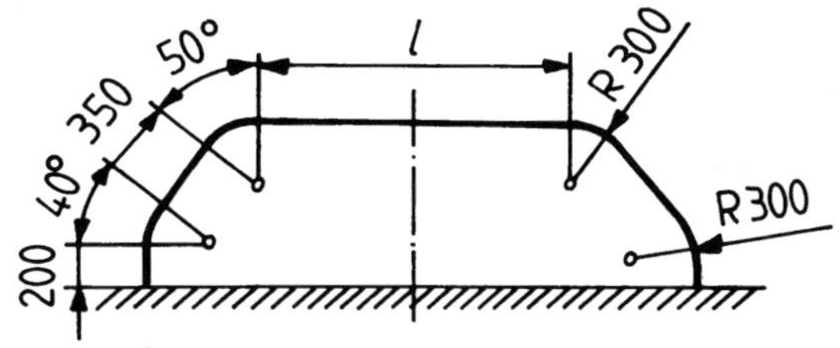

3. Aufgabe: Berechnen Sie für das skizzierte Korbgitter die gestreckte Länge (in mm) eines Stabes.

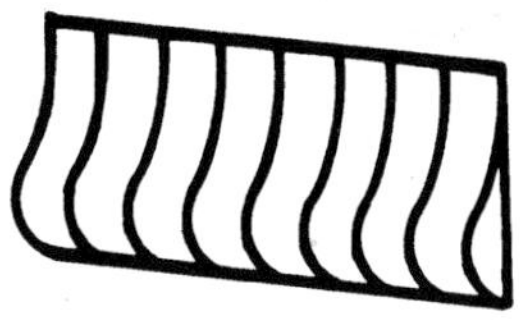

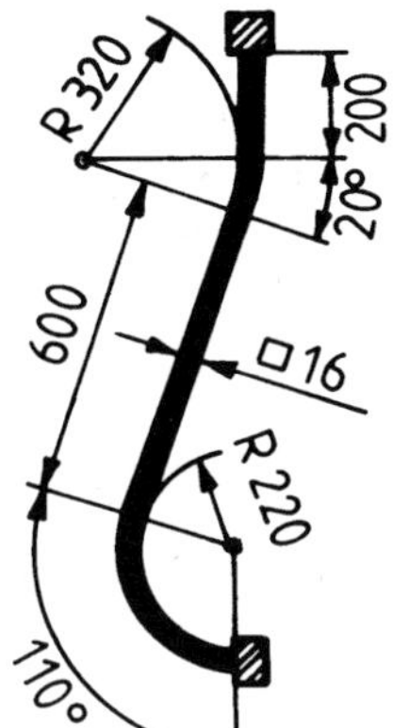

Zuschnittermittlung mit Tabellen

Ein Kropfstück soll mit einem mittleren Radius von 120 mm um 54 ° gebogen werden.
Wie viel mm ist die gestreckte Länge?

Geg.: ______________________________

Ges.: ______________________________

____

____

____

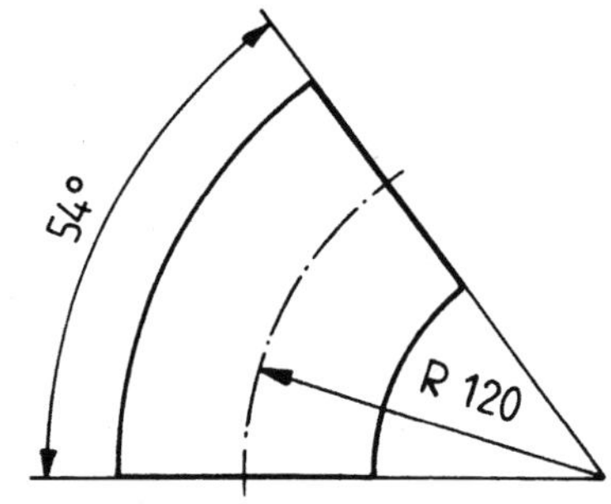

Bogenlängen lassen sich auch mit Hilfe von Tabellen ermitteln.

Die Tabelle gibt die Bogenlänge l_B für den Radius $r =$ ___ an.

Winkel α (°)	Bogenlänge l_B für den Radius r_0 = 1: 0	1°	2°	3°	4°	5°	6°	7°	8°	9°
	———	0,0175	0,0349	0,0524	0,0698	0,0873	0,1047	0,122	0,1396	0,1571
10	0,1745	0,1920	0,2094	0,2269	0,2443	0,2618	0,2793	0,2967	0,3142	0,3316
20	0,3491	0,3665	0,3840	0,4014	0,4185	0,4363	0,4538	0,4712	0,4887	0,5061
30	0,5236	0,5411	0,5585	0,5760	0,5934	0,6109	0,6283	0,6458	0,6632	0,6807
40	0,6981	0,7156	0,7330	0,7505	0,7679	0,7854	0,8029	0,8203	0,8378	0,8552
50	0,8727	0,8901	0,9076	0,9250	0,9425	0,9599	0,9774	0,9984	1,0123	1,0297
60	1,0472	1,0647	1,0821	1,0996	1,1170	1,1345	1,1519	1,1694	1,1868	1,2043
70	1,2217	1,2392	1,2566	1,2741	1,2915	1,3090	1,3265	1,3439	1,3614	1,3788
80	1,3963	1,4137	1,4312	1,4486	1,4661	1,4835	1,5010	1,5184	1,5359	1,5533
90	1,5708	1,5882	1,6057	1,6232	1,6406	1,6581	1,6755	1,6930	1,7104	1,7279
100	1,7453	1,7628	1,7802	1,7977	1,8151	1,8326	1,8500	1,8675	1,8850	1,9024
110	1,9199	1,9373	1,9548	1,9722	1,9897	2,0071	2,0246	2,0420	2,0594	2,0769
120	2,0944	2,1118	2,1293	2,1468	2,1642	2,1817	2,1991	2,2166	2,2340	2,2515
130	2,2689	2,2864	2,3038	2,3213	2,3387	2,3562	2,3736	2,3911	2,4086	2,4260
140	2,4435	2,4609	2,4784	2,4958	2,5133	2,5307	2,5482	2,5656	2,5813	2,6005
150	2,6180	2,6354	2,6529	2,6704	2,6878	2,7053	2,7227	2,7402	2,7576	2,7751
160	2,7925	2,8100	2,8274	2,8449	2,8623	2,8798	2,8972	2,9147	2,9322	2,9496
170	2,9671	2,9845	3,0020	3,0194	3,0369	3,0543	3,0718	3,0892	3,1067	3,1241
180	3,1416	———	———	———	———	———	———	———	———	———

Bestimmen Sie die Bogenlänge l_B für α = 40°.

r = 1 mm ⟶ l_B = ______________

r = 1 m ⟶ l_B = ______________

Erkenntnis: Der abgelesene Tabellenwert für die Bogenlänge l_B erhält die gleiche Benennung wie ______________

____

Bestimmen Sie nun die Bogenlänge l_B (in mm) für das Kropfstück mit Hilfe der Tabelle.

r = 1 mm und α = 54° ⟶ l_B = ______________

r = ___ mm und α = 54° ⟶ l_B = ______________

l_B = ______________

Bestimmen Sie die Bogenlänge l_B für r = 1 m und α = 240°.

r = 1 m und α = ___ ° ⟶ l_{B1} = ______________

r = 1 m und α = ___ ° ⟶ l_{B1} = ______________

l_B = ______________

Erkenntnis: Winkel über 180° werden ______________

____

1. Aufgabe: Überprüfen Sie die Bogenlängen der Aufgaben von Blatt 2.

Aufgabe 1: r_m = ______________ , α = ________ °

l_B = ______________________

l_B = ______________________

Aufgabe 2: r_m = ______________ , α = ________ °

l_B = ______________________

l_B = ______________________

Aufgabe 3: r_{m1} = ______________ , α_1 = ________ °

l_{B1} = ______________________

l_{B1} = ______________________

r_{m2} = ______________ , α_2 = ________ °

l_{B2} = ______________________

l_{B2} = ______________________

2. Aufgabe: Ein Rohr, Außendurchmesser 50 mm, wird mit einem Innenradius von 680 mm um 205° gebogen. Bestimmen Sie mit Hilfe der Tabelle die gestreckte Länge des Bogens (in mm).

3. Aufgabe: Für einen Windschutz ist ein Rahmen aus Rohr (Außendurchmesser = 40 mm) nach Skizze zu biegen.
Berechnen Sie mit Hilfe der Tabelle die Rohrlänge (in mm).

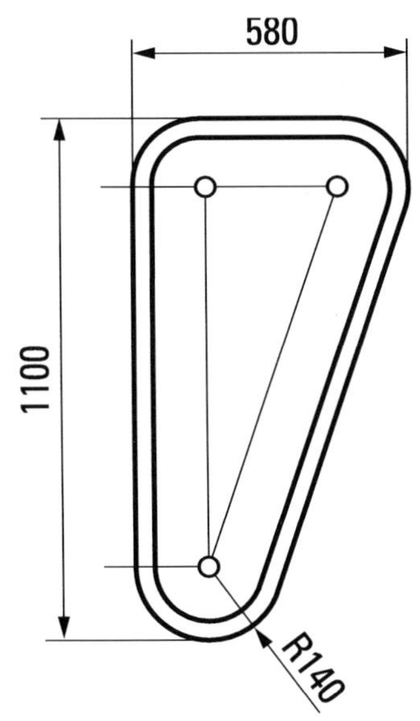

Für Turngeräte sind aus Stahlrohr mit 50 mm Außendurchmesser 50°-Rohrbögen mit kleinstmöglichem Biegeradius anzufertigen. Wie lang (in mm) muss die Anwärmlänge sein?

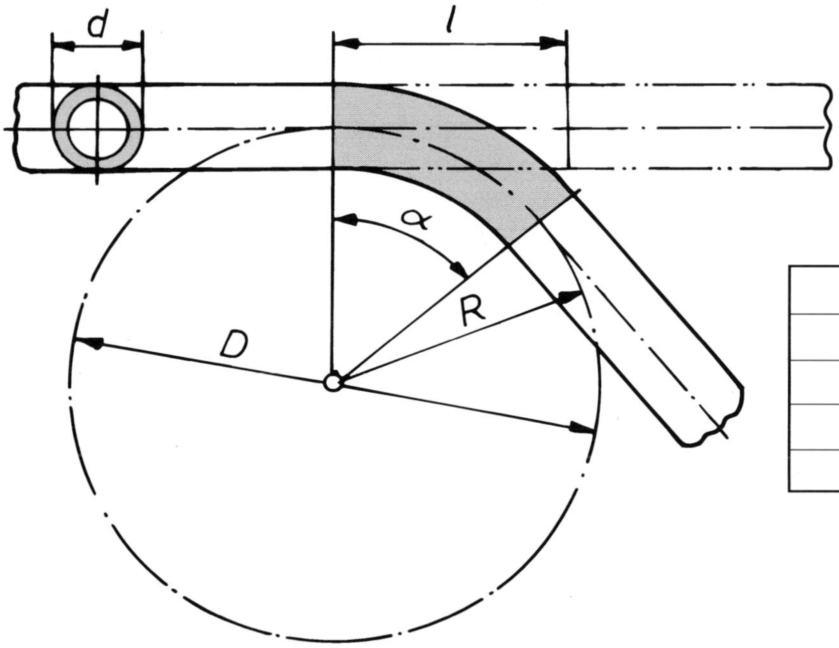

	l
	d
	R
	D
	α

Geg.: ______________________

Ges.: ______________________

Gebogene Rohre werden am Innenradius ______________, am Außenradius ______________.
Damit weder ______________ noch ______________ auftreten, muss bei Stahlrohren der Biegeradius ___ mindestens 3-mal so groß wie der Rohr-Außendurchmesser ___ sein:

$R \geq$ ______

$R =$ ______

$R =$ ______

Die Anwärmlänge ___ entspricht der ______________

$l_B =$ ______

$l =$ ______

Für $\pi \approx 3$ eingesetzt:

$l \approx$ ______

$l \approx$

$l \approx$ ______

$l \approx$ ______ mm

1. Aufgabe: Berechnen Sie für einen Windschutz aus Stahlrohr (Außendurchmesser 40 mm) die Anwärmlänge (in mm) für einen Biegewinkel von 120 °, wenn der Biegeradius $R = 3 \cdot d$ sein soll.

2. Aufgabe: Für Sicherheitsabsperrungen müssen Bögen aus Stahlrohr (Außendurchmesser 80 mm) mit einem Biegewinkel von 60 ° hergestellt werden. Der Biegeradius soll $4 \cdot d$ werden.
Welche Rohrlänge (in mm) muss zum Biegen angewärmt werden?

3. Aufgabe: Stellen Sie für die angegebenen Biegewinkel Formeln zur Berechnung der Anwärmlänge auf und überprüfen Sie damit die Aufgaben 1 und 2.

Biegewinkel α	$l = \frac{6 \cdot R \cdot \alpha}{360°}$	**Formel**
30 °		
45 °		
60 °		
90 °		
120 °		

Technische Mathematik Konstruktionsmechaniker und Metallbauer	Datum:	Zuschnittlänge bei Biegeteilen	F 1
Name:	Klasse:		11

Bei kleinen Biegeradien kann das Biegeteil am Radius gestreckt, manchmal auch gestaucht werden.
Bei kleinen Biegeradien ($r \leq$ 50 mm) wird als gestreckte Länge für das Biegestück *nicht* die Länge der neutralen Faser berechnet!

A. Zuschnittlänge

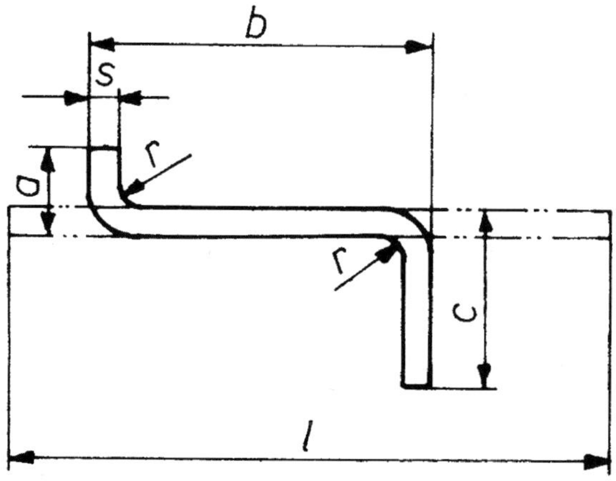

Größe	Formelzeichen	Einheit
Zuschnittlänge		
Schenkellänge		
Dicke		
Biegeradius		
Anzahl der Biegestellen		
Ausgleichswert		
Öffnungswinkel		
Korrekturfaktor		

Der Ausgleichswert *v* ist abhängig von

– der ______________________

– vom ______________________

– vom ______________________

und wird Tabellen entnommen oder berechnet.

l = ______________________

B. Ausgleichswert

1. Ausgleichswert *v* für 90 °- Biegeteile wird meist Tabellen (Auszug) entnommen:

Blechdicke s (mm)	0,4	0,6	0,8	1	1,5	2	2,5	3	3,5	4	4,5	5	6
Biegeradius r (mm)													
1	1,0	1,3	1,7	1,9									
1,6	1,3	1,6	1,8	2,1	2,9								
2,5	1,6	2,0	2,2	2,4	3,2	4,0	4,8						
4		2,5	2,8	3,0	3,7	4,5	5,2	6,0	6,9				
6			3,4	3,8	4,5	5,2	5,9	6,7	7,5	8,3	9,0	9,9	
10				5,5	6,1	6,7	7,4	8,1	8,9	9,6	10,4	11,2	12,7
16				8,1	8,7	9,3	9,9	10,5	11,2	11,9	12,6	13,3	14,8
20				9,8	10,4	11,0	11,6	12,2	12,8	13,4	14,1	14,9	16,3
25				11,9	12,6	13,2	13,8	14,4	15,0	15,6	16,2	16,8	18,2
32				15,0	15,6	16,2	16,8	17,4	18,0	18,6	19,2	19,8	21,0
40				18,4	19,0	19,6	20,2	20,8	21,4	22,0	22,6	23,2	24,5
50				22,7	23,3	23,9	24,5	25,1	25,7	26,3	26,9	27,5	28,8

Geg.: *a* = 15 mm, *b* = 140 mm, *c* = 32 mm, *s* = 2 m, *r* = 4 mm, *n* = 2 mm

Ges.: *l*

____

____

____

2. Ausgleichswert *v* für Öffnungswinkel von 0 – 90 °

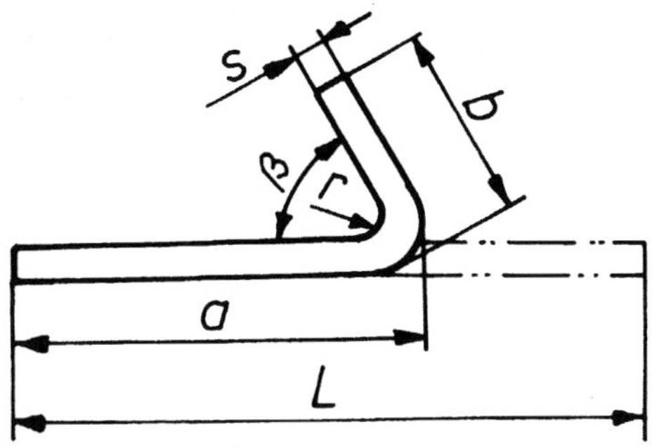

$$v = 2 \cdot (r + s) - \pi \cdot \frac{180° - \beta}{180°} \cdot \left(r + \frac{s}{2} \cdot k\right)$$

Ist $\beta \leq 65°$, kann *v* positiv oder negativ sein,
ist $\beta > 65°$, ist *v* immer negativ.
Diagramm zur Ermittlung des Korrekturfaktors *k*:

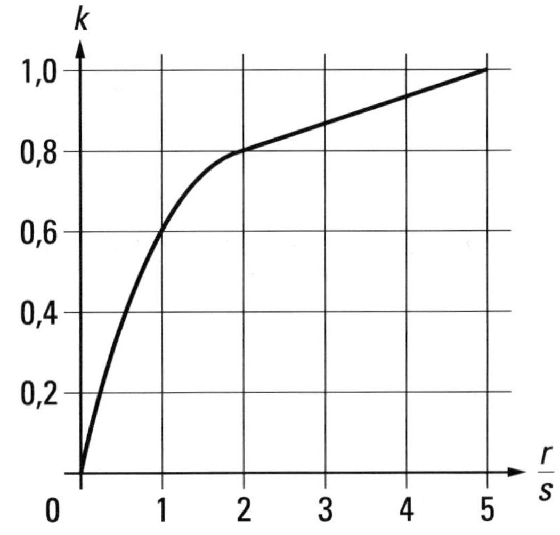

Geg.: $a = 60$ mm, $b = 20$ mm, $s = 2$ mm,
$r = 4$ mm, $\beta = 60°$

Ges.: *v*, *l*

Berechnen Sie *v* und *l* für das gleiche Biegeteil, *β* jedoch 30 °:

3. Ausgleichswert *v* für Öffnungswinkel über 90 – 165 °

$$v = 2 \cdot (r + s) \cdot \tan \frac{180° - \beta}{180°} - \pi \cdot \frac{180° - \beta}{180°} \cdot \left(r + \frac{s}{2} \cdot k\right)$$

4. Ausgleichswert *v* für Öffnungswinkel über 165 – 180 °

Bei diesen Öffnungswinkeln ist der Ausgleichswert so klein, dass er vernachlässigt werden kann.

$v =$

Einfacher Riementrieb

Am Antriebsmotor einer Bohrmaschine ist eine Riemenscheibe mit 120 mm angebracht, deren Drehzahl 1400 $^1/_{min}$ beträgt. Damit soll über eine 2. Riemenscheibe an der Bohrspindel die Drehzahl von 350 $^1/_{min}$ erreicht werden.
a) Welchen Durchmesser (in mm) muss die getriebene Scheibe haben?
b) Wie groß ist das Übersetzungsverhältnis?

Vereinbarung: Angaben über die treibende Scheibe erhalten den Index (= Kennziffer) „1",
Angaben über die getriebene Scheibe erhalten den Index „2".

Geg.: ________ = 120 mm, ______ = 1400 $^1/_{min}$, __________ = 350 $^1/_{min}$

Ges.: a) ________ b) _____

Aufgabe: Vervollständigen Sie die Skizze. Überlegen Sie, ob die Riemenscheibe an der Bohrspindel größer oder kleiner ist.

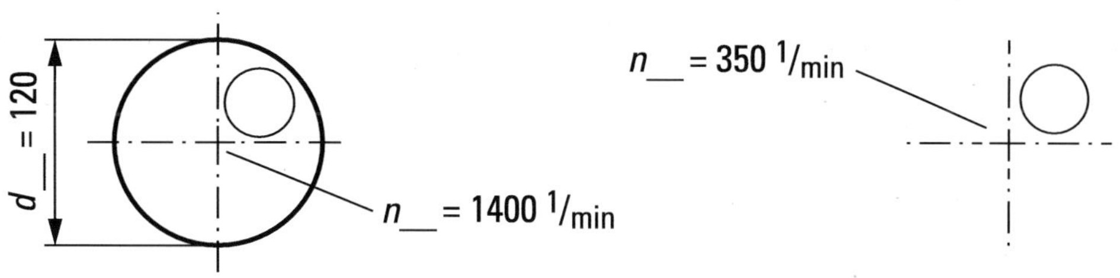

a) Verschiedene Drehzahlen, aber gleiche ______________________________ :

________ = ________

________ = ________

=

d__ = ________

d__ = ________

d__ = ________

Erkenntnis: Die kleinere Scheibe hat stets die ______________ Drehzahl.

b) Das Übersetzungsverhältnis __ gibt an, wie sich die ______________ der treibenden Scheibe zu der an der getriebenen Scheibe verhält; die Rechnung ist also eine ______________ :

i = ________ = _____ Oft wird das Ergebnis nicht als Dezimalzahl ausgedrückt, sondern als Bruch belassen, wobei die kleine Zahl (hier der ________) zu „1" wird:

i = ________ = _____

Beispiel: $i = \frac{1500}{500}$ = — ; $i = \frac{800}{2600}$ = ______

Das Übersetzungsverhältnis von 4 oder $\frac{4}{1}$ ergibt sich auch, wenn man mit den Durchmessern der Riemenscheibe

rechnet: $i =$ ______________ = ___

$i =$		$i =$

$i = \frac{4}{1}$ heißt, wenn sich die ______________ Scheibe __ -mal dreht,
dreht sich die ______________ Scheibe __ -mal.

Übersetzung ins Schnelle ⟶ i ______________ als 1 ⟶ i __ 1

Übersetzung ins Langsame ⟶ i ______________ als 1 ⟶ i __ 1

1. Aufgabe: Der Motor für ein Schmiedegebläse läuft mit 1400 $^1/_{min}$. Die Durchmesser der beiden Riemenscheiben sind 105 mm am Antriebsmotor und 75 mm an der Gebläsewelle.

a) Mit welcher Drehzahl läuft das Gebläse?

b) Welches Übersetzungsverhältnis liegt vor? Geben Sie dieses als Dezimalzahl und als Bruch an.

2. Aufgabe: Der gezeichnete Stufenscheiben-Riementrieb wird vom Motor mit 520 $^1/_{min}$ angetrieben.
Berechnen Sie für die beiden Fälle die Drehzahl der Arbeitsspindel, das Übersetzungsverhältnis und die Riemengeschwindigkeit in m/s.

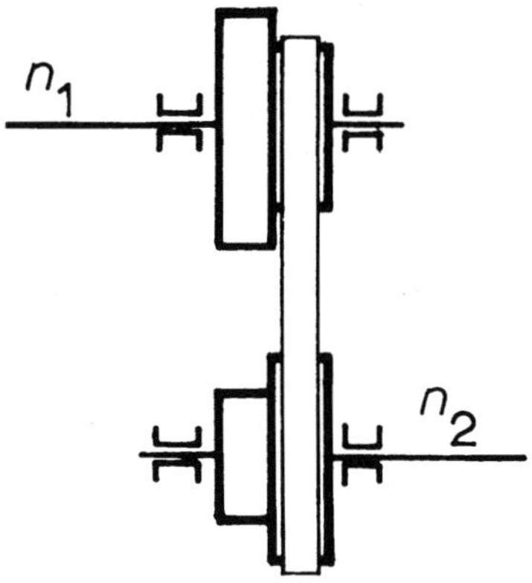

	Scheibendurchmesser in mm	
	treibend	getrieben
a)	232	58
b)	124	155

Einfacher Zahnradtrieb

Das Antriebsrad des gezeichneten Zahnradgetriebes hat 36 Zähne und dreht sich mit 1420 $^1/_{min}$.
Das getriebene Zahnrad besitzt 18 Zähne.

a) Zeichnen Sie die Drehrichtung am getriebenen Zahnrad ein.
b) Mit welcher Drehzahl läuft dieses Rad?
c) Wie groß ist das Übersetzungsverhältnis?

Wie beim Riementrieb gilt die Vereinbarung:

Treibendes Zahnrad ——▶ Index ◯,

getriebenes Zahnrad ——▶ Index ◯.

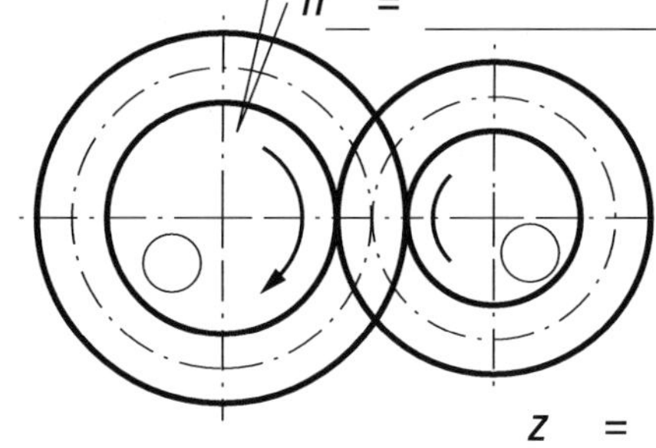

Geg.: ____

Ges.: a) Drehrichtung b) ____ c) ____

a) Beim einfachen Zahnradtrieb wird die Drehrichtung ____.

b) Beim Riementrieb haben Sie folgende Gesetzmäßigkeit festgestellt:

____

Beim Zahnradtrieb gilt: [=]

____ = ____

____ = ____

____ = ____

Erkenntnis: Die größere Drehzahl hat stets das Zahnrad mit der ____ Zähnezahl.

c) [$i = \frac{\quad}{\quad}$]

Dieses Übersetzungsverhältnis erhält man auch, wenn man mit den Zähnezahlen rechnet:

$i = \frac{\quad}{\quad}$ $i = \frac{\quad}{\quad}$

$i =$ $i =$ [$i = \frac{\quad}{\quad}$]

$i =$ ____ $i =$ ____

1. Aufgabe: Das Antriebsrad eines Zahnradtriebes mit 42 Zähnen dreht sich mit 1620 $^1/_{min}$ und treibt ein Zahnrad, welches eine Drehfrequenz von 1260 $^1/_{min}$ haben soll.
Berechnen Sie die Zähnezahl des getriebenen Rades und das Übersetzungsverhältnis.

2. Aufgabe: Berechnen Sie Enddrehzahl und Übersetzungsverhältnis des skizzierten Kegelradtriebes.

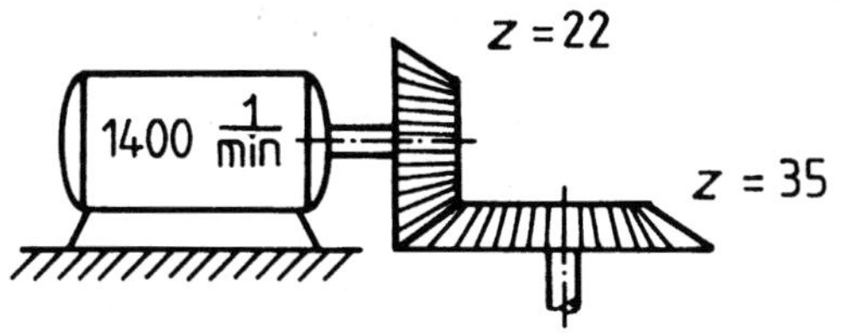

3. Aufgabe: In einem Getriebe hat das treibende Zahnrad 50, das getriebene Zahnrad 32 Zähne. Als Enddrehzahl werden 1600 $^{1}/_{min}$ verlangt.

a) Wie groß muss die Antriebsdrehzahl sein?

b) Welches Übersetzungsverhältnis liegt vor?

4. Aufgabe: Bei einem Zahnradtrieb ist ein Übersetzungsverhältnis von 1 : 2,8 gefordert.
Wie groß müssen Dreh- und Zähnezahl des getriebenen Rades gewählt werden, wenn das Antriebsrad 42 Zähne besitzt und die Drehzahl 500 $^{1}/_{min}$ beträgt?

Eine 2-gängige Schnecke läuft mit 600 $^1/_{min}$ und treibt ein Schneckenrad mit 240 Zähnen an.

a) Welche Drehzahl hat das Schneckenrad?
b) Wie groß ist das Übersetzungsverhältnis?

Geg.: ____________________

____

Ges.: a) ________ b) ____________

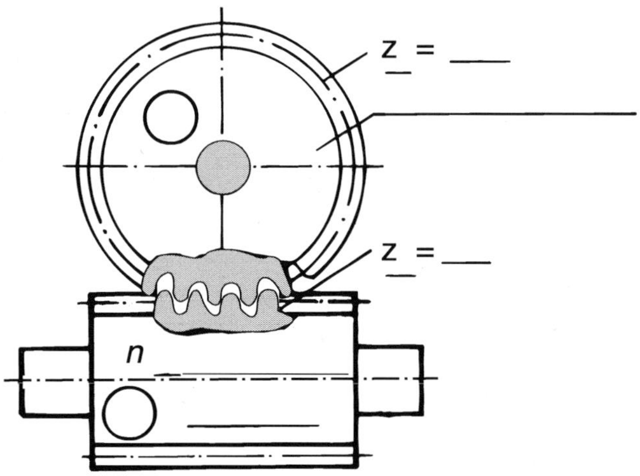

a) 1 Umdrehung an der Schnecke ——→ ____ Zähne am Schneckenrad

____ Umdrehungen an der Schnecke ——→ ______ = ____ Zähne am Schneckenrad

____ Zähne am Schneckenrad ——→ = ____ Umdrehungen am Schneckenrad

__________ = __________

=

b) $i =$ oder $i =$

$i =$ $i =$

$i =$ $i =$

! Der Schneckentrieb wird wie der ______________-Trieb berechnet.

Das treibende Element ist beim Schneckentrieb immer ______________.

Es findet daher stets eine Übersetzung ins ______________ statt.

Die __________-Zahl entspricht der __________-Zahl.

1. Aufgabe: Ein Rolltor wird über einen Schneckentrieb betätigt. Die Schnecke ist 3-gängig, das Schneckenrad hat 93 Zähne und soll sich mit 80 $^1/_{min}$ drehen.
Wie groß ist die Drehzahl des Antriebsmotors zu wählen und welches Übersetzungsverhältnis liegt vor?

2. Aufgabe: Bei einem Schneckentrieb wurde die Schnecke beschädigt und muss erneuert werden. Das Schneckenrad mit 75 Zähnen dreht sich je Minute 80-mal.
Wie viel gängig muss die Schnecke bestellt werden, und wie groß ist das Übersetzungsverhältnis, wenn der Antriebsmotor eine Drehzahl von 2000 $^{1}/_{min}$ hat?

3. Aufgabe: Mit einer 2-gängigen Schnecke soll ein Schneckenrad mit 12 $^{1}/_{min}$ angetrieben werden. Das Übersetzungsverhältnis ist 60.
Berechnen Sie die Drehzahl der Schnecke und die Zähnezahl des Schneckenrades.

A. Beim Anfertigen einer 20-mm-Bohrung wird mit der Drehzahl von 400 $^1/_{min}$ gearbeitet.
Wie groß ist die Schnittgeschwindigkeit des Bohrers?

Unter Schnittgeschwindigkeit versteht man die Geschwindigkeit, mit der bei der spanenden Bearbeitung die ________ ________ stattfindet. Die Schnittbewegung ist beim Bohren, Drehen, Fräsen, Schleifen und beim Sägen mit der Kreissäge ________ -förmig. Die Schnittgeschwindigkeit wird daher wie die ________ -Geschwindigkeit berechnet. Ihre Benennung ist ________, nur beim Schleifen und Trennschleifen ist sie in ________ angegeben.

Geg.: ________

Ges.: ________ (________)

Formel zur Berechnung der Umfangsgeschwindigkeit und damit auch zur Berechnung der Schnittgeschwindigkeit in m/s:

$v_S =$ (m/s) ____ in ____ ; ____ in ____ = ________

Überlegen Sie, wie sich die Formel ändert, wenn die Benennung m/min ist:

$v_S =$ (m/min) ____ in ____ ; ____ in ____ = ________

$v_S =$ ________

$v_S =$ ________

B. Auf der Maschine wird nicht die Schnittgeschwindigkeit, sondern die ________ eingestellt. Dann muss allerdings die Schnittgeschwindigkeit bekannt sein.
In Tabellen werden wirtschaftlich günstige Werte für die Schnittgeschwindigkeit angegeben:

	Bohren (HSS) v_S (m/min)	**Sägen** (HSS) (Kreissäge) v_S (m/min)	**Schleifen und Trennschleifen** v_S (m/s)
Unlegierter Baustahl	30 – 35	35 – 40	45 – 80
Legierter Stahl	20 – 25	15 – 20	
Gusseisen	15 – 25	20 – 30	
Aluminium	30 – 50	200 – 300	——

Welche Drehzahl muss an einer Bohrmaschine eingestellt werden, wenn in Werkstücke aus Aluminium Bohrungen mit 18 mm Durchmesser hergestellt werden?

Geg.: ______________________________

Ges.: ______________

v_S = ______

= ______

= ______

= ______

Ist die errechnete Drehzahl auf der Maschine nicht einstellbar, so muss die nächst- ______ verwendet werden.

1. Aufgabe: Beim Freihandschleifen mit der Winkelschleifmaschine darf die auf der Scheibe angegebene Schnittgeschwindigkeit nicht überschritten werden.
Welche Drehzahl darf eine Winkelschleifmaschine bei einem Scheibendurchmesser von 180 mm höchstens haben, wenn v_{max} mit 80 m/s angegeben ist?

2. Aufgabe: Die Arbeitswelle einer Metallkreissäge wird mit einer Drehzahl von 400 $^{1}/_{min}$ angetrieben.
Welchen Durchmesser (in mm) darf ein Kreissägeblatt aus HSS bei größtmöglicher Schnittgeschwindigkeit bei der Bearbeitung von Aluminium höchstens haben?

Technische Mathematik Konstruktionsmechaniker und Metallbauer	Datum:	Drehzahlbestimmung beim Bohren mit Diagramm	F 1
Name:	Klasse:		16

In Werkstücke sind Bohrungen mit 20 mm Durchmesser herzustellen.
Welche Drehzahl muss bei 10 m/min, bei 30 m/min und bei 60 m/min Schnittgeschwindigkeit eingestellt werden?

Geg.: ______________________________

Ges.: ______________

v_S =

=

=   =   =

=   =

Der Zusammenhang zwischen Schnittgeschwindigkeit v_S und Drehzahl n kann auch in einem Diagramm zeichnerisch dargestellt werden.

Aufgabe: Ordnen Sie der jeweiligen Schnittgeschwindigkeit v_S (senkrechte Achse) die errechnete Drehzahl n (waagrechte Achse) zu.

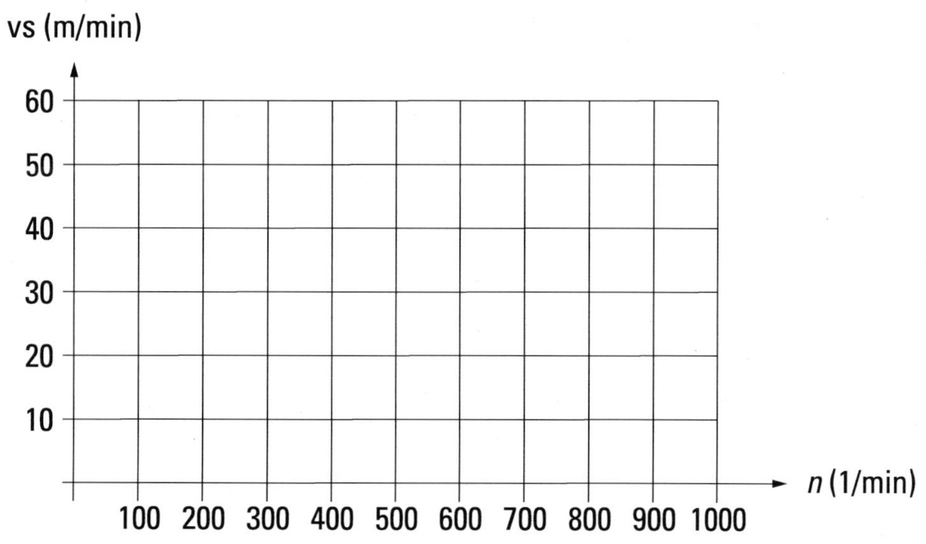

Jetzt haben Sie eine Möglichkeit, beim Arbeiten mit dem 20-mm-Bohrer auch für andere Schnittgeschwindigkeiten die Drehzahl ohne Rechnung zu bestimmen.

Aufgabe: Wie groß muss die Drehzahl für Bohrungen mit 20mm Durchmesser in Aluminium gewählt werden, wenn die Schnittgeschwindigkeit 40 m/min betragen soll?

Senkrechte Achse: ______ = ______________

Waagrechte Achse: ______ ≈ ______________

Oder umgekehrt: Welche Schnittgeschwindigkeit (in m/min) ergibt beim Arbeiten mit dem 20-mm-Bohrer die Drehzahl von 400 $^1/_{min}$?

Waagrechte Achse: ______ = ______________

Senkrechte Achse: ______ ≈ ______________

Dieses Diagramm kann man für andere gängige Bohrerdurchmesser erweitern und die Zusammenhänge von v_S und n zeichnerisch darstellen.

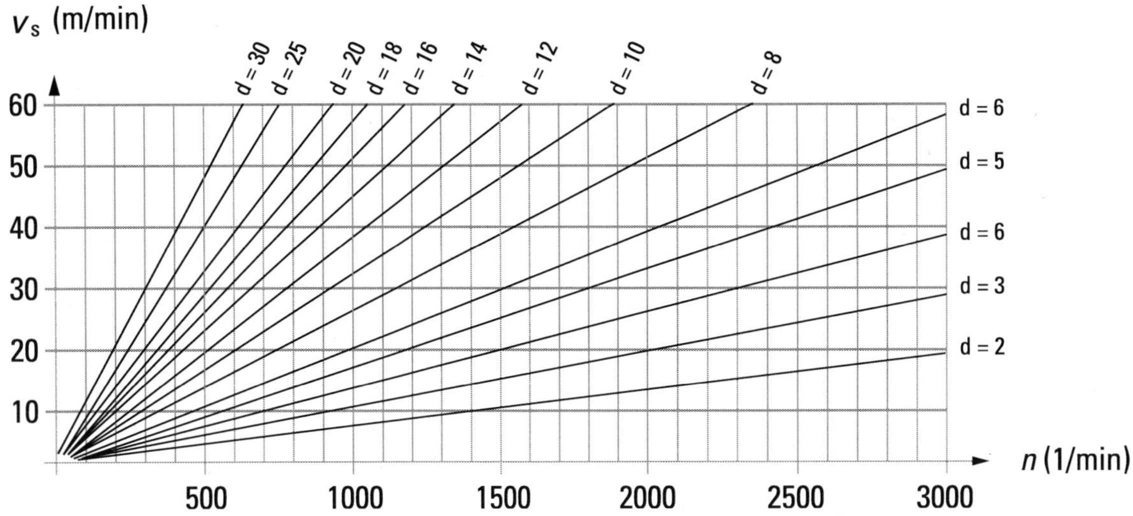

1. Aufgabe: Welche Drehzahlen müssen auf der Bohrmaschine eingestellt werden?

		a)	b)	c)	d)
Bohrerdurchmesser	d (mm)	8	30	5	14
Schnittgeschwindigkeit	v_S (m/min)	40	20	30	30
Drehzahl	n ($^1/_{min}$)	______	______	______	______

2. Aufgabe: Wie groß ist die Schnittgeschwindigkeit der Bohrer?

		a)	b)	c)	d)
Bohrerdurchmesser	d (mm)	3	25	10	8
Drehzahl	n ($^1/_{min}$)	3000	500	600	1200
Schnittgeschwindigkeit	v_S (m/min)	______	______	______	______

3. Aufgabe: Ergänzen Sie die fehlenden Werte für die Bohrarbeiten:

		a)	b)	c)	d)
Bohrerdurchmesser	d (mm)	6	12	______	______
Schnittgeschwindigkeit	v_S (m/min)	20	______	30	25
Drehzahl	n ($^1/_{min}$)	______	800	700	1100

4. Aufgabe: Für eine Massenanfertigung von Bohrungen mit 18 mm Durchmesser soll für Baustahl (v_S = 35 m/min) die günstigste Drehzahl bestimmt werden. Folgende Drehzahlen sind auf der Maschine einstellbar: 200, 400, 600, 800, 1000, 1500 und 2000 $^1/_{min}$.

Bestimmen Sie a) die Drehzahl nach Diagramm,

b) die eingestellte Drehzahl d und

c) überprüfen Sie die Schnittgeschwindigkeit durch Rechnung.

In Baustahl sind Bohrungen mit 16 mm Durchmesser herzustellen. Bei einer Schnittgeschwindigkeit von 30 m/min soll der Vorschub 0,2 mm betragen.

a) Welche Drehzahl ist zu wählen?

b) Wie groß ist die Vorschubgeschwindigkeit?

Unterscheiden Sie:

Vorschub *f* ist der Weg des Bohrers nach ______________.

Seine Benennung ist ______.

Vorschubgeschwindigkeit v_f ist der Weg des Bohrers in ______________.

Ihre Benennung ist ______________.

Schnittgeschwindigkeit v_s ist der Weg eines Punktes am Umfang des Bohrers in ______________.

Ihre Benennung ist ______________.

Beim Bohren ist die Schnittgeschwindigkeit v_s ______________, die Vorschubgeschwindigkeit v_f dagegen ______________.

Geg.: ______________________________

Ges.: a) ______ b) ______________

a) ____ = ______________ ____ = ______________

____ = ______________ ____ = ______________

b) Bohrerweg nach 1 Umdrehung → ______________

Bohrerweg nach ______ Umdrehungen → ______________ = ________ mm/min

$v_f =$	(________)	____ in ______________ / ____ in ______________

Richtwerte für den Vorschub *f* (mm) beim Bohren (HSS)

Bohrer-Durchmesser *d* (mm)	3	4	6	10	15	25	30	40
Unlegierter und legierter Stahl *f* (mm)	0,05	0,08	0,12	0,18	0,25	0,32	0,38	0,40
Gusseisen und Aluminium *f* (mm)	0,08	0,12	0,20	0,28	0,38	0,50	0,60	0,63

1. Aufgabe: Wie groß ist die Vorschubgeschwindigkeit (in mm/min) eines Bohrers mit 26 mm Durchmesser bei 20 m/min Schnittgeschwindigkeit und einem Vorschub von 0,32 mm?

2. Aufgabe: Ein 20-mm-Bohrer arbeitet mit der Schnittgeschwindigkeit von 25 m/min, als Vorschub werden für Stahl 0,28 mm empfohlen.
Berechnen Sie die Drehzahl (in $^1/_{min}$) und die Vorschubgeschwindigkeit (in mm/min).

3. Aufgabe: In Tabellenbüchern wird für das Trennen von Aluminium mit Kreissägeblättern bis 300 mm Durchmesser eine Schnittgeschwindigkeit von 250 m/min und eine Vorschubgeschwindigkeit von 200 mm/min vorgeschlagen.
Berechnen Sie die Drehzahl (in $^1/_{min}$) und den Vorschub (in mm).

4. Aufgabe: An einer Bohrmaschine wird mit 0,26 mm Vorschub gearbeitet, die Vorschubgeschwindigkeit beträgt dabei 234 mm/min.
Berechnen Sie die Schnittgeschwindigkeit (in m/min) für Bohrer mit 10 mm Durchmesser.

Hauptnutzungszeit beim Bohren

In eine 40 mm dicke Stahlplatte sind 18 Durchgangsbohrungen mit 20 mm Durchmesser zu bohren. Die Schnittgeschwindigkeit wird mit 24 m/min, der Vorschub mit 0,2 mm gewählt. Der Anlauf beträgt 2 mm, der Überlauf 1 mm.

Zu berechnen sind:
a) Bohrweg (in mm)
b) Drehzahl (in 1/min) bei stufenloser Einstellung
c) Vorschubgeschwindigkeit (in mm/min)
d) Hauptnutzungszeit (in min)

Geg.: ____ = 40 mm, ____ = 20 mm, ____ = 24 m/min, ____ = 0,2 mm, ____ = 2 mm, ____ = 1 mm, ____ = 18

Ges.: a) ____ b) ____ c) ____ d) ____

a) **Bohrweg** L

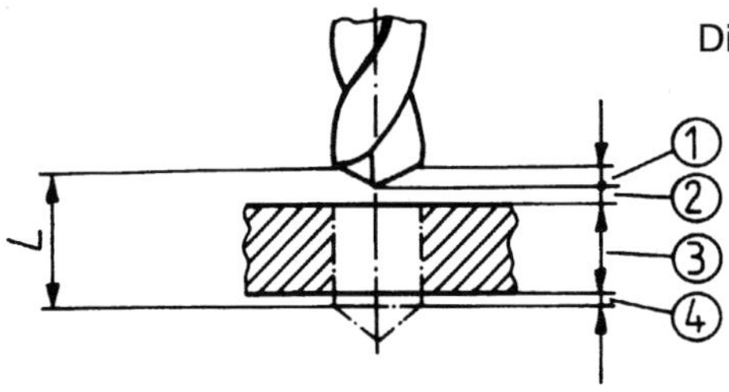

Dieser setzt sich zusammen aus

① ______________________
② ______________________
③ ______________________
④ ______________________

L =

Der Anschnitt l_s hängt vom Durchmesser und vom ______________________ des Bohrers ab:

Bohrertyp		
N	H	W
für Stahl und Gusseisen	für Kunststoffe	für Aluminium
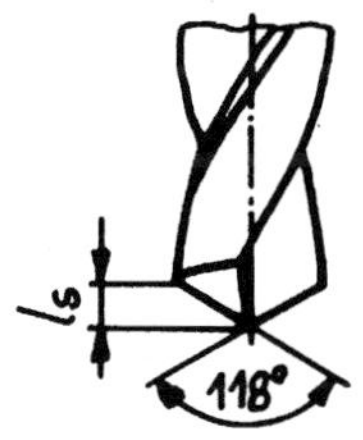	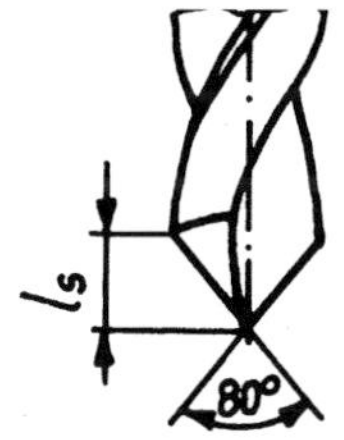	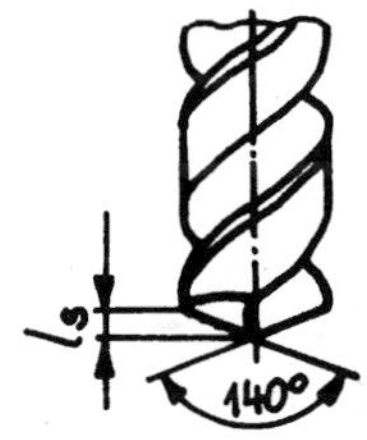
l_s =	l_s =	l_s =

Berechnen Sie nun **Anschnitt** l_s und **Bohrweg** L

l_s = ______________
l_s = ______________
l_s = ______ mm

L = ______________
L = ______________
L = ______ mm

b) **Drehzahl** n

n =
n =
n = ______________

c) **Vorschubgeschwindigkeit** v_f

v_f = ______________
v_f = ______________
= ______________

d) **Hauptnutzungszeit t_n**

Die Hauptnutzungszeit ist die reine ______________ -Zeit (ohne Vorbereitungszeit, Einrichtzeit u. Ä.)

Für 76,4 mm ──▶ ______ min

für ______ mm ──▶ ______ min

für ______ mm ──▶ ______ min

Für 1 Bohrung ──▶ ______ min

für ______ Bohrungen ──▶ ______ = ______ min = ______ min ______ s

t_h = ______ ; für v_f = ______ eingesetzt:

t_h =	(min)

Bohrweg ______ (______)

Anzahl der Bohrungen ______

Vorschub ______ (______)

Drehzahl ______ (______)

1. Aufgabe: Eine Konstruktion aus 16 mm dickem Aluminium erhält für Gewinde M 12 (Kernlochbohrer d = 10,2 mm) 32 Durchgangsbohrungen. Der Anlauf beträgt 2 mm, der Überlauf 1 mm.
Berechnen Sie die Hauptnutzungszeit (in min) bei 1400 $^1/_{min}$ und einem Vorschub von 0,25 mm.

2. Aufgabe: Ein Maschinengehäuse aus EN-GJL-150 erhält 20 Gewindebohrungen M 16 mit einer Grundlochtiefe von 30 mm. Die Kernlochbohrungen haben 14 mm Durchmesser und werden mit der Schnittgeschwindigkeit von 20 m/min und einem Vorschub von 0,32 mm gebohrt. Als Anlaufweg werden 3 mm gerechnet.
Wie groß ist die Hauptnutzungszeit (in min) bei stufenloser Drehzahleinstellung?

Der Boden für einen zylindrischen Behälter soll gefertigt werden.
Der Behälter hat einen Durchmesser von 470 mm, die Zugabe für das Bördeln beträgt 5 mm (siehe Skizze).

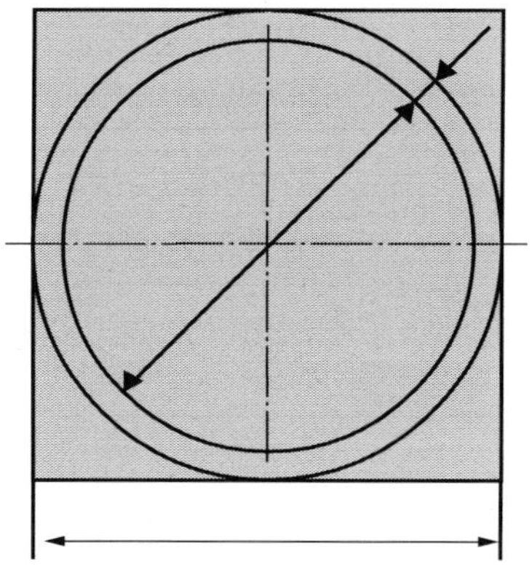

Berechnen Sie:
a) die Oberfläche des Bodens (in dm^2) ohne Zugabe für das Bördeln;
b) die Zugabe für das Bördeln (in dm^2 und in %);
c) die Zuschnittfläche (in dm^2);
d) den gesamten Blechbedarf (in dm^2), wenn der Zuschnitt aus einem quadratischen Blech herausgeschnitten wird;
e) den Verschnitt (in dm^2 und in %) bezogen auf die Zuschnittfläche.

Die Oberfläche des Bodens ist die ____________ -Fläche mit ________ mm Durchmesser.

Die Zuschnittfläche ist die ________ -Fläche mit ________ mm Durchmesser.

Der Unterschied zwischen Oberfläche und Zuschnittfläche ist die ____________ (z. B. für Bördel, ________________________ u. Ä.)

Der tatsächliche Blechbedarf ist hier eine ____________ -Fläche.

Der Unterschied zwischen Blechbedarf und Zuschnittfläche heißt ____________.

Der Blechbedarf für die Herstellung eines Behälters ist daher um die ________ und um den ________ ________ größer als die Oberfläche des fertigen Werkstückes.

Geg.: ________________________________

Ges.: a) Oberfläche b) Zugabe c) Zuschnittfläche
b) Blechbedarf e) Verschnitt

a) **Oberfläche**

A = ________

A = ________

A = ________ dm^2

b) **Zugabe in dm^2**

A = ________

A = ________

A = ________

A = ________ dm^2

Zugabe in %

________ dm^2 ≙ ________ %

________ dm^2 ≙ ________

________ dm^2 ≙ ________

= ________ %

c) **Zuschnittfläche**

A = ________

A = ________

A = ________ dm^2

d) **Blechbedarf**

A = ________

A = ________

A = ________ dm^2

e) **Verschnitt in dm^2**

A = ________

A = ________ dm^2

Verschnitt in %

________ dm^2 ≙ ________ %

________ dm^2 ≙ ________

________ dm^2 ≙ ________ = ________ %

1. Aufgabe: Der Kupfereinsatz für einen Brunnen wurde als Halbkugel mit 1,90 m Durchmesser ausgebildet. Die umlaufende Abdeckung ist ein Kreisring mit 20 cm Breite und ist am Rand 6 cm tief abgekantet.
Wie viel m² Kupferblech werden dem Kunden bei 7 % Zugabe (bezogen auf die Werkstückoberfläche) und 23 % Verschnitt (bezogen auf die Zuschnittfläche) in Rechnung gestellt?

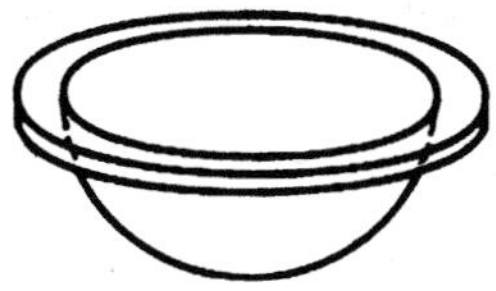

$A_{\text{Kugel}} = d^2 \cdot \pi$

2. Aufgabe: Der Einsatz für einen Blumenständer ist in der Grundfläche ein Rechteck mit 720 mm Länge und 360 mm Breite, seine Höhe soll 160 mm werden. Für die Zugabe werden 6 % (bezogen auf die Oberfläche des Einsatzes), für Verschnitt 21 % (bezogen auf die Zuschnittfläche) angesetzt.
Berechnen Sie den Blechbedarf in m².

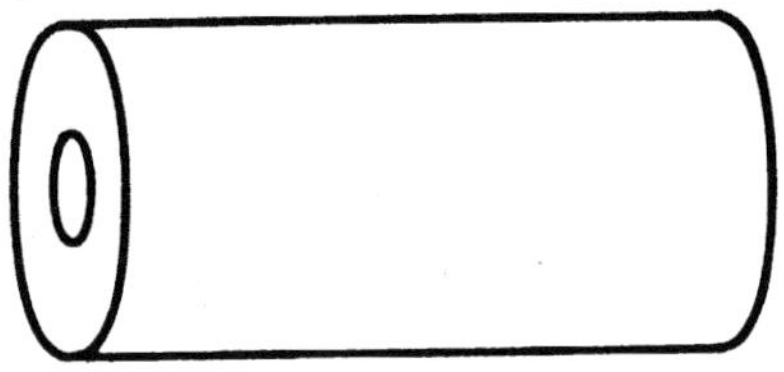

Wie viel kg wiegt das skizzierte Gegengewicht aus Stahl, wenn sein Volumen 12 dm^3 beträgt?

A. Masse

Die Masse eines Körpers kann mit der ______________-Waage bestimmt werden. Im Handel wird die Masse auch als ______________ bezeichnet.

Maßeinheiten:

Kilogramm (kg)

__________ (___)

__________ (___)

Umrechnungen:

1 kg = ______________

_____ = ______________

Umwandlungszahl: ________

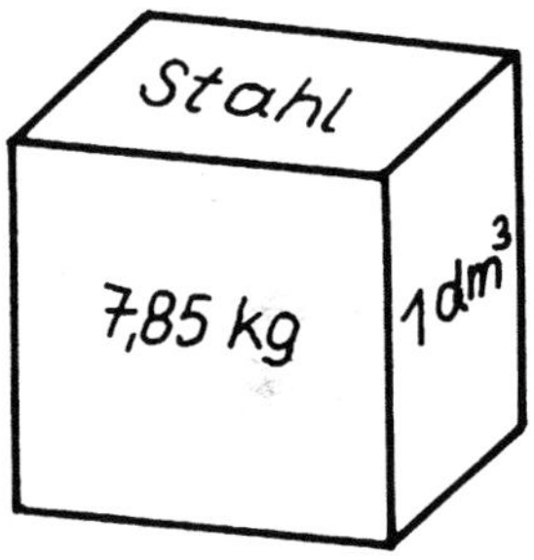

B. Dichte

Die Stoffteilchen sind im Stahl ____________ angeordnet als im Aluminium.

Die Masse von Stoffen mit gleichem __________________ (z.B. 1 dm^3)

heißt Dichte. Stahl hat eine Dichte ____ (rho) von __________________.

Maßeinheiten:

Masse *m*	kg	g	t	Umwandlungszahl: ________
Volumen *V*				Umwandlungszahl: ________
Dichte ϱ				

Stahl hat eine Dichte von 7,85 kg/dm^3 (= kg/ ____) oder ________ g/cm^3 oder ________ t/m^3.

Dichte ϱ in kg/dm^3 einiger Stoffe:

Aluminium	2,7	Kupfer	8,9	Cu-Zn-Leg.	8,5
Blei	11,3	Stahl	7,85	PVC	1,4
Grauguss	7,3	Zinn	7,2	Wasser (4 °C)	1,0

C. Berechnung der Masse

Die Masse eines Stoffes kann berechnet werden, wenn ______________ und __________ bekannt sind.

Geg.: ____

Ges.: ______________

1 dm^3 ⟶ ________ kg

____ dm^3 ⟶ ______________ = __________ kg

m =

1. Aufgabe: Wie viel kg wiegt der skizzierte Stahlflansch?

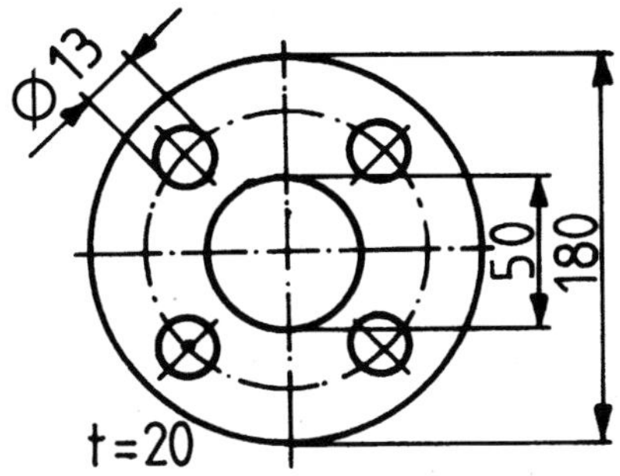

2. Aufgabe: Die Skizze zeigt die Abwicklung einer rechteckigen Ölauffangwanne aus Aluminium.
Berechnen Sie die Masse des leeren Behälters (in kg).

Berechnen Sie die Masse der gezeichneten Stahlwelle.

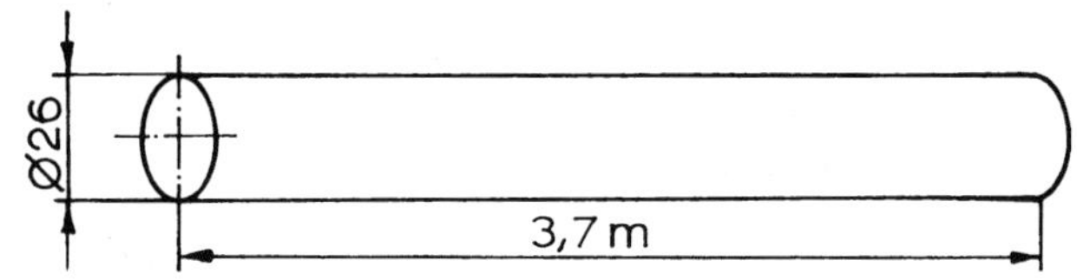

Geg.: ______________________

____

Ges.: __________

$A =$ ——

$A =$ ——

$A =$ __________

$m =$ __________

$m =$ __________

$m =$ __________

$V =$ __________

$V =$ __________

$V =$ __________

Die Masseberechnung auf diese Weise ist recht umständlich.

A. Längenbezogene Masse

Bei genormten Profilen verwendet man zur Masseberechnung Tabellen.

3,7 m ⟶ ________ kg

1 m ⟶ ——— = ________ kg (siehe F1 / S. 157)

1 m Rundstahl mit 26 mm Durchmesser hat die Masse von ________ kg. Diese Zahl gibt also an, welche Masse das Profil je Meter ________ hat; sie wird deshalb als ________ -bezogene Masse (________) bezeichnet.

Aufgabe: Wie viel kg haben 2,8 m ungleichschenkliger Winkelstahl 60 x 40 x 6 mm?

Geg.: ______________________

Ges.: ____

1 m ⟶ ________ kg

____ m ⟶ ________ = ________

$m =$

B. Flächenbezogene Masse

Aufgabe: Berechnen Sie nach Tabelle die Masse von 1,8 m^2 Stahlblech mit 1,75 mm Dicke.

Geg.: ______________________

Ges.: ____

Nach Tabelle hat ________ Stahlblech von 1,75 mm Dicke die Masse von ________ kg; diese Zahl heißt ________ -bezogene Masse (________).

1 m^2 ⟶ ________ kg

____ m^2 ⟶ ________ = ________

$m =$

1. Aufgabe: Wie viel kg Masse hat ein Stahlträger IPE 240 mit 4,8 m Länge?

2. Aufgabe: Ein Balkongeländer ist nach Zeichnung herzustellen.
Welche Masse (in kg) hat es?

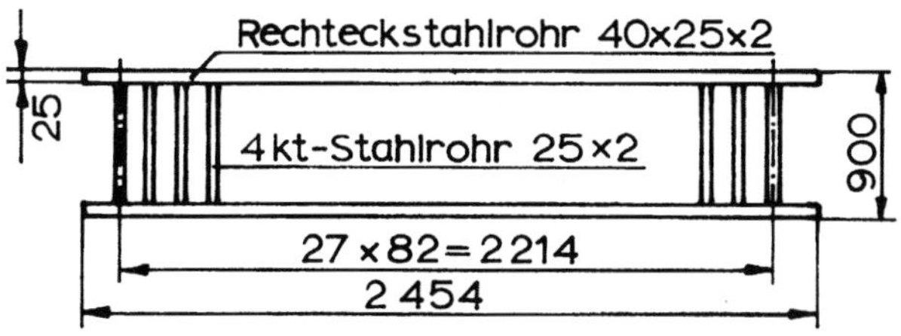

3. Aufgabe: Das Flachdach der skizzierten Garage erhält eine Abdeckung aus 0,8 mm dickem Kupferblech.
Berechnen Sie die Masse des Bleches (in kg), wenn für Falze und Verschnitt 5 % Zuschlag gerechnet werden.

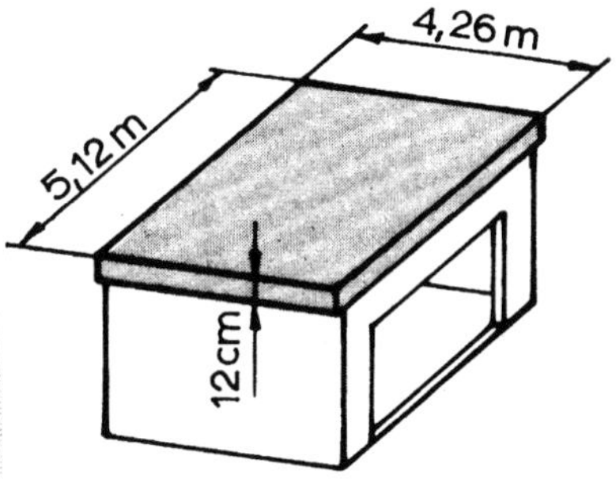

Tabellen (Auszug) über längen- und flächenbezogene Masse

1. Rund- und Quadratstahl

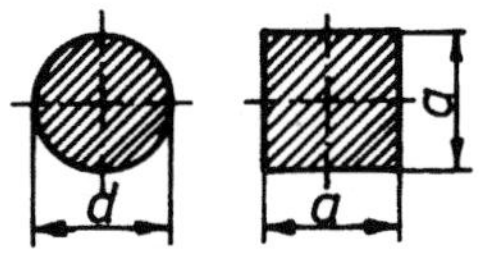

ρ = 7,85 kg/dm³, Masse *m'* in kg/m
Kurzzeichen: z.B. Rd 18 oder ø 18
4 kt 20 oder □ 20

d,a (mm)	4	5	6	8	10	12	14	16	18	20	22	24	25	26	28	30
ø	0,099	0,154	0,222	0,395	0,617	0,888	1,208	1,578	1,998	2,466	2,984	3,551	3,853	4,168	4,834	5,549
□	0,126	0,196	0,283	0,502	0,785	1,130	1,539	2,010	2,543	3,140	3,799	4,522	4,906	5,307	6,154	7,065

2. Flachstahl

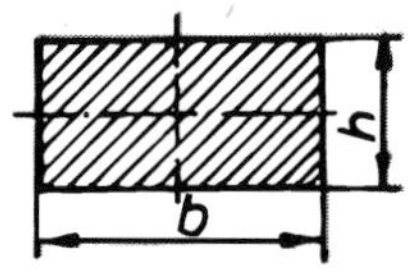

ρ = 7,85 kg/dm³, Masse *m'* in kg/m
Kurzzeichen: z.B. Fl 40 x 5

h	*b* (mm)															
(mm)	5	6	8	10	12	16	20	22	25	28	32	36	40	45	50	80
2	0,079	0,094	0,126	0,157	0,188	0,251	0,314	0,345	0,393	0,440	0,502	0,565	0,628	0,707	0,785	1,256
3	0,118	0,141	0,188	0,236	0,283	0,377	0,471	0,518	0,589	0,659	0,754	0,848	0,942	1,06	1,18	1,88
4	–	0,188	0,251	0,314	0,377	0,502	0,628	0,691	0,785	0,879	1,00	1,13	1,26	1,41	1,57	2,52
5	–	–	0,314	0,393	0,471	0,628	0,785	0,864	0,981	1,10	1,26	1,41	1,57	1,77	1,96	3,14
6	–	–	0,377	0,471	0,565	0,754	0,942	1,04	1,18	1,32	1,51	1,70	1,88	2,12	2,36	3,77
8	–	–	–	–	0,754	1,00	1,26	1,38	1,57	1,76	2,01	2,26	2,51	2,83	3,14	5,02
10	–	–	–	–	–	1,26	1,57	1,73	1,96	2,20	2,51	2,83	3,14	3,53	3,93	6,28

3. Mittelschweres Gewinderohr

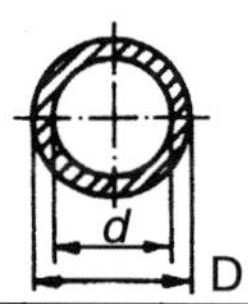

ρ = 7,85 kg/dm³
Kurzzeichen:
z.B. Gewinderohr DN 25 DIN 2440

DN ≈ Innendurchmesser *d*	6	8	10	15	20	25	32	40	50	65	80	100	150
d (mm)	10,2	13,5	17,2	21,3	26,9	33,7	42,4	48,3	60,3	76,1	88,9	114,3	165,1
Masse *m'* (kg/m)	0,407	0,650	0,852	1,22	1,58	2,44	3,14	3,61	5,10	6,51	8,47	12,1	19,2

4. Quadratisches Stahlrohr

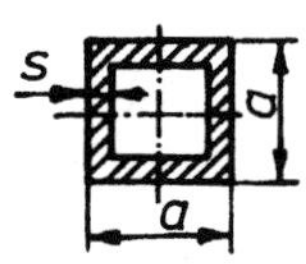

ρ = 7,85 kg/dm³
Kurzzeichen: z.B. 4 kt-Rohr 30 x 2

a (mm)	10	20	25	30	30	40	40	50	50	50	60	60	60	70	80	100
s (mm)	1	2	2	2	3	2	3	2	3	4	2	3	4	4	5	5
m' (kg/m)	0,39	1,13	1,45	1,76	2,58	2,39	3,42	3,02	4,85	5,78	3,64	5,37	6,76	7,97	11,26	14,40

5. Rechteckiges Stahlrohr

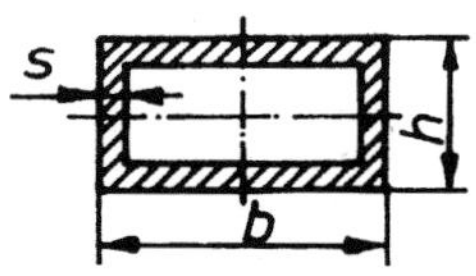

ρ = 7,85 kg/dm³
Kurzzeichen:
z.B. Rechteckrohr 50 x 20 x 2

b (mm)	20	25	30	30	40	40	50	50	60	60	70	80	90	100	120	120
h (mm)	10	10	10	20	20	25	20	30	20	30	40	40	70	50	60	80
s (mm)	1,5	1,5	1,5	2	2	2	2	2	2	3	3	3	4	4	3	4
m' (kg/m)	0,64	0,75	0,87	1,45	1,76	2,07	2,07	2,39	2,39	3,90	4,90	5,37	9,22	8,60	8,01	11,74

6. Gleichschenkliger L-Stahl

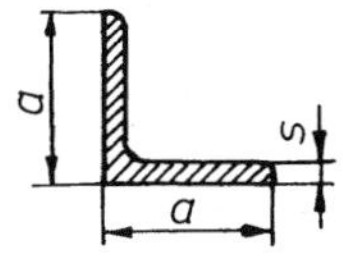

$\varrho = 7{,}85$ kg/dm³
Kurzzeichen: z.B. Winkel 40 x 4 DIN 1028

a (mm)	20	20	25	25	30	30	35	40	45	50	55	60	70	80	90	100
s (mm)	3	4	3	4	3	4	4	4	5	5	6	6	7	8	9	10
m' (kg/m)	0,88	1,14	1,12	1,45	1,36	1,78	2,10	2,42	3,38	3,77	4,95	5,42	7,38	9,66	12,2	15,1

7. Ungleichschenkliger L-Stahl

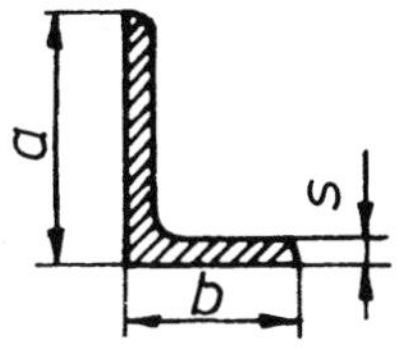

$\varrho = 7{,}85$ kg/dm³
Kurzzeichen:
z.B. Winkel 50 x 20 x 2 DIN 1029

a (mm)	30	35	40	40	50	50	60	60	80	80	80	90	90	100	100	100
b (mm)	20	20	20	20	40	40	30	40	40	40	65	60	60	50	75	75
s (mm)	3	4	3	4	4	5	5	6	6	8	10	6	8	8	9	11
m' (kg/m)	1,11	1,45	1,35	1,77	2,71	3,35	3,37	4,46	5,41	7,07	10,7	6,82	8,96	8,99	11,8	14,3

8. U-Stahl

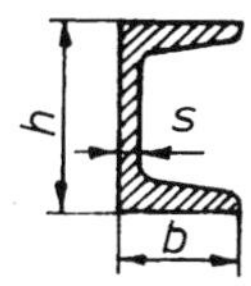

$\varrho = 7{,}85$ kg/dm³
Kurzzeichen:
z.B. U 30 x 15
DIN 1026

h (mm)	30	40	60	100	160	200
b (mm)	15	20	30	50	65	75
s (mm)	4	5	6	6	7,5	8,5
m' (kg/m)	1,74	2,87	5,07	10,6	18,8	25,3

9. Mittelbreiter I-Träger

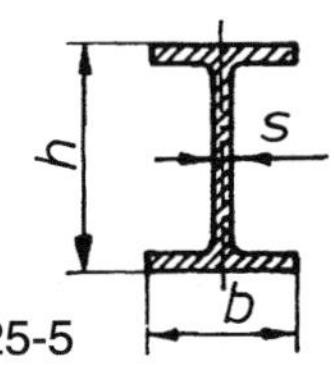

$\varrho = 7{,}85$ kg/dm³
Kurzzeichen:
z.B. IPE 160 DIN 1025-5

h (mm)	80	100	160	200	240	300
b (mm)	46	55	82	100	120	150
s (mm)	3,8	4,1	5	5,6	6,2	7,1
m' (kg/m)	6,0	8,1	15,8	22,4	30,7	42,2

10. Gleichschenkliger T-Stahl

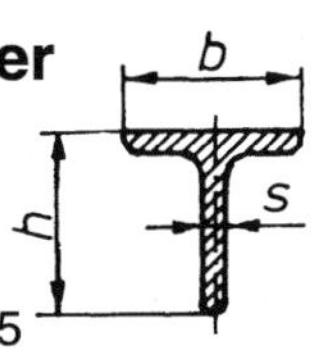

$\varrho = 7{,}85$ kg/dm³
Kurzzeichen:
z.B. T 50 DIN EN 10055

h (mm)	20	30	40	50	80	100
b (mm)	20	30	40	50	80	100
s (mm)	3	4	5	6	9	11
m' (kg/m)	0,88	1,77	2,96	4,44	10,7	16,4

11. Breiter I-Stahl

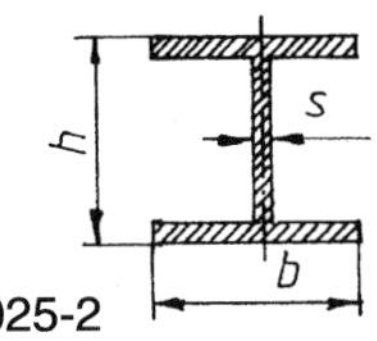

$\varrho = 7{,}85$ kg/dm³
Kurzzeichen:
z.B. IPB 160 DIN 1025-2

h (mm)	100	120	140	160	180	200
b (mm)	100	120	140	160	180	200
s (mm)	6	6,5	7	8	8,5	9
m' (mm)	20,4	26,7	33,7	42,6	31,2	61,3

12. Stahlblech

$\varrho = 7{,}85$ kg/dm³
Kurzzeichen: z.B. Blech 1

Blechdicke *s* (mm)	0,32	0,5	0,75	0,88	1,0	1,25	1,5	1,75	2,0	2,25	2,5	3,0	4,0
m'' (kg/m²)	2,48	3,92	5,88	6,91	7,85	9,81	11,8	13,7	15,7	17,7	19,6	23,6	31,4

13. Aluminiumblech

$\varrho = 2{,}7$ kg/dm³

s (mm)	0,5	0,8	1,0	1,5	2,0	3,0
m'' (kg/m²)	1,35	2,16	2,70	4,05	5,40	8,10

14. Kupferblech

$\varrho = 8{,}9$ kg/dm³

s (mm)	0,3	0,5	0,8	1,0	1,5
m'' (kg/m²)	2,67	4,45	7,12	8,90	13,4

Umrechnungsfaktoren von Stahl ($\varrho = 7{,}85$ kg/dm³) in andere Werkstoffe

Kupfer	1,132
Kupfer-Zink-Legierung	~1,08

Reinaluminium	0,344
Aluminium-Legierung	~0,36

A. Mittenabstände und Randabstände sind gleich

Ein Flachstahl mit 660 mm Länge soll 14 Bohrungen erhalten. Der Mittenabstand der Bohrungen und die beiden Randabstände sollen gleich sein.
Wie groß (in mm) werden diese Abstände?

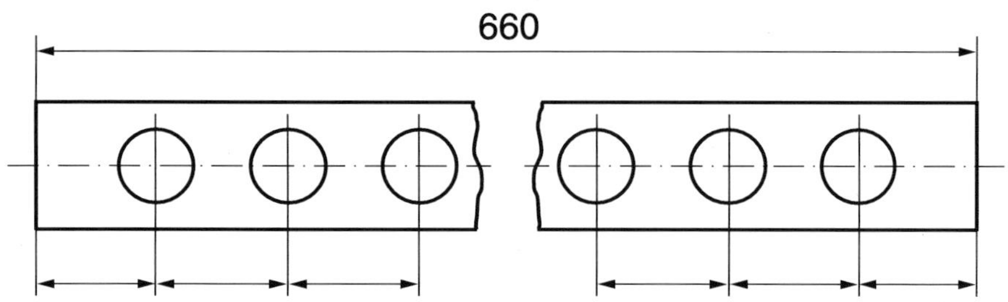

Ermitteln Sie eine Strecke *l*, die in gleiche Teile geteilt werden kann:

l = ______________

Überlegen Sie, in wie viel Teile dies möglich ist.

14 Bohrungen ——▶ *n* = ______ Abstände

Den Abstand oder die Teilung *t* erhalten Sie, wenn Sie die ______________ durch die ______________ dividieren:

t = ______________

t = ______________

B. Mittenabstände und Randabstände sind verschieden

1. Jetzt sollen die beiden Randabstände 30 und 45 mm sein.
   Berechnen Sie wieder den Mittenabstand (in mm) der Bohrungen.

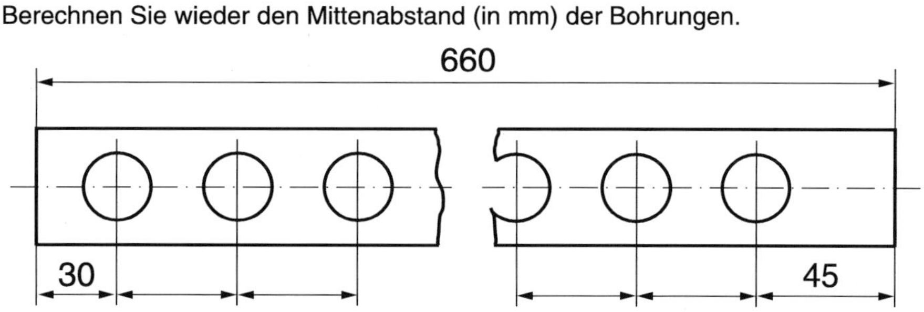

Nun ist die Strecke *l*, die in gleiche Teile aufgeteilt werden kann, nicht mehr 660 mm:

l = ______________

l = ______________

Auch die Anzahl der Abstände ist jetzt anders:

14 Bohrungen ——▶ *n* = ______ Abstände

t = ______________

t = ______________

2. Für das skizzierte Schutzgitter ist die Anzahl der senkrechten Stäbe bei gleicher Teilung zu berechnen.

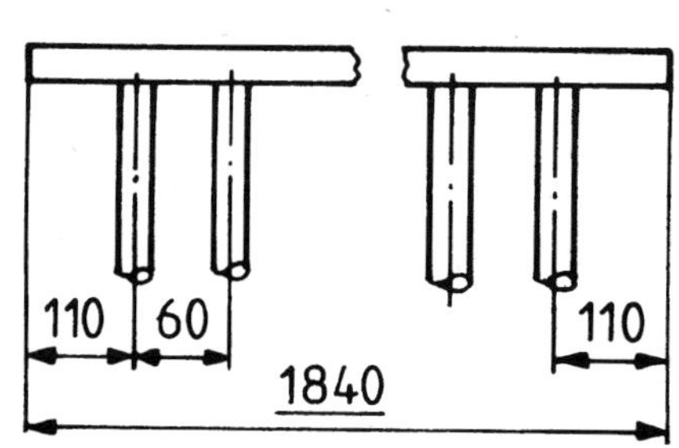

l = ______________

l = ______________

Anzahl der ______________ :

______ = ______________

______ = ______________ ——▶ ______________

3. Nicht immer ist das Ergebnis zur Berechnung der Abstände eine ganze Zahl. Ist dies nicht der Fall, muss auf- oder abgerundet werden.

Ein Balkongeländer ist nach Skizze anzufertigen.

Material:
Ober- und Untergurt aus Rechteckrohr 40 x 25 mm, Füllstäbe aus Rechteckrohr 25 x 10 mm

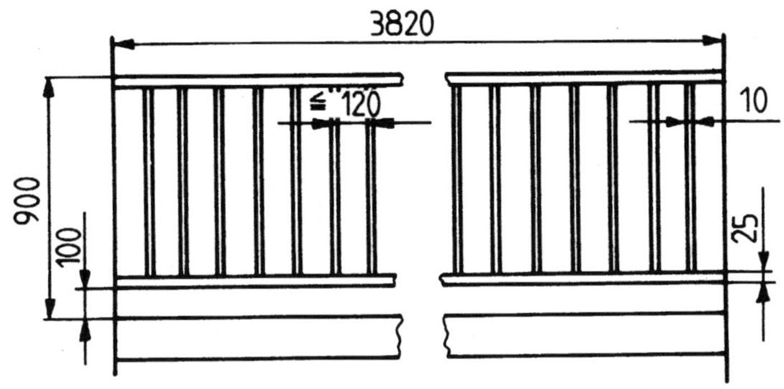

Berechnen Sie:
a) Die Anzahl der Füllstäbe
b) Die genaue Teilung (in mm)
c) Den lichten Abstand zwischen den Füllstäben (in mm)
d) Die Zuschnittlänge (in mm) eines Füllstabes

a) Die Länge von 3820 mm kann nicht in gleiche Teile geteilt werden. Ermitteln Sie eine Länge *l*, bei der dies möglich ist.

l = ______________________

l = ______________________

Nach Bauordnung darf der lichte Abstand senkrechter Geländerstäbe höchstens ________ mm sein.

Die Teilung *t* oder der Mittenabstand darf dann höchstens betragen:

t = ______________________

t = ______________________

Wenn Sie die Länge *l* durch die Teilung *t* dividieren, erhalten Sie die Anzahl der ______________________ :

______________ = ______________________

Diese Teilung geht selten auf; es muss auf- oder abgerundet werden.

Die Teilung *t* soll ______________ 130 mm betragen. Das Ergebnis muss daher ________ -gerundet werden. Gewählt: ______ Abstände ——▶ ______ Füllstäbe

b) Die Teilung wird nicht 130 mm, sondern ______________ .

Genaue Teilung *t* = ______________________

t = ______________________

c) Der lichte Abstand zwischen den Geländerstäben beträgt dann:

l_i = ______________

l_i = ______________ , also ______________________

d) Zuschnittlänge eines Füllstabes:

l_S = ______________________

l_S = ______________________

l_S = ______________________

Hydraulische Presse

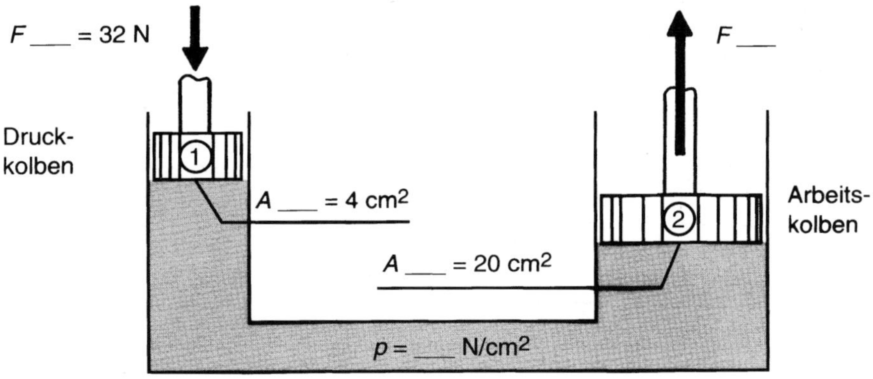

Berechnen Sie: a) Flüssigkeitsdruck (in N/cm²)
b) Kraft am Arbeitskolben (in N)

Geg.: ____________________

Ges.: a) ________ b) ________

a) p = ________

p = ________

p = ________

b) Der Druck breitet sich in einem geschlossenen System ________ aus:

p = ________ ______ = ______

___ = ________ [=]

___ = ________

___ = ________ N

1. Aufgabe: Mit einer hydraulischen Presse soll eine Masse von 530 kg gehoben werden. Die Fläche des Arbeitskolbens ist 520 cm², die des Druckkolbens 20 cm².
Mit welcher Kraft (in N) muss der Druckkolben bewegt werden?

2. Aufgabe: Bei einem hydraulischen Rohrbiegeapparat hat der Druckkolben 16, der Arbeitskolben 80 mm Durchmesser. Die Kraft am Druckkolben ist 120 N.
Wie viel N beträgt die Kraft am Arbeitskolben?

Beim Rechnen mit der hydraulischen Presse darf man für die Kräfte oder die Flächen jede Benennung verwenden, wichtig ist nur, dass sie ____________________ sind.

3. Aufgabe: Der Druckkolben einer hydraulischen Presse hat 20 mm Durchmesser und wird mit der Kraft von 160 N bewegt. Am Arbeitskolben soll eine Kraft von 4 kN erreicht werden.
Welchen Durchmesser (in mm) muss der Arbeitskolben haben?

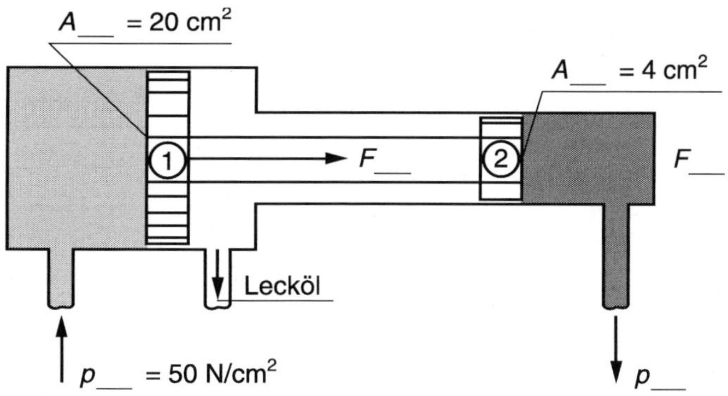

Berechnen Sie: a) Kraft (in N) am Kolben 1
b) Druck (in N/cm²) nach dem Kolben 2
c) Übersetzungsverhältnis der Drücke

Geg.: ______

Ges.: a) ______ b) ______ c) ______

a) $p_{\_\_}$ =

______ = ______

______ = ______

______ = ______

b) $p_{\_\_}$ = ______

$p_{\_\_}$ = ______

$p_{\_\_}$ = ______

$F_{\_\_} = F_{\_\_}$

=

c) Ähnlich wie beim Riemen-, Zahnrad- oder Schneckentrieb kann auch beim Druckwandler das Übersetzungsverhältnis berechnet werden.

Das Übersetzungsverhältnis ___ gibt an, wie sich der Druck vor dem Kolben ___ zum Druck nach dem Kolben ___ verhält; die Rechnung ist also eine ______:

i = ______

i = ______

Dieses Übersetzungsverhältnis ergibt sich auch, wenn man mit den Kolbenflächen rechnet:

i = ______

i = ______

i =

i =

1. Aufgabe: Ein Druckwandler hat die Kolbendurchmesser 100 und 50 mm. Der Eingangsdruck beträgt 4 bar. Berechnen Sie den Druck am Ausgang (in bar) und das Übersetzungsverhältnis.

Beim Rechnen mit dem Druckwandler darf man für die Flächen oder die Drücke jede Benennung verwenden, wichtig ist nur, dass sie ________________ sind.

2. Aufgabe: Am Ausgang eines Druckwandlers werden 25 bar benötigt.
Berechnen Sie den Eingangsdruck (in bar) bei 25 und 65 mm Kolbendurchmesser und das Übersetzungsverhältnis.

Ein Behälter hat eine Grundfläche von 6 m^2 und ist 2 m hoch mit Wasser (Dichte = 1 kg/dm^3) gefüllt.
a) Welchen Druck (in Pa) erzeugt diese Flüssigkeitssäule am Boden?
b) Wie groß (in Pa) ist dieser Druck in 1,8 m Tiefe?

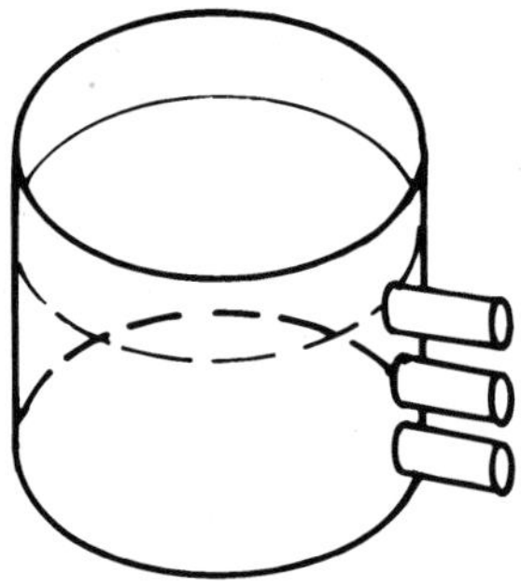

Aufgabe: Zeichnen Sie den Strahl einer ausströmenden Flüssigkeit ein.

Erkenntnis: In einem offenen Behälter nimmt der Druck einer Flüssigkeit auf die Seitenwände (= ________-Druck) von oben nach unten zu.
Am größten ist dieser Druck ________ ________ (= ________-Druck).

Dieser Druck entsteht durch die ________-Kraft der ruhenden Flüssigkeit und heißt ________ ________ Druck.

Geg.: ________

Ges.: a) ________ b) ________

Druck p = ——

a) **1. Volumen** V:

V = ________

V = ________

V = ________ m^3

2. Masse m:

m = ________

m = ________

m = ________ kg

3. Gewichtskraft F_G:

F_G = ________

F_G = ________

F_G = ________ N

4. Hydrostatischer Druck am Boden p:

p = ——

p = ——

p = ________ N/m^2 oder ________

In eine Rechnung zusammengefasst:

p = ________

p =

$\left(\frac{N}{m^2}\right)$ oder (____)

h in ________

ϱ in ________

Der hydrostatische Druck ist abhängig
- von der ________ der Flüssigkeitssäule und
- von der ________ der Flüssigkeit.

Er ist **nicht** abhängig
- von der ________ des Behälters und
- von der ________

b) Berechnen Sie nun den Seitendruck in 1,8 m Tiefe:

p = ________

p = ________

p = ________

1. Aufgabe: In den gezeichneten Behälter ist Altöl mit der Dichte von 880 kg/m^3 eingefüllt.

a) Berechnen Sie den hydrostatischen Druck (in Pa) in Höhe des Flansches.

b) Wie viel N beträgt die Druckkraft auf den Flansch?

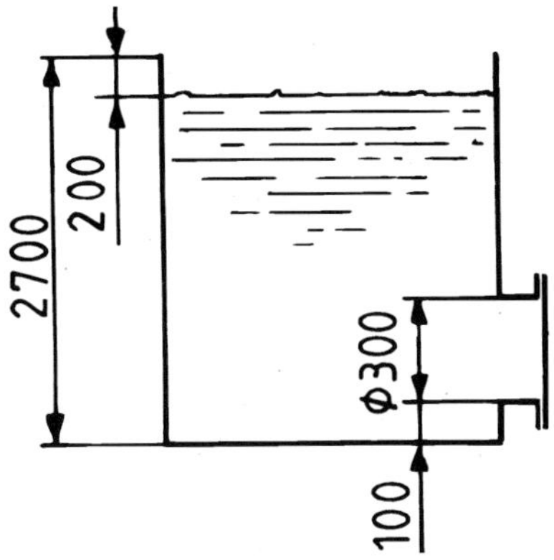

2. Aufgabe: Welcher Druckkraft (in kN) muss das Unterwasserfenster standhalten?

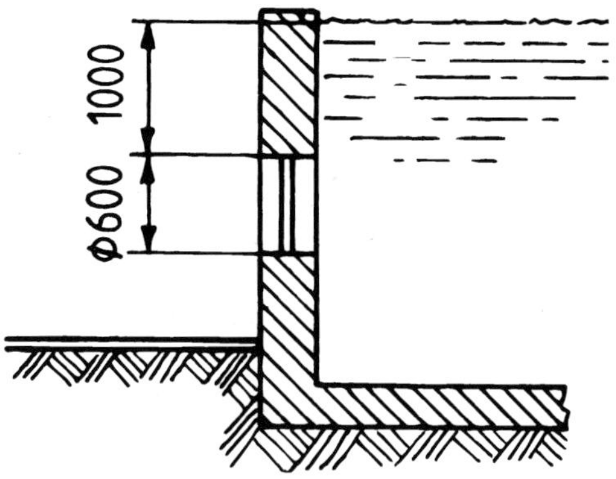

A. Statischer Druck

Der Druck von Flüssigkeiten oder Gasen auf die Rohrwand ist der ________________ Druck.

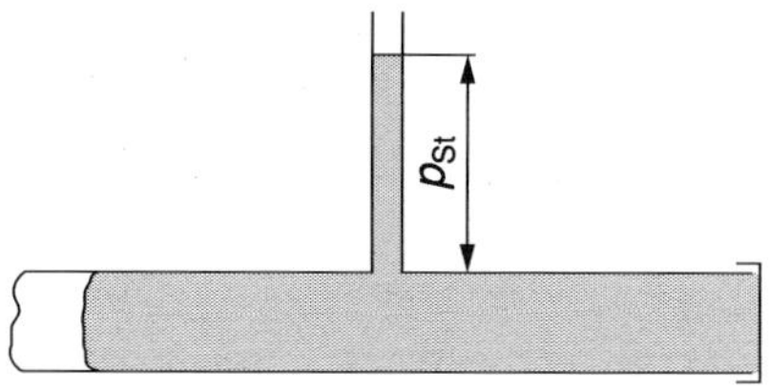

____

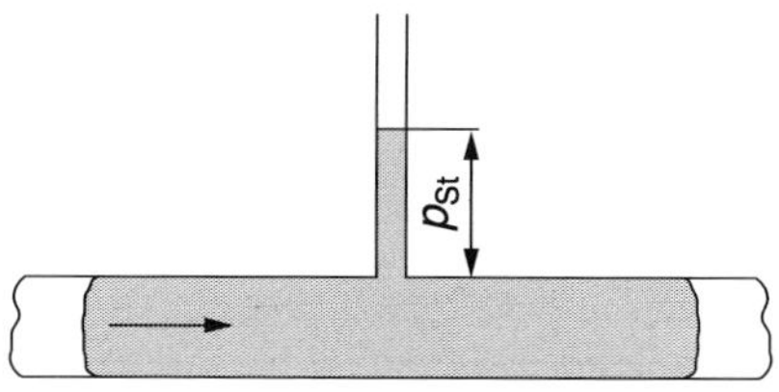

____

Der Ruhedruck ist stets ______________ als der Fließdruck.

Dieser Druckunterschied entsteht

a) durch die ______________________ und

b) durch den Druck, der notwendig ist, um die Flüssigkeit oder das Gas zum ________________ zu bringen.

Weil dieser Druck zum Bewegen dient, heißt er auch ________________________ Druck.

$$p_{dy} = \frac{v^2 \cdot \varrho}{2} \quad \text{(Pa)}$$

v in ____________

ϱ in ____________

B. Statischer und dynamischer Druck

Aufgabe: Versuchen Sie, den Zusammenhang zwischen dem statischen Druck (Fließdruck), dem dynamischen Druck und dem Gesamtdruck zu finden.

____

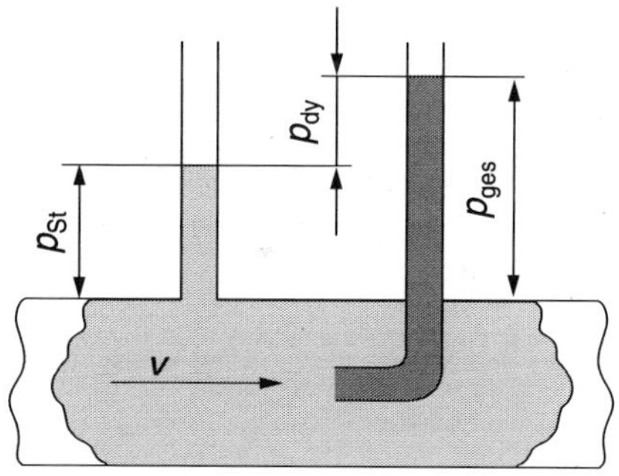

1. Aufgabe: In einem Abluftkanal strömt Luft (Dichte 1,2 kg/m³) mit der Geschwindigkeit von 4 m/s. Wie viel Pa beträgt der dynamische Druck?

2. Aufgabe: In einer Rohrleitung herrscht ein hydrostatischer Druck von 3 kPa. Das Wasser (Dichte 1000 kg/m^3) strömt mit einer Geschwindigkeit von 2 m/s.
Wie groß (in kPa) ist der Gesamtdruck?

3. Aufgabe: In einer Rohrleitung liegt ein Gesamtdruck von 5 kPa vor. Durch Querschnittsverringerung steigt die Wassergeschwindigkeit (ϱ = 1000 kg/m^3) auf 3 m/s.
Wie groß (in kPa) sind jetzt dynamischer und statischer Druck?

1. Nahtquerschnitt und Nahtvolumen

1. 4 mm dicke Stahlbleche sollen durch I-Nähte (Spaltbreite 2 mm) verbunden werden. Die Nahtlänge beträgt 1,3 m. Berechnen Sie Querschnitt (in mm^2) und Volumen (in mm^3) der Schweißnaht.

2. An 6 Stahlträgern sind Doppelkehlnähte mit 8 mm Nahtdicke und je 200 mm Länge auszuführen. Wie groß sind Nahtquerschnitt (in mm^2) und Nahtvolumen (in mm^3)?

3. Wie groß ist der Nahtquerschnitt (in mm^2) einer X-Naht mit den folgenden Maßen: $s = 16$ mm, $b = 3$ mm, $\alpha = 50$ °.

2. Elektrodenverbrauch

1. Für eine X-Naht wurde ein Abschmelzvolumen von 190 cm^3 berechnet. Wie viel Stabelektroden mit 5 mm Durchmesser von 330 mm nutzbarer Elektrodenlänge werden benötigt?

2. Eine Schweißnaht hat einen Nahtquerschnitt von 108 mm^2 und ist 460 mm lang. Wie viel Stabelektroden ($d = 4$ mm) werden verschweißt?

3. Für 12 Kehlnähte mit je 170 mm Länge und 5 mm Nahtdicke soll der Verbrauch an Stabelektroden (Ø 3,2 mm) berechnet werden.

4. Wie viel Meter Kehlnaht ($a = 4$ mm) können mit 50 Stabelektroden ($d = 3{,}2$ mm) geschweißt werden?

3. Schweißzeiten

1. An einer Stahlkonstruktion wurden 12 Stabelektroden mit einer Abschmelzdauer von 80 s/Elektrode verschweißt. Die Einschaltdauer der Schweißmaschine ist mit 80 % angegeben.
   a) Wie viel Minuten betrug die gesamte Lichtbogenbrennzeit?
   b) Wie lang (in min) war die gesamte Einschaltdauer?

2. Eine Stahlstütze, Außendurchmesser 230 mm, wird mit einer Kehlnaht ($a = 10$ mm) an die Ankerplatte verschweißt. Verwendet werden Stabelektroden mit 6 mm Durchmesser und der Abschmelzzeit von 120 s/Elektrode. Die Einschaltdauer der Schweißmaschine ist 75 %. Wie lange (in min) ist die Schweißmaschine eingeschaltet?

4. Elektrische Leistung bei Schweißmaschinen

1. Ein Wechselstrommotor für 230 V hat eine Stromaufnahme von 8 A und einen Leistungsfaktor von 0,72. Welche Leistung (in W) hat der Motor?

2. Ein Schweißumformer liefert bei 50 V Gleichspannung einen Schweißstrom von 100 A. Der Gesamtwirkungsgrad des Umformers ist 80 %.
   a) Wie viel Watt gibt der Gleichstromgenerator ab?
   b) Welche Leistung (in W) muss dem Drehstrommotor zugeführt werden?
   c) Mit wie viel Ampere muss der Motor mindestens abgesichert werden, wenn er an 400 V betrieben wird und einen Leistungsfaktor von 0,76 besitzt?

3. Der Drehstrommotor mit 400 V eines Schweißaggregates hat eine Leistung von 4,56 kW und nimmt 8,66 A auf. Welchen Leistungsfaktor hat der Motor?

5. Elektrische Arbeit und Energiekosten

1. Eine Schweißmaschine leistet 3,8 kW. Der Stromzähler zeigt einen Verbrauch von 10,45 kWh an. Wie viel Stunden und Minuten war das Gerät eingeschaltet?

2. Ein Wechselstrommotor wird an 230 V betrieben und nimmt bei einem Leistungsfaktor von 0,80 den Strom von 8 A auf. Der Motor arbeitet täglich 4 Stunden unter Volllast und 1 Stunde mit 20 % seiner Leistung. Wie hoch sind die monatlichen Stromkosten (in €) bei 20 Arbeitstagen und einem Arbeitspreis von 13 Cent/kWh?

3. Ein Drehstrommotor, 400 V, 12 A, cos $\varphi = 0{,}80$, läuft täglich 3,5 Stunden unter Volllast. Leerlaufverluste bleiben unberücksichtigt. Wie hoch sind die täglichen Stromkosten (in €) bei einem Energiepreis von 10 Cent/kWh?

4. An einer Stromquelle von 440 V ist ein Gleichstrommotor angeschlossen. Das Amperemeter zeigt einen Strom von 4,5 A. Welche Leistung nimmt der Motor auf?

5. Ein 80-Liter-Heißwasserspeicher von 6000 W braucht zur Erwärmung des Wassers von 12 °C auf 85 °C 1 Stunde 20 Minuten.
   a) Wie viel kWh werden verbraucht?
   b) Wie hoch sind die Stromkosten, wenn 1 kWh 10,5 Cent kostet?

6. Ein Gleichstrommotor 230 V, 42 A ist täglich 7 $^1/_2$ Stunden voll belastet. Wie groß ist die elektrische Arbeit des Motors an einem Tag?

7. Eine Waschmaschine mit einer Betriebsspannung von 230 V braucht zum Aufheizen des Wassers 25 Minuten und nimmt dabei einen Strom von 8,2 A auf. Bestimmen Sie die elektrische Arbeit.

8. Für eine Schweißarbeit sind 2 Stunden 15 Minuten reine Schweißzeit notwendig. Das Schweißgerät ist mit 180 A und 25 V eingestellt. Der Wirkungsgrad beträgt 0,75. Zu berechnen ist die elektrische Arbeit in kWh.

6. Brenngasverbrauch beim Gas-Schmelz-Schweißen und Brennschneiden

1. Eine 50-l-Flasche wiegt gefüllt 78 kg, ihr Fülldruck ist 200 bar. Wie schwer (in kg) ist die Flasche, wenn der Druck nach der Entnahme von Sauerstoff auf 90 bar gesunken ist? 1 m^3 Sauerstoff hat eine Masse von 1,4 kg.

2. Beim Hartlöten sank der Druck in einer Leichtstahlflasche von 63 auf 37 bar. Das Mischungsverhältnis Sauerstoff : Acetylen war 1 : 1,2. Wie viel Liter Sauerstoff und Acetylen wurden verbraucht?

3. Eine Acetylenflasche wurde mit 14 l Aceton und 18 bar Druck gefüllt. Während einer Schweißarbeit sank der Druck um 3,2 bar.
   a) Wie viel Liter betrug das Füllvolumen?
   b) Wie viel Liter Acetylen wurden verschweißt?

4. Zum Brennschneiden von Stahlblech wurden 3500 l Sauerstoff und 70 % weniger Acetylengas gebraucht.
   a) Um wie viel bar sinkt der Druck in einer Normalflasche Sauerstoff?
   b) Wie viel Liter Acetylen wurden verbraucht?
   c) Wie groß ist der Druckabfall (in bar) bei einer Acetylenflasche mit 18 bar Fülldruck und 6000 l Füllvolumen?

7. Gasverbrauch, Schweißzeit und Gaskosten

1. Das Inhaltsmanometer einer Normalflasche Sauerstoff zeigt vor Schweißbeginn 142 bar, nach der Arbeit 78 bar an. Für 1 m Schweißnaht sind 160 l Sauerstoff notwendig.
   a) Wie viel Liter Sauerstoff wurden verbraucht?
   b) Welche Nahtlänge (in m) konnte geschweißt werden?

2. Beim Schweißen eines Gussteils sank der Druck in einer Leichtstahlflasche Sauerstoff um 36 bar.
   a) Berechnen Sie den Sauerstoffverbrauch (in l).
   b) Wie viel Liter Acetylen wurden bei einem Mischungsverhältnis Sauerstoff : Acetylen = 1 : 1,2 verbraucht?
   c) Wie hoch sind die Gaskosten, wenn für 1 m^3 Sauerstoff 5,00 € und für 1 m^3 Acetylen 9,40 € bezahlt werden?
   d) Um wie viel bar sank der Druck in der Acetylenflasche bei 18 bar Fülldruck und 6 m^3 Füllvolumen?
   e) Wie lang (in h und min) dauert die Arbeit bei einem Sauerstoffverbrauch von 500 l/h?
   f) Wie viel Meter ist die Schweißnaht lang, wenn je Meter Naht 250 l Sauerstoff verbraucht wurden?

3. Eine Stahlwanne ist zu schweißen. Die Schweißnahtlänge beträgt 7,28 m.
   a) Wie viel Liter Sauerstoff werden verbraucht, wenn pro Meter Schweißnaht 55 l benötigt werden?
   b) Um wie viel bar sinkt der Flaschendruck in einer 40-l-Sauerstoffflasche?
   c) Wie viel Stunden und Minuten ist die reine Schweißzeit, wenn je Stunde 250 l Sauerstoff verbraucht werden?

4. Ein Schneidbrenner benötigt zum Trennen von 25 mm dickem Blech stündlich 3600 l Sauerstoff und 600 l Acetylen. Getrennt wird 15 Minuten mit einer Geschwindigkeit von 220 mm/min.
   a) Wie lang (in mm) ist der Schnitt?
   b) Um wie viel bar sinkt der Druck in einer Normalflasche Sauerstoff?
   c) Um wie viel bar sinkt der Druck in einer Acetylenflasche, wenn bei 18 bar 6 m^3 eingefüllt wurden?

8. Länge der neutralen Faser

1. Wie viel mm misst die gestreckte Länge (in mm) des skizzierten Rohrkrümmers?

2. Wie lang (in mm) ist das gekennzeichnete Rahmenteil für ein schmiedeeisernes Gartentor bei 40 mm Rahmenbreite und einem allseitigen Wand- bzw. Bodenabstand von 20 mm?

3. Für Frühbeete werden gebogene Rohre (Außendurchmesser = 60 mm) nach Skizze bestellt. Die lichte Breite soll 4600 mm, die lichte Höhe 2000 mm werden. Alle Radien betragen bis zur Rohrmitte 500 mm. Berechnen Sie die gestreckte Länge (in mm).

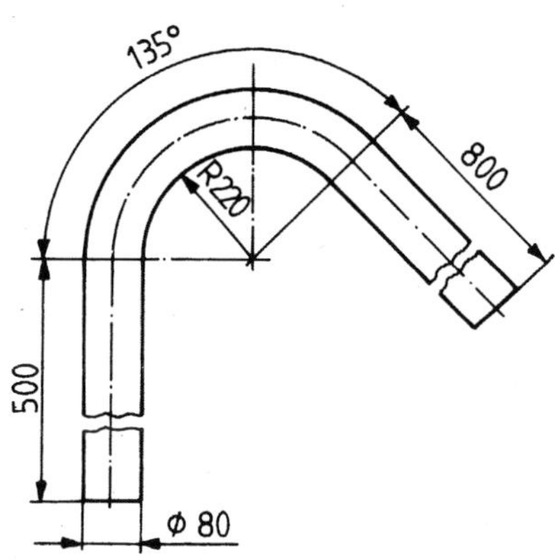

zu 1.

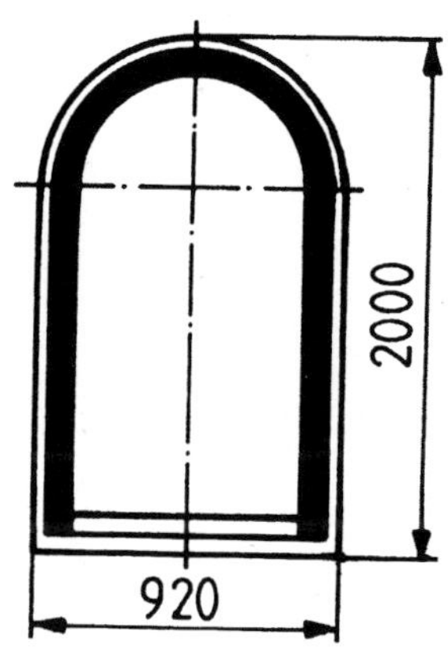

zu 2.

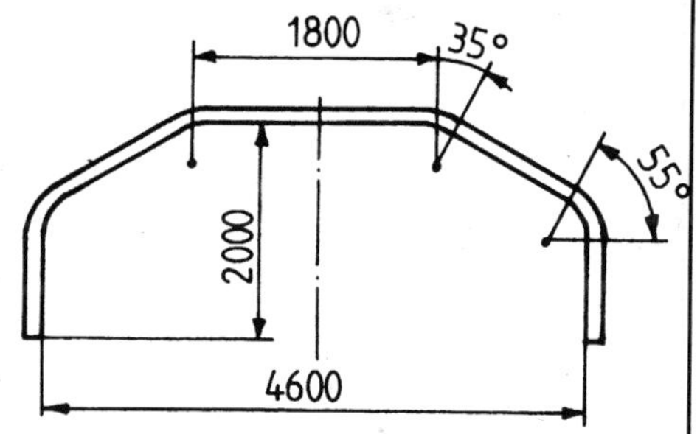

zu 3.

9. Zuschnittermittlung mit Tabellen

Lösen Sie diese Aufgaben mit Hilfe der Tabelle.

1. Ergänzen Sie die fehlenden Werte:

	a	b	c	d
r_m	400 mm	28 cm	0,3 m	320 mm
α	140°	76°	215°	185°
l_B	___ mm	___ mm	___ mm	___ mm

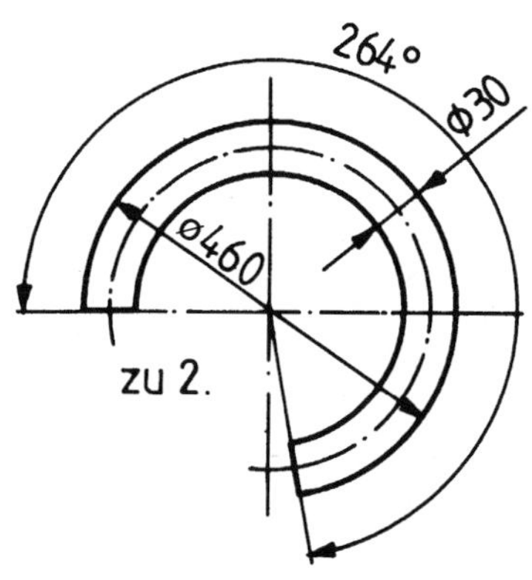

zu 2.

2. Wie viel mm misst die Bogenlänge des skizzierten Werkstücks?

3. Tragen Sie die fehlenden Tabellenwerte ein:

	a	b	c	d
r_m (mm)	400	610	___	512
α (°)	152	___	167	___
l_B	___	500,4	932,7	2841,7

10. Anwärmlänge bei Rohren

1. Wie lang (in mm) ist die Anwärmlänge des Rohrbogens bei Aufgabe 8./1. der Übungsaufgaben?
2. Berechnen Sie die Anwärmlänge (in mm) der Rohrbögen bei Aufgabe 8./3. der Übungsaufgaben
   a) für die 35°-Bögen und
   b) für die 55°-Bögen.

11. Zuschnittlänge bei Biegeteilen

1. Berechnen Sie für das gezeichnete Biegeteil die Zuschnittlänge (in mm).
2. Überprüfen Sie durch Rechnen den Ausgleichswert v für Biegeteile mit 90°, wenn
   a) s = 4 mm, r = 20 mm,
   b) s = 6 mm, r = 25 mm sind.
3. Wie groß ist der Ausgleichswert bei einem Biegeteil mit 90° bei 8 mm Blechdicke und 40 mm Biegeradius?
4. Auf welche Länge (in mm) muss das skizzierte Biegeteil zugeschnitten werden?

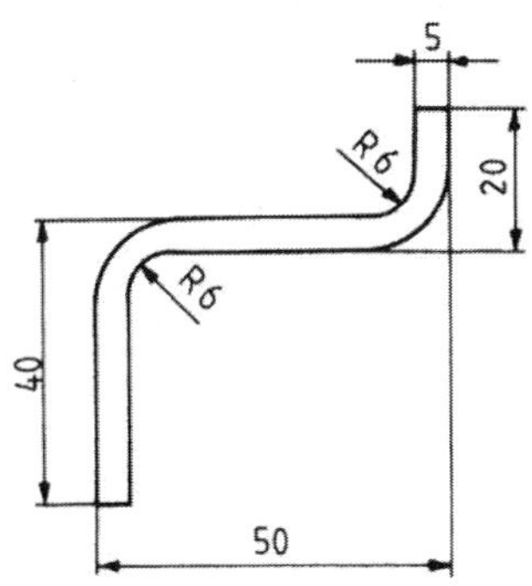

zu 1.

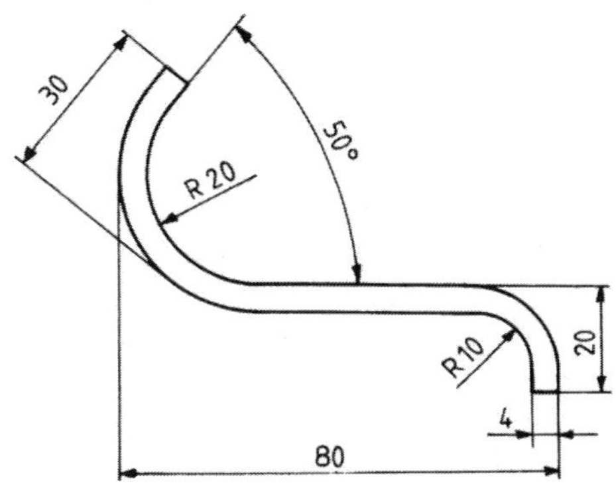

zu 4.

12. Einfacher Riementrieb

1. Errechnen Sie die fehlenden Werte:

	a	b	c	d
n_1 ($^1/_{min}$)	2556	1800		2584
n_2 ($^1/_{min}$)			1440	
d_1 (mm)	125		432	
d_2 (mm)	225	265		255
i		2,5 : 1	1 : 3,6	3,4 : 1

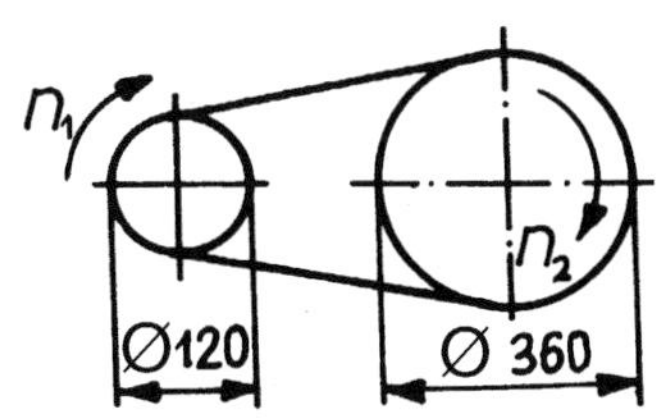

zu 2.

2. Wie groß ist das Übersetzungsverhältnis beim skizzierten Riementrieb?
3. Ein Riemen läuft mit 11,27 m/s und treibt eine Scheibe mit 180 mm Durchmesser an. Das Übersetzungsverhältnis soll 1 : 2,6 sein.
   Berechnen Sie: a) Drehzahl der getriebenen Scheibe
   b) Durchmesser (in mm) der treibenden Scheibe
   c) Drehfrequenz der Antriebsscheibe
4. Bei einem stufenlosen Kegelscheibenantrieb lassen sich die wirksamen Scheibendurchmesser zwischen 120 und 300 mm verstellen. Die Antriebsdrehzahl ist 920 $^1/_{min}$.
   Welche größe und kleinste Drehfrequenz kann mit dem Getriebe eingestellt werden und wie groß sind dann die Übersetzungsverhältnisse?

13. Einfacher Zahnradtrieb

1. Berechnen Sie die fehlenden Werte für die Zahnradtriebe:

	a	b	c	d	e
n_1 (1/min)	840		1800	1440	
n_2 (1/min)		620	720		1590
z_1	57	56	44	25	
z_2	38	98			16
i				1,8 : 1	1 : 3

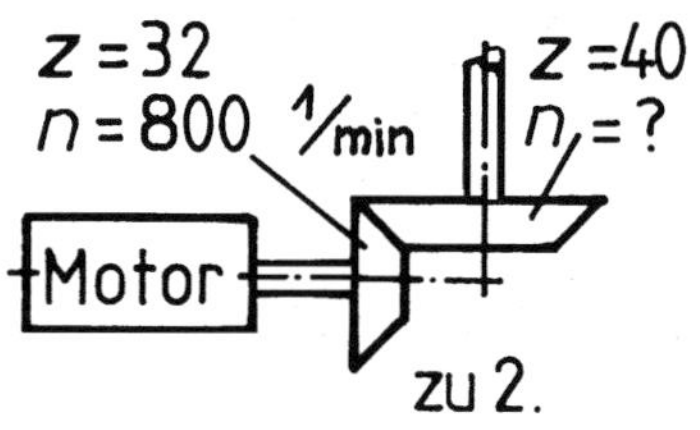

2. Berechnen Sie die fehlende Drehfrequenz und das Übersetzungsverhältnis.
3. Das treibende Rad eines Zahnradtriebes hat 48 Zähne und dreht sich mit 900 1/min. Das Übersetzungsverhältnis ist 0,625.
   Berechnen Sie die Zähnezahl und die Drehfrequenz des getriebenen Zahnrades.

14. Schneckentrieb

1. Eine 1-gängige Schnecke treibt mit 1400 1/min ein Schneckenrad mit 40 Zähnen.
   Berechnen Sie dessen Drehzahl und das Übersetzungsverhältnis.
2. Die Drehzahl einer 2-gängigen Schnecke ist 1600 1/min. Das Übersetzungsverhältnis zum Schneckenrad beträgt 50.
   Berechnen Sie Drehfrequenz und Zähnezahl des Schneckenrades.
3. Ein Schneckenrad mit 70 Zähnen dreht sich in der Minute 80-mal.
   Berechnen Sie die Drehfrequenz und Gangzahl der Schnecke, wenn ein Übersetzungsverhältnis von 35 : 1 vorliegt.

15. Schnittgeschwindigkeit und Drehzahl

1. Auf einer Trennscheibe, Durchmesser 180 mm, wird als höchste zulässige Schnittgeschwindigkeit 80 m/s angegeben.
   Berechnen Sie die maximale Drehzahl (in 1/min).
2. Welchen Durchmesser (in mm) darf eine Schleifscheibe höchstens haben, wenn die Schnittgeschwindigkeit von 50 m/s nicht überschritten werden darf und die Drehfrequenz 4000 1/min beträgt?
3. In Flachstahl (unlegierter Baustahl) sollen Löcher von 20 mm Durchmesser gebohrt werden. Die wirtschaftliche Schnittgeschwindigkeit beträgt 18 m/min. Die Bohrmaschine hat folgende Drehzahlen 68–96–135–190–268 1/min.
   Welche Drehzahl muss eingestellt werden?
4. Eine Bohrung, 8 mm Durchmesser, wurde mit 900 1/min vorgebohrt und soll auf 20 mm aufgebohrt werden.
   Welche Drehzahl (in 1/min) ist bei gleicher Schnittgeschwindigkeit einzustellen?

16. Drehzahlbestimmung beim Bohren mit Diagramm

1. Bestimmen Sie für Bohrarbeiten die Drehzahlen (in $^1/_{min}$):

		a)	b)	c)	d)
Bohrerdurchmesser	d (mm)	2	18	14	5
Schnittgeschwindigkeit	v_S (m/min)	15	30	25	20

2. Wie groß (in m/min) ist die Schnittgeschwindigkeit der Bohrer?

		a)	b)	c)	d)
Bohrerdurchmesser	d (mm)	4	14	3	25
Drehzahl	n ($^1/_{min}$)	1500	500	2000	400

3. Für Bohrarbeiten sind die fehlenden Werte zu ergänzen:

		a)	b)	c)	d)
Bohrerdurchmesser	d (mm)	7	10	?	16
Schnittgeschwindigkeit	v_S (m/min)	25	?	20	25
Drehzahl	n ($^1/_{min}$)	?	800	1000	?

17. Vorschub und Vorschubgeschwindigkeit

1. Ein 16-mm-Bohrer arbeitet mit der Schnittgeschwindigkeit von 30 m/min, sein Vorschub ist 0,4 mm.
   a) Berechnen Sie die Drehzahl (in $^1/_{min}$).
   b) Wie viel mm/min ist die Vorschubgeschwindigkeit?

2. In Gusseisen werden mit 20 m/min Schnittgeschwindigkeit Bohrungen mit 40 mm Durchmesser gebohrt. Die Vorschubgeschwindigkeit beträgt 100 mm/min.
   Berechnen Sie die Drehzahl (in $^1/_{min}$) und den Vorschub (in mm).

3. Bei einem Kreissägeblatt, 180 mm Durchmesser, beträgt die Schnittgeschwindigkeit 40 m/min, der Vorschub 0,6 mm.
   Wie groß (in mm/min) ist die Vorschubgeschwindigkeit?

18. Hauptnutzungszeit beim Bohren

1. Unlegierter Flachstahl von 48 mm Dicke erhält 18 Durchgangsbohrungen von 25 mm Durchmesser. Gearbeitet wird mit 18 m/min Schnittgeschwindigkeit und 0,2 mm Vorschub. An- und Überlauf sind zusammen 4,5 mm.
   Berechnen Sie die Hauptnutzungszeit in Minuten.

2. Für die Herstellung von 30 Bohrungen mit 18 mm Bohrweg und 0,15 mm Vorschub wird die Hauptnutzungszeit t_h mit 10 Minuten angesetzt.
   Berechnen Sie die Drehzahl (in $^1/_{min}$).

3. Für eine Massenproduktion stehen zwei Säulenbohrmaschinen zur Verfügung. Maschine 1 hat stufenlose Drehzahlregelung, Maschine 2 die Drehfrequenz 30 – 60 – 150 – 300 – 600 – 1000 $^1/_{min}$. Es sind Durchgangslöcher von 32 mm Durchmesser in 28 mm dicke Stahlplatten zu bohren. An- und Überlauf sind zusammen 5 mm. Als Vorschub werden 0,25 mm bei 18 m/min Schnittgeschwindigkeit eingestellt.
   Bestimmen Sie je Bohrung die Hauptnutzungszeit für beide Maschinen (in min) und errechnen Sie die prozentuale Zeiteinsparung bezogen auf Maschine 1.

19. Oberfläche, Zuschnittfläche und Blechbedarf von Behältern

1. Aus dem quadratischen Blech (siehe Skizze) wird ein Kreisring ausgeschnitten.
   Wie viel Prozent beträgt der Verschnitt bezogen auf die Zuschnittfläche?

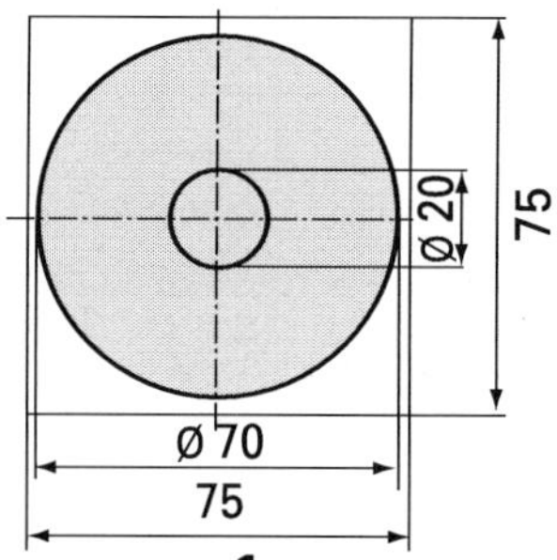

zu 1.

2. Der Boden und die vier Bordwände eines Anhängers für einen PKW sollen innen mit Blech beschlagen werden. Die Ladefläche ist 1,95 m lang und 1,15 m breit, die Bordwände haben eine Höhe von 35 cm.
   Wie viel m^2 Blech werden dem Kunden bei 3 % Zugabe (bezogen auf die beschlagene Oberfläche) und 17 % Verschnitt (bezogen auf die Zuschnittfläche) in Rechnung gestellt?

3. Ein Kunde bestellt eine oben offene Ölauffangwanne für 50 l mit rechteckiger Bodenfläche 800 mm · 500 mm. Für Zugabe werden 4 % (bezogen auf die Oberfläche der fertigen Ölwanne), für Verschnitt 10 % (bezogen auf die Zuschnittfläche) angesetzt.
   a) Wie groß (in dm^2) ist die Zuschnittfläche?
   b) Wie viel dm^2 werden dem Kunden in Rechnung gestellt?

20. Masseberechnung mit Volumen und Dichte

1. Für die Stahlrohrleiter eines Notausstiegs wurden verarbeitet: 2 Holme je 3,8 m, 60 mm Außendurchmesser und 5 mm Wandstärke, 15 Sprossen je 500 mm, 40 mm Außendurchmesser und 2,5 mm Wandstärke.
   Berechnen Sie die Masse der Leiter (in kg).

2. Berechnen Sie das Gewicht (in kg) der skizzierten Stahlblechplatte.

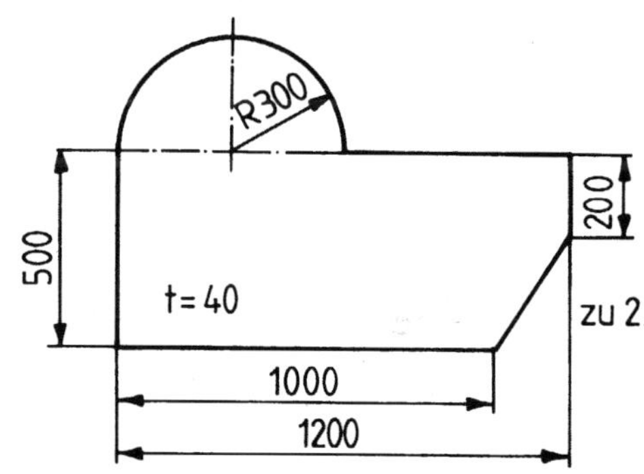

zu 2.

3. Für ein Balkongeländer aus Aluminium wurden folgende Rechteckrohre verarbeitet:
   12,54 m, 80 x 40 x 4
   31,82 m, 40 x 25 x 3
   Wie viel kg Masse hat das Geländer?

21. Masseberechnung mit Tabellen

1. Für eine Stahlbaukonstruktion wurden verarbeitet:
   23,6 m mittelschweres Gewinderohr DN 80 DIN 2440; 6,2 mL 55 x 6; 12,8 m TB 50; 19,4 m U 60 x 30; 4,7 m IPE 200 und 6,4 m^2 Aluminiumblech 2 mm dick.
   Bestimmen Sie die Masse (in kg).

2. Ein Absaugrohr mit 200 mm Durchmesser wird aus Stahlblech mit 0,88 mm Dicke gefertigt und ist 2700 mm lang.
   Wie viel kg Masse hat es?

3. Für ein Gartentor wurden benötigt:
   6,9 m Rechteckstahlrohr 50 x 30 x 2; 12,3 m 4 kt-Stahlrohr 20 x 2.
   Berechnen Sie die Masse (in kg).

4. Wie viel kg Masse hat die Dachabdeckung aus 0,3 mm dickem Kupferblech bei 7 % Falzzugabe?

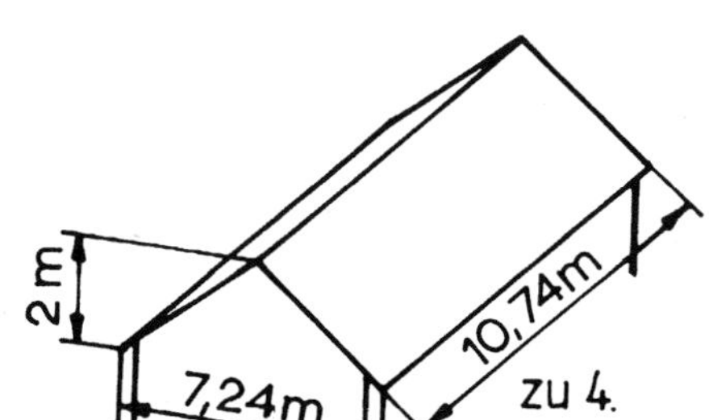

zu 4.

22. Teilen von Strecken

1. Ein Balkon mit 6,27 m lichter Weite ist durch ein 92 cm hohes Geländer abzusichern. Der lichte Abstand von OK Fußboden bis zum Untergurt soll 100 mm betragen, der Zwischenraum der senkrechten Füllstäbe darf keinesfalls größer als 120 mm sein.
   Als Material sind vorgesehen:
   Ober- und Untergurt aus Rechteckrohr 80 x 40 mm (Höhe = 40 mm), Füllstäbe aus Rechteckrohr 40 x 25 mm (Breite = 25 mm).
   Berechnen Sie:
   a) Die Anzahl der Teilungen und der Füllstäbe
   b) Die genaue Teilung (in mm)
   c) Den lichten Abstand zwischen den Füllstäben (in mm)
   d) Die Zuschnittlänge eines Füllstabes (in mm)
   e) Die Anzahl der Füllstäbe bei Verarbeitung eines 6 m langen Rechteckrohres
   f) Die Länge des Reststückes (in mm) bei 2 mm Sägeschnittbreite

2. Ein Gartentor, Länge = 3,42 m, soll nach Skizze gefertigt werden. Der lichte Abstand zwischen den Stäben soll mindestens 100 mm, aber nicht mehr als 105 mm betragen.
   Berechnen Sie:
   a) Die Anzahl der Abstände und der Füllstäbe
   b) Die genaue Teilung und den lichten Abstand zwischen den Füllstäben (in mm)
   c) Die Zuschnittlänge eines Füllstabes (in mm)

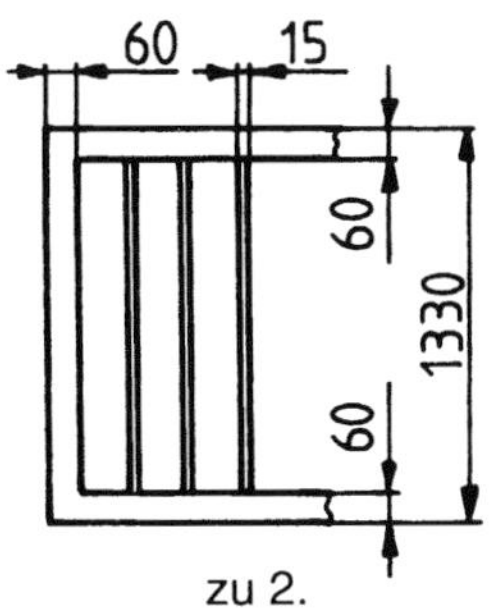

zu 2.

3. Berechnen Sie für die skizzierte Stahlleiter für einen Notausstieg die Sprossenzahl und die Auftrittshöhe (in mm).

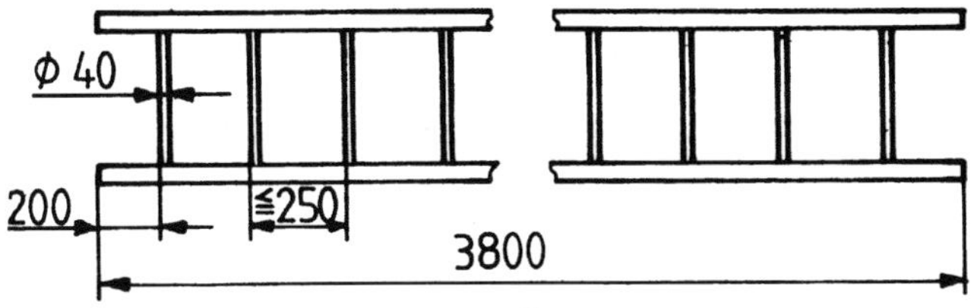

zu 3.

4. Für einen Kellerlichtschacht soll ein Rost mit den Außenmaßen 1260 mm Länge und 420 mm Breite angefertigt werden (siehe Skizze). Der Rahmen besteht aus gleichschenkligem Winkelstahl 35 x 5 mm, die Gitterstäbe aus Flachstahl 30 x 5 mm. Der lichte Abstand zwischen den Stäben soll nicht größer als 15 mm sein.
   Berechnen Sie die Anzahl der Flachstahlstäbe und überprüfen Sie den lichten Abstand.

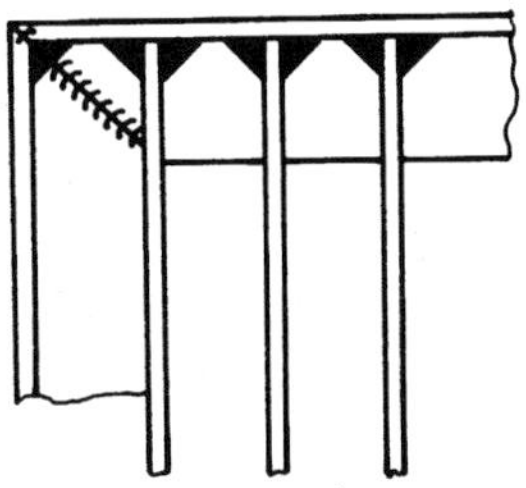
zu 4.

5. Berechnen Sie für das skizzierte Treppengeländer die Anzahl der Geländerstäbe, die Teilung und den lichten Abstand (in mm).

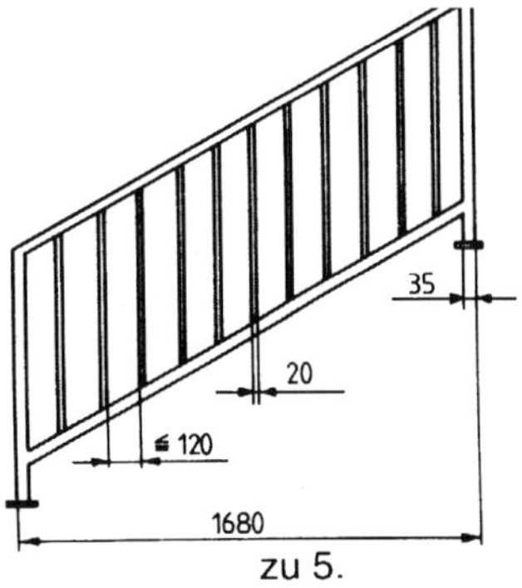

zu 5.

23. Hydraulische Presse

1. Mit einer hydraulischen Presse soll eine Maschine mit 800 kg Masse gehoben werden. Die Fläche des Arbeitskolbens ist 63 cm^2, die des Druckkolbens 3 cm^2.
   Mit welcher Kraft (in N) muss der Druckkolben bewegt werden?

2. Bei einer Hydropresse wird der Druckkolben ($d = 41$ mm) mit 180 N bewegt.
   Wie groß ist die Kraft (in kN) am Arbeitskolben ($d = 260$ mm)?

3. Berechnen Sie (siehe Skizze)
   a) Kraft (in N) am Druckkolben,
   b) Kraft (in kN) am Arbeitskolben.

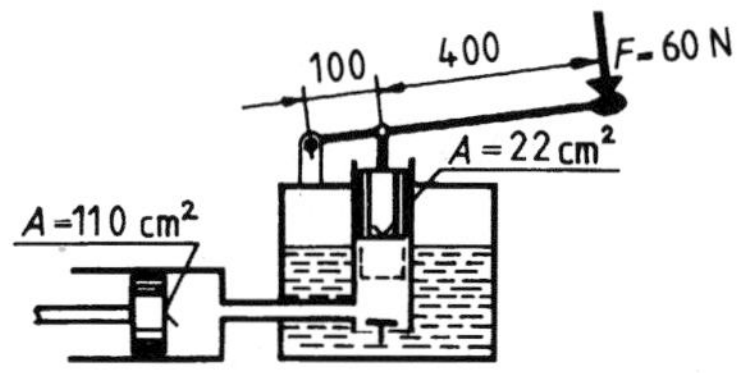

zu 3.

24. Druckwandler

1. Ein Druckwandler hat die Kolbendurchmesser $d_1 = 60$ mm und $d_2 = 30$ mm.
   Wie groß ist das Übersetzungsverhältnis?

2. Für eine Steuerung steht ein Druck von 4 bar zur Verfügung, benötigt werden jedoch 20 bar.
   Berechnen Sie den Durchmesser (in mm) des Kolbens am Ausgang, wenn der andere Kolben 60 mm Durchmesser hat.

3. Für einen Druckwandler stehen am Eingang 6 bar bei 84 mm Kolbendurchmesser zur Verfügung. Der Druck wird 1 : 8 übersetzt.
   Berechnen Sie Druck (in bar) und Kolbendurchmesser (in mm).

25. Boden- und Seitendruck

1. Wie groß ist der Druck (in kPa) am Behälterboden (Dichte = 13,7 kg/dm^3)?

2. Der Bodendruck an der tiefsten Stelle eines Altölbehälters beträgt 0,072 bar.
   Wie hoch (in cm) ist Öl mit der Dichte von 0,9 kg/dm^3 eingefüllt?

3. Welche Druckkraft (in kN) muss der Deckel des Warmwasserspeichers aufnehmen?

zu 1.

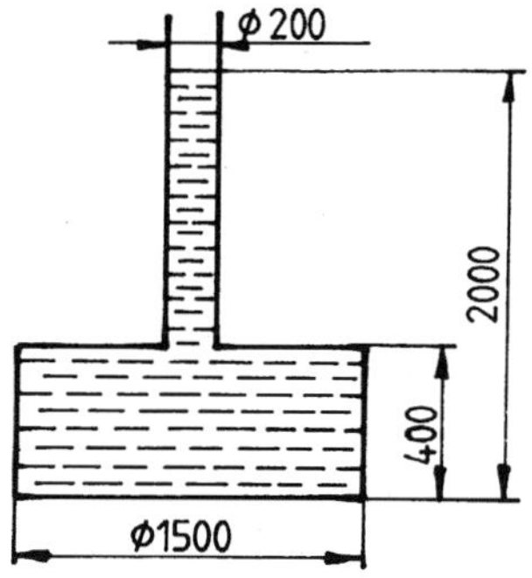

zu 3.

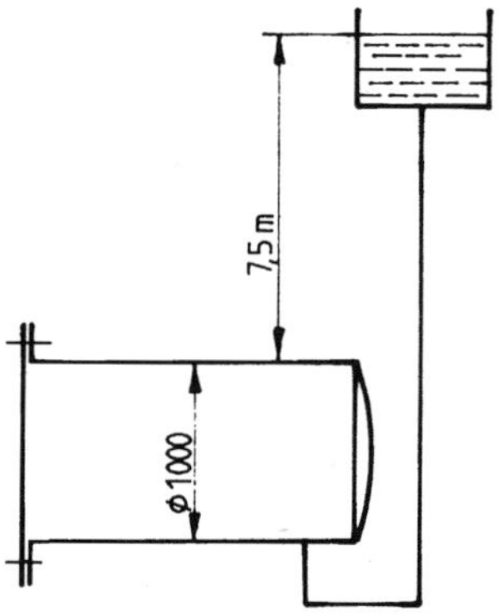

26. Statischer und dynamischer Druck

1. Wie groß ist der statische Druck (in Pa) eines Luftkanals, wenn der Gesamtdruck 220 Pa beträgt, die Luftgeschwindigkeit 15 m/s und die Dichte der Luft mit 1,2 kg/m^3 gemessen wurden?

2. In einer hydraulischen Anlage wurde ein Gesamtdruck von 10 kPa und ein statischer Druck von 3,28 kPa gemessen.
   Mit welcher Geschwindigkeit (in m/s) strömt das Hydrauliköl mit der Dichte von 0,84 kg/dm^3?